计算机应用基础

陈良生　时　巍　董　毅　汪晔君　主编

东北大学出版社

·沈阳·

ⓒ 陈良生　等　2008

图书在版编目（CIP）数据

计算机应用基础／陈良生等主编．—沈阳：东北大学出版社，2008.5
ISBN 978-7-81102-528-6

Ⅰ．计⋯　Ⅱ．陈⋯　Ⅲ．电子计算机—基本知识　Ⅳ．TP3

中国版本图书馆 CIP 数据核字（2008）第 065165 号

出　版　者：东北大学出版社
　　　　　　地址：沈阳市和平区文化路 3 号巷 11 号
　　　　　　邮编：110004
　　　　　　电话：024—83687331（市场部）　　83680267（社务室）
　　　　　　传真：024—83680180（市场部）　　83680265（社务室）
　　　　　　E-mail：neuph @ neupress.com
　　　　　　http：∥www.neupress.com
印　刷　者：抚顺光辉彩色广告印刷有限公司
发　行　者：东北大学出版社
幅面尺寸：184mm×260mm
印　　张：17
字　　数：446 千字
出版时间：2008 年 5 月第 1 版
印刷时间：2008 年 5 月第 1 次印刷
责任编辑：王兆元
责任校对：王　博
封面设计：唐敏智
责任出版：杨华宁

ISBN 978-7-81102-528-6　　　　　　　　　　　　定　价：33.00 元

前　　言

1.本书编写背景

随着社会及科学技术的发展和进步，计算机应用领域不断扩大，计算机已成为各行各业的一个重要工具。掌握计算机应用基础，提高使用计算机的能力，是 21 世纪人才必须具备的基本素质。作为高等院校公共基础课的计算机基础课程也成为了各专业的必修和先修课程。

这套教程包括《计算机应用基础》及《计算机应用基础习题与实验指导》两本教材。我们希望通过该教程为广大师生提供内容丰富、学以致用的教学资料，为学生的实践操作技能训练和自主学习能力培养提供更加便利的条件。

2.本书特点

本书注重易学性和实用性，符合培养应用技能型人才的要求，注重操作技能的训练，主要具有以下特点。

(1) 详略得当。不求面面俱到，只讲述实际应用中较普遍的功能，避免重复讲述不同软件(如 Word 和 Excel)的类似功能。

(2) 教辅结合。与本书配套的《计算机应用基础与习题实验指导》同时出版，丰富的实例训练可以帮助学生对教材内容加深理解，也有利于培养学生的动手能力。

(3) 符合教育部高等学校教学指导委员会最新提出的《关于进一步加强高校计算机基础教学的意见》中有关"计算机应用基础"课程的教学要求和最新的大纲要求，编写中以实际应用为目标，力求将计算机基础知识介绍和应用能力培养完美结合。

(4) 考虑到大多数学生都不同程度地接触过计算机，希望能进一步深入、系统地了解计算机的相关知识，本书增加了一些有关计算机操作技巧的内容，确保基础与提高兼顾、理论与实用结合。同时，本书还兼顾了全国计算机等级考试的相关内容，从而提高学生的获证能力。

3.本书约定

为便于阅读理解，本书作如下约定。

(1) 书中出现的菜单和命令将用"【】"括起来，以示区分。为了使语句更简洁易懂，书中所有的菜单和命令之间都以竖线"|"隔开。例如，单击"文件"菜单后再选择"保存"命令，就用【文件】|【保存】来表示。

(2) 用"+"号连接的两个键或三个键表示组合键，在操作时表示同时按下这两个或三个键。例如，"Ctrl＋V"是指在按下"Ctrl"键的同时，按下字母键"V"；"Ctrl＋Alt＋Del"是指在按下"Ctrl"和"Alt"键的同时，按下"Del"键。

(3) 在没有特殊指定时，单击、双击和拖动是指用鼠标左键单击、双击和拖动，右击是指用鼠标右键单击。

本书内容编写分工如下：第1章，汪晔君；第2，3，5章，陈良生；第4章，时巍；第6章，董毅。由陈良生统稿并审校全书。

此外，在本书的编写过程中，还参考了许多著作和网站的内容，在此一并表示感谢。同时向在本书的编写过程中曾给予支持和帮助的各位领导和同事表示诚挚的谢意。

由于编写时间仓促，加之作者水平有限，书中难免存在错误和不妥之处，恳请各位读者和专家批评指正。

编　者

2008 年 2 月

目　　录

第1章　计算机基础知识

计算机是 20 世纪人类最伟大的科学技术发明之一，它的出现和发展大大推动了科学技术的发展，同时也给人类社会带来了日新月异的变化。随着信息时代的到来，计算机已经成为现代人类活动中不可缺少的工具。

通过本章的学习，应了解计算机的发展，计算机的特点、分类及应用，信息在计算机内部的表示与存储，计算机系统的组成及计算机软、硬件知识等内容。

1.1　计算机概述

1.1.1　计算机的发展

1946 年，美国宾夕法尼亚大学制造出世界上第一台电子数字计算机，取名 ENIAC (Electronic Numerical Integrator And Calculator)，即电子数字积分计算机。该机使用了 18000 多个电子管，1500 多个继电器，占地 150 多平方米，耗电 150 多千瓦，重达 30 吨。该机每秒钟约可完成 5000 次加法运算，当 ENIAC 公开展出时，一条炮弹轨道用 20 秒钟就能算出来，比炮弹本身的飞行速度还快。它是按照十进制，而不是按照二进制来操作。如图 1-1 所示。

虽然这台计算机笨重而且性能也不完善，但它毕竟标志着人类创造使用的计算工具从算盘、计算尺、手摇计算机、电动计算机到电子数字计算机的崭新的、质的飞跃，也可以说是从前 120 年间的巴奇-艾肯的近代机电数字计算机到 20 世纪中叶的冯·诺依曼的现代电子数字计算机的质的飞跃。继 ENIAC 之后，随着科学技术的发展和计算机应用范围的扩展，计算机也在不断地更新换代。以其主要构成元件为特征，伴随着系统结构和软件系统的发展，计算机的发展更新已经历四代，并正向第五代过渡。

图 1-1　ENIAC 计算机

1. 第一代电子计算机(1946—1957 年)

电子管计算机(EVL)：基本逻辑元件为电子管，主存储元件为汞延迟线，数字表示为定点数据，语言与伴随软件仅为机器语言或汇编语言，速度不高，使用不便。例如：ENIAC，EDVAC 等。

2. 第二代电子计算机(1958—1964 年)

晶体管计算机(TTL)：基本逻辑元件为晶体管，主存储元件为磁芯存储器，数据表示有浮点数据与变址，语言与伴随软件有 FORTRAN，BASIC，ALGOL，COBOL 等高级语言，以及便于使用的操作系统。例如：IBM7094，441B 等。

3. 第三代电子计算机(1965—1970 年)

集成电路计算机(SSI, MSI)：基本逻辑元件为中、小规模集成电路，主存储元件为半导体存储器，系统结构采用微程序技术与虚拟存储，语言与伴随软件有多种语言与成熟的操作系统。例如：IBM360，370，CDC6600，7600，DEC PDP-11 系列及 DJS-130 系列等。

4．第四代电子计算机(1971 年以后)

大规模集成电路计算机(LSI，VLSI)：基本逻辑元件为大规模与超大规模集成电路。主存储元件为大规模、高密度半导体存储器，系统结构采用并行、多机、分布式及网络系统。软件有数据库、知识库以及完善的操作系统。而且大规模集成电路技术使得计算机的性能朝巨型化、体积朝微型化的发展成为主流，微型计算机的诞生、应用及迅猛发展成为计算机发展史上的重大事件。例如：VAX-11，SIEMENS 7.X，YH-I，各型 X86，长城，联想，TCL 电脑及奔腾系列微机，以及 HP，SUN，SGI 工作站等。

5．第五代电子计算机

人工智能计算机(VLSI＋AI)：从 20 世纪 80 年代开始研制，尚未问世。人们对它的期望值较高，希望它有较大的突破，第五代计算机(FGCS)也称新一代计算机(NGCS)。

1.1.2　计算机的特点

1．运行速度快

采用高速微电子器件与合理系统结构制作的计算机可以极高速地工作。不同型号及档次的计算机的执行速度每秒可达几十万次至几千万次，巨型机甚至每秒可进行几亿次至几千亿次运算。

2．计算精度高

采用二进制表示数据的计算机，易于扩充机器字长，其精度取决于机器的字长位数，字长越长，精度越高。不同型号计算机的字长为 8 位、16 位、32 位或 64 位。为了获取更高的精度，还可进行双倍字长或多倍字长的运算，甚至达到数百位二进制。

3．存储容量大

采用半导体存储元件作为主存储器的计算机，不同型号和档次其主存容量可达几百千字节至几百兆字节，其辅存容量可达几百兆字节至几十亿字节，而且吞吐率很高。

4．判断能力强

计算机除具有高速度、高精度的计算能力外，还具有强大的逻辑推理和判断能力及记忆能力，人工智能机的出现将会进一步提高其推理、判断、思维、学习、记忆与积累的能力，从而可以代替人脑更多的功能。

5．工作自动化

电子计算机最突出的特点就是可以在启动后不需要人工干预而自动、连续、高速、协调地完成各种运算和操作处理(这是由于采用了冯·诺依曼思想的"存储程序原理"而获得的)。而且通用性很强，是现代化、自动化、信息化的基本技术手段。

1.1.3　计算机的分类

计算机的种类很多，而且分类的方法也很多。根据计算机的规模和处理能力，通常把计算机分为六大类。

1．巨型机

巨型计算机是指运算速度快、存储容量大的计算机，运算速度可达每秒 1 亿次以上浮点，主存容量高达几百兆字节甚至几百万兆字节，字长可达 32 位至 64 位。巨型机是现代科学技术尤其是国防尖端技术发展所需要的。很多国家竞相投入巨额资金开发速度更快、功能更强大的超级计算机。我国由国防科技大学研制的"银河"和国家智能中心研制的"曙光"计算机，都属于巨型机。图 1-2 所示为银河-Ⅱ 10 亿次巨型计算机。这类计算机价格相当昂贵，主要用于复杂、尖端的科学领域，特别是军事科学计算。

2．小巨型机

小巨型机也叫小超级机，又称桌上型超级计算机，它使巨型机缩小成个人机的大小，或者使个人机具有超级计算机的性能。代表产品有美国 Convex 公司的 C-1，C-2，C-3 等以及 Alliant 公司的 FX 系列等。

3．大型机

大型机包括通常所说的大、中型计算机。大型主机经历了批处理阶段、分时处理阶段，进入了分散处理与集中管理的阶段。IBM 公司一直在

图 1-2　银河-Ⅱ 巨型机

大型主机市场处于霸主地位，DEC、富士通、日立、NEC 也生产大型主机。随着微机与网络的迅速发展，大型主机市场正在逐渐收缩。许多计算中心的大型机正在被高档微机群所取代。

4．小型机

由于大型主机价格昂贵、操作复杂，只有大型企业才能买得起，在集成电路发展的推动下，20 世纪 60 年代 DEC 推出一系列小型机，如 PDP-11 系列、VAX-11 系列。HP 公司也推出 1000，3000 系列等。小型机通常用于部门计算，也同样受到高档微机的挑战。

5．工作站

工作站与高档微机之间的界限并不十分明显，而且高性能工作站正接近小型机，甚至接近性能稍差的低端大型主机。工作站有明显的特征：使用大屏幕、高分辨率的显示器；有大容量的内外存储器；大多具有网络功能。工作站的用途也比较特殊，如用于计算机辅助设计、图像处理和软件工程以及大型控制中心等。

6．微型机

微型机通常简称为 PC，即个人计算机，如图 1-3 所示。根据其所使用的微处理器芯片的不同而分为若干类型：首先是使用 Intel 386，486 以及奔腾等芯片的 IBM PC 及其兼容机；其次是使用 IBM-Apple-Motorola 联合研制的 Power PC 芯片的计算机，苹果公司的 Macintosh 已有使用这种芯片的计算机；最后，DEC 公司推出使用它自己的 Alpha 芯片的计算机。PC 分为台式机和便携式笔记本。便携式笔记本由于体积小、重量轻、便于移动，已经成为许多人工作和生活中不可或缺的一部分。

图 1-3　微型机

1.1.4　计算机的应用

作为人脑的延伸而诞生的计算机是 20 世纪最杰出的科学技术成就之一，也是当今最先进的技术手段和工具装备之一，其发展迅猛，且应用广泛，并涉及诸多领域。

1. 科学计算(Scientific Computations)

科学计算是计算机诞生的最原始、最古老，也是最重要的要求，第一台计算机 ENIAC 就是用于计算弹道表的。将计算机用于人造卫星的轨道计算，宇宙飞船的研制，可控热核反应的研究，生物工程结构的分析，飞机轮船、高楼大桥的设计和建筑结构计算，高阶微分方程和大型矩阵运算，有限元计算，农业水利设施和大型水利枢纽计算，天文、水利计算和精确气候模式气象预报的 Navier-Stokes 三维流体力学方程计算，等等，使得原来人工需要几年甚至上百年时间的计算可以在弹指一挥间完成，原来人工根本无法计算的，计算机也能在不太长的时间内计算出来。美国两位科学家于 1976 年用计算机花了 1200 小时，证明了世界难题之一的"四色定理"，就是一个使用大型高速计算机的很好例子。

2. 自动控制(Automatic Control)

自动控制广泛应用于宇航和军事领域及工业生产系统。比如，航天飞机、导弹、宇宙飞船和人造卫星的飞行姿态控制，雷达跟踪系统和现代化武器控制，军事交通的全球定位与控制，月亮行星探测器的软着陆控制，空中交通管制，高速重载列车的通信信号识别处理与无人自动驾驶，机车故障自动检测，炉温控制，数控机床，大规模集成电路的生产调试控制，生产过程中的巡回检测、监控报警、自动记录，自动启停控制，大型自动化生产线(如彩电生产)与无人工厂的自动操作、实时控制、最佳控制与自适应控制，等等。

3. 数据处理(Data Processing)

数据处理是指用计算机对社会生产、经济活动、科学研究中获得的大量信息进行搜集、分类、排序、计算、存储、传输并打印出各种报表和图形等，不涉及复杂的数学问题，只涉及大量的信息问题，广泛应用于情报检索、图像处理以及人口普查数据处理等。数据处理与信息管理紧密相关，互有交叉。

4. 信息管理(Information Management)

管理信息系统是用计算机在企事业部门实际活动中搜索特定数据，提取反映生产、经营、人事等的各种信息，加以集中管理和分析处理，然后在决策人员参与下，作出部门活动的最优选择。计算机可用作调度系统、订票系统、行政管理、人事管理、生产管理、物资管理、购销管理、市场预测、计划统计、情况分析及办公自动化(OA)。近年发展起来的以数据库系统(DBS)和电子报表为基础手段、以决策支持系统(DSS)为高级目标的管理信息系统(MIS)就是信息管理的典型代表。

5. 计算机辅助(Computer Aided)

用计算机作辅助工具，可以帮助人们作辅助设计绘图(CAD)、辅助测试(CAT)、辅助制造(CAM)、辅助教学(CAI)、辅助模拟(CAS)、辅助工程(CAE)等。飞机、轮船、机车、汽车的设计和大规模集成电路的设计都是 CAD 应用的主要领域。使用 CAD 可使设计绘图优质快速。CAT 可使测试诊断准确自动，CAM 可使生产制造精确无误，CAI 可使教学辅导更生动形象，CAS 可使模拟驾驶和模拟训练(CAT)省时省力、事半功倍。其中的 CAD/CAM/CAE 正朝着一体化方向发展，计算机辅助技术对社会进步的作用卓著。

6. 人工智能(Artificial Intelligence)

人工智能是用计算机进一步模拟人类，实现人类的某些智能行为，如感知、推理、学习、理解、联想、探索、模式识别等理论和技术。其研究应用领域包括模式识别、定理证明、景物分析、图像处理、自然语言理解和生成，博弈、机器人和专家系统等。专家系统就是集某些优秀专家知识于一身的计算机应用程序系统，已广泛应用于医疗诊断、勘探研究、遗传工程及交通管制和商业领域。智能机器人也在某些领域广泛应用。"深蓝"计算机战胜国际象棋冠军就是智能博弈与高速计算的例子。

7．数字通信技术与"信息高速公路"

计算机技术与数字通信技术的紧密结合，诞生了计算机网络。高速率的电缆、光纤、卫星、微波、ATM 宽带传输等通信技术使得网络中能够实现资源的负荷均衡及资源的实时局部共享与全球滞后共享。计算机技术广泛应用于电报通讯、数据通信、电子邮政、电子商务(EDI)、多媒体技术以及全球实时定位系统 GPS 等各种新型通信技术领域。计算机广域网络与数字通信技术的发展应用，尤其是"信息高速公路"全球性策划建设(ANII, CNII, GNII)，预示着 21 世纪信息社会将伴随新一代计算机的诞生而来临。

1.2　信息的表示与存储

信息即数据。数据既可以是数字的，也可以是模拟的。模拟信息要经模/数转换编码才为数字计算机所接受。数字信息可以是数值的(可用四则运算等)，如 256，1010，也可以是字符的(可作比较处理等)，如 CDE、汉字等，但无论是数值信息还是字符信息，都需要恰当的编码形式才易于为计算机所分析处理。计数方法有多种，在日常生活中，人们最熟悉的也是国际上通用的计数方法是十进制计数法。而在计算机中处理的数据是二进制的，有时为表示方便，也常使用十六进制和八进制。

数码：一组用来表示各种数制的符号。

基数：数制所使用的数码个数称为"基数"，常用"R"表示，称 R 进制。

位权：指数码在不同位置上的权值。在不同进位制中，处于不同数位的数码代表的数值不同。例如，十进制数 111，个位上的 1 权值为 10^0，十位上的 1 权值为 10^1，百位上的权值为 10^2。

进位计数制就是用一组有序的数码表示一个较大的数量，进位计数制亦即是一种有权有序的"位置记数法"，相同进位制的数才可以参与运算，不同进位制的数则可以相互转换。

1.2.1　常用数制及其转化

1．十进制

十进位计数制简称十进制。它有 10 个不同的数码符号：0，1，2，3，4，5，6，7，8，9。每个数码符号根据它在这个数中所处的位置(数位)，按"逢十进一"来决定其实际数值，即各数位的位权是以 10 为底的幂次方。

例如：$(1234.567)_{10} = 1 \times 10^3 + 2 \times 10^2 + 3 \times 10^1 + 4 \times 10^0 + 5 \times 10^{-1} + 6 \times 10^{-2} + 7 \times 10^{-3}$

2．二进制

二进位计数制简称二进制。它有 2 个不同的数码符号，即 0 和 1。每个数码符号根据它在这个数中所处的位置(数位)，按"逢二进一"来决定其实际数值，即各数位的位权是以 2 为底的幂次方。

例如：$(1011.01)_2 = 1 \times 2^3 + 0 \times 2^2 + 1 \times 2^1 + 1 \times 2^0 + 0 \times 2^{-1} + 1 \times 2^{-2}$

二进制的优点是：

① 物理表示容易，如电路通、断，电平高、低，脉冲有、无，磁性正、反等；

② 运算规则简单：加法口诀三个，乘法口诀两个，比十进制简单，因而极易实现；

③ 逻辑判断方便：二进制的"1"和"0"恰好对应逻辑取值的"是"和"否"，即

"真"和"假","0","1"互为反码,因而极易实现"与""或""非"三大逻辑运算。

二进制的缺点是表示位数冗长,书写不方便,认读不直观,主要用于机内表示。

二进制的 3 个突出优点决定了从始至今的电子数字计算机内部均无例外地采用二进制数据表示。

3．八进制

八进位计数制简称八进制。它有 8 个不同的数码符号:0,1,2,3,4,5,6,7。每个数码符号根据它在这个数中所处的位置(数位),按"逢八进一"来决定其实际数值,即各数位的位权是以 8 为底的幂次方。

例如:$(135.01)_8 = 1 \times 8^2 + 3 \times 8^1 + 5 \times 8^0 + 0 \times 8^{-1} + 1 \times 8^{-2}$

八进制数书写已比二进制大大缩短,而且因为 $2^3 = 8$,即每 3 位二进制表示的 8 个数准确地一一对应于 1 位八进制内的 0~7 共 8 个数码,即八进制数是二进制数的准确缩简。因而二、八进制有简单的转换关系,常用于早期的 NOVA 机和 PDP-11 系列机中内部指令表示,地址表示及数值表示等。缺点是仍不如十进制直观,当数值较大时,表示仍不够简短。

4．十六进制

十六进位计数制简称十六进制。它有 16 个不同的数码符号:0,1,2,3,4,5,6,7,8,9,A,B,C,D,E,F。每个数码符号根据它在这个数中所处的位置(数位),按"逢十六进一"来决定其实际数值,即各数位的位权是以 16 为底的幂次方。

例如:$(135.AB)_{16} = 1 \times 16^2 + 3 \times 16^1 + 5 \times 16^0 + 10 \times 16^{-1} + 11 \times 16^{-2}$

十六进制数书写比二、八、十进制更简短,而且因为 $2^4 = 16$,即每 4 位二进制表示的 16 个数准确地一一对应于 1 位十六进制内的 0~9 和 A~F 共 16 个数码,即十六进制数也是二进制数的准确缩简。因而二、十六进制也有简单的转换关系。十六进制一直用于各种类型的机器中内部指令表示、地址表示及数值表示等。缺点是作数值读写时,仍不如十进制直观。

各个进位制简单数值的对应关系如表 1-1 所示。

表 1-1　　　　　　　　　　　　　各种进位制数值的对应关系

十进制	二进制	八进制	十六进制
1	1	1	1
2	10	2	2
3	11	3	3
4	100	4	4
5	101	5	5
6	110	6	6
7	111	7	7
8	1000	10	8
9	1001	11	9
10	1010	12	A
11	1011	13	B
12	1100	14	C
13	1101	15	D
14	1110	16	E
15	1111	17	F
16	10000	20	10

5. 不同进位计数制之间的转换

(1) 非十进制数(R 进制数)转换为十进制数。

方法：将各个 R 进制数按权展开求和即可。

例如：将二进制数$(1011.01)_2$转换成等值的十进制数。

$$(1011.01)_2 = 1 \times 2^3 + 0 \times 2^2 + 1 \times 2^1 + 1 \times 2^0 + 0 \times 2^{-1} + 1 \times 2^{-2}$$
$$= 8 + 0 + 2 + 1 + 0 + 1/4 = (11.25)_{10}$$

八进制数和十六进制数均可按位权展开转换成十进制数。

例如：将$(135.01)_8$，$(135.AB)_{16}$分别转换成十进制数(保留三位小数)。

$$(135.01)_8 = 1 \times 8^2 + 3 \times 8^1 + 5 \times 8^0 + 0 \times 8^{-1} + 1 \times 8^{-2} = (93.016)_{10}$$

$$(135.AB)_{16} = 1 \times 16^2 + 3 \times 16^1 + 5 \times 16^0 + 10 \times 16^{-1} + 11 \times 16^{-2} = (309.797)_{10}$$

(2) 十进制数转换为非十进制数(R 进制数)。

方法：整数部分采取 "除基数逆序取余数法"，小数部分采取 "乘基数顺序取整数法"。

① 十进制转换为二进制数。

十进制整数转换为二进制数(除 2 取余数法)：逐次除以 2，每次求得的余数即为二进制数整数部分各位的数码，直到商为 0 止。

十进制纯小数转换为二进制数(乘 2 取整数法)：逐次乘以 2，每次乘积的整数部分即为二进制数小数各位的数码，小数未必做尽，直到所需位数或乘积为 0 止。

例如：将 233.25 转换为等值的二进制数。

对整数部分转换：

```
2 ⌊233            余数          书写方向
 2 ⌊116 ………      (1 ←——— 最低位
  2 ⌊58 ………       (0
   2 ⌊29 ………       (0
    2 ⌊14 ………       (1
     2 ⌊7 ………        (0
      2 ⌊3 ………        (1
       2 ⌊1 ………        (1
         0 ………         (1 ←——— 最高位
```

即$(233)_{10} = (11101001)_2$

对小数部分——乘 2 取整数法：

```
        积               整数
0.25 × 2 = 0.5 ………      (0 ←———最高位
 0.5 × 2 = 1.0 ………      (1 ←———最低位
```

即$(0.25)_{10} = (0.01)_2$

所以$(233.25)_{10} = (11101001.01)_2$

② 十进制转换为八进制数。

方法：整数部分采取 "除 8 取余数法"，小数部分采取 "乘 8 取整数法"。

例如：将十进制$(233.25)_{10}$转换为八进制数。

对整数部分转换：

```
8 ⌊233          余数
8 ⌊29 ········   (1 ◄─────最低位
8 ⌊3 ········    (5
  0 ········    (3 ◄─────最高位
```

即 $(233)_{10} = (351)_8$

对小数部分——乘 8 取整数法：

　　　　　积　　　　整数

$0.25 \times 8 = 2.00 \cdots \cdots 2$

即 $(0.25)_{10} = (0.2)_8$

所以 $(233.25)_{10} = (351.2)_8$

③ 十进制转换为十六进制数。

方法：整数部分采取"除 16 取余数法"，小数部分采取"乘 16 取整数法"。

例如：将十进制 $(233.25)_{10}$ 转换为 16 进制数。

对整数部分采取"除 16 取余数法"：

```
16 ⌊233         余数
16 ⌊14 ········  (9 ◄───── 最低位
   0 ········   (E ◄───── 最高位
```

即 $(233)_{10} = (E9)_{16}$

对小数部分——乘 16 取整数法：

　　　　　积　　　　整数

$0.25 \times 16 = 4.00 \cdots \cdots \quad 4$

即 $(0.25)_{10} = (0.4)_{16}$

所以 $(233.25)_{10} = (E9.4)_{16}$

(3) 非十进制数之间的相互转换。

① 八进制数与二进制数之间的转换。

由于一位八进制数相当于三位二进制数，因此，要将八进制数转换成二进制数时，只需以小数点为界，向左或向右每一位八进制数用相应的一组三位二进制数取代即可。如果不足三位，可用零补足。反之，二进制数转换成相应的八进制数，只是上述方法的逆过程，即以小数点为界，向左或向右每三位一组二进制数用相应的一位八进制数取代即可。

例如：将八进制数 $(267.54)_8$ 转换成二进制数。

```
    2      6      7   .   5      4
   010    110    111     101    100
```

即 $(267.54)_8 = (10110111.1011)_2$

将二进制数 $(1010\ 011.010101)_2$ 转换成八进制数。

```
   001    010    011   .   010    101
    1      2      3         2      5
```

即 $(1010\ 011.010101)_2 = (123.25)_8$

② 十六进制数与二进制数之间的转换。

由于一位十六进制数相当于四位二进制数，因此，要将十六进制数转换成二进制数时，只需以小数点为界，向左或向右每一位十六进制数用相应的四位一组二进制数取代即可。如果不足四位，可用零补足。反之，二进制数转换成相应的十六进制数，只是上述方法的逆过程，即以小数点为界，向左或向右每四位一组二进制数用相应的一位十六进制数取代即可。

例如：将十六进制数$(3AC.2F)_{16}$转换成二进制数。

$$
\begin{array}{ccccc}
3 & A & C & . & 2 & F \\
0011 & 1010 & 1100 & & 0010 & 1111
\end{array}
$$

即$(3AC.2F)_{16} = (1110101100.00101111)_2$

例如：将二进制数$(1110\ 1001.1101\ 1000)_2$转换成十六进制数。

$$
\begin{array}{cccc}
1110 & 1001 & . & 1101 & 1000 \\
E & 9 & & D & 8
\end{array}
$$

即$(1110\ 1001.1101\ 1000)_2 = (E9.D8)_{16}$

1.2.2　信息的存储

前面讨论的各种进制数据都主要说正数，讨论减法与除法运算时，提出了加负数的概念。纯粹无符号正数可不涉及单独编码问题，机器中引入了负数，则必然涉及正负数据的机器数编码表示及其相互转换。带符号二进制数据的机内表示就叫二进制机器数，也叫机器数编码(同样道理，其他进制也可以有机器数编码)。正数的机器数编码是唯一的，负数的机器数编码则因码制不同，有不同的定义。

机器数有以下两个重要特征。

(1) 位数长度固定。如 8 位机只能表示 8 位机器数，16 位机只能表示 16 位机器数等。当然可用软件办法作双倍及多倍字长运算，可使 16 位机能表示 32 位长的数据。位数一定还有两个含义：一是不管数据值多小，哪怕是 0，也要将 8 位或 16 位填满 0；二是因位长受到限制，则精度也受到限制，以及表示整数的最大绝对值也受到限制，否则会产生"溢出"。

(2) 正负符号代码化。传统人工数用"＋、－"号表示数的"正、负"，机内二进制则用"0"和"1"表示数的"正"和"负"(一般最高位为符号位，其余为尾数值)，称为代码化。如代码化后的符号位能像尾数数字位一样参与运算，则称为符号数码化(如反码、补码的符号等)。根据这两个特征可知，字长一定的机器数所表示数的范围也就确定。如 8 位机器数可表示无符号数为 0~255，表示带符号数则各一半，－128～＋127，±127，这与机器数编码方式有关。下面只从表示方法而不是代数定义更不涉及理论证明来简单讨论二进制数的原码、反码、补码的简单关系，以及它们之间的转换。

在数值的最高位用 0 和 1 分别表示数的正、负号。一个数(连同符号)在计算机中的表示形式称为机器数，以下引进机器数的三种表示法，即原码、补码和反码。是将符号位和数值位一起编码，机器数对应的原来数值称为真值。

1. 原码表示

原码表示方法中，数值用绝对值表示，在数值的最左边用"0"和"1"分别表示正数和负数，书写成 $[X]_原$ 表示 X 的原码。

例如，在 8 位二进制数中，十进制数＋23 和－23 的原码表示为：

$$[+23]_原 = 00010111$$

$$[-23]_原 = 10010111$$

应注意，0 的原码有两种表示，分别是"00……0"和"10……0"，都作 0 处理。

2．补码表示法

一般在作两个异号的原码加法时，实际上是作减法，然后根据两数的绝对值的大小来决定符号。能否统一用加法来实现呢？这里先来看一个事实。对一个钟表，将指针从 6 拨到 2，可以顺拨 8，也可以倒拨 4，用式子表示就是：$6+8-12=2$ 和 $6-4=2$。

这里 12 称为它的"模"。8 与 -4 对于模 12 来说，是互为补数。计算机中是以 2 为模对数值作加法运算的，因此可以引入补码，把减法运算转换为加法运算。

求一个二进制数补码的方法是，正数的补码与其原码相同；负数的补码是把其原码除符号位外的各位先求其反码，然后在最低位加 1。通常用 $[X]_补$ 表示 X 的补码，+4 和 -4 的补码表示为：

$$[+4]_补 = 00000100$$
$$[-4]_补 = 11111100$$

3．反码表示法

正数的反码等于这个数本身，负数的反码等于其绝对值各位求反。例如：

$$[+12]_反 = 00001100$$
$$[-12]_反 = 11110011$$

总结以上规律，可得到如下公式：$X - Y = X + (Y 的补码) = X + (Y 的反码 + 1)$

1.2.3　信息的单位和编码

1．信息的单位

计算机中数据的常用表示单位有位、字节和字。

（1）位（Bit）。

计算机中信息的最小单位是二进制的位。一个二进制位只有两种状态"0"和"1"。

（2）字节（Byte）。

8 个二进制位称为一个字节。字节是计算机中用来表示存储空间大小的最基本的容量单位。

实际使用时，还可以用千字节（KB）、兆字节（MB）和十亿字节（GB）。

1B = 8bits

$1KB = 2^{10}B = 1024B$

$1MB = 2^{20}B = 1024KB$

$1GB = 2^{30}B = 1024MB$

例如：一个程序的大小是 256KB = 256×1024 字节。

内存 64MB = 1024×1024×64 字节。

（3）字和字长。

字是计算机内部进行数据处理的基本单位，是由若干字节组成的。

字长：计算机的每一个字所包含的二进制数的位数。

例如：字长为 16 位、32 位、64 位等。

2．信息的编码

在计算机中，既可处理数值数据，又可处理各种字符数据。数值数据有多种编码，如二进制码、十进制码、BCD 码等，其中二进制码在机器中表示又有原码、反码、补码。同样道理，字母、符号、汉字等字符数据也应按一定规则编码，以便统一交换、传输、处理。比如西文 ASCII 码、汉字国标区位码等。前面已经介绍了二进制编码，下面再介绍几种信息编码，这些都与二进制码密切相关。

（1）BCD 码。

BCD 码（Binary Coded Decimal）。即用二进制编码表示的十进制数，或二进制形式的十进制数。通常作为人机联系的中间表示形式，某些情况下（如银行账务中大量加减运算）也直接用 BCD 码进行十进制运算。

表 1-2　　　　　　　　　　　　　　　　BCD 编码表

十进制数	BCD 码	十进制数	BCD 码
0	0000	5	0101
1	0001	6	0110
2	0010	7	0111
3	0011	8	1000
4	0100	9	1001

例如：1996 可用 "0001, 1001, 1001, 0110" BCD 码来表示。

（2）ASCII 码。

ASCII 码是美国标准信息交换码——American Standard Code for Information Interchange——的简称。在计算机及通信中无处不用，用以对英文字母、数字符号、运算标点符号、传输控制符号等进行表示、处理、传递与交换。上述各种符号共达 128 个，可用 7 位二进制编码表示。第 8 位在标准 ASCII 码中未用，有时在传输过程中用做校验位，后来又用做扩展 ASCII 码，增加了许多制表符号、数学符号、希腊字母等，第 8 位为 1，是 128 个扩展字符集，第 8 位为 0，是 128 个基本字符。附录一给出了标准 7 位 ASCII 码基本字符集。

大多数 ASCII 码字符都有键盘字符与之对应。在键盘上敲入并回显在屏幕上的字符实际上已经经历了 "计算机接收了字符的 ASCII 编码，并把该 ASCII 编码以字符点阵的方式回显在屏幕上" 的传递、处理与显示两个过程。基于同样的道理，对汉字也要进行类似的编码处理。

在 ASCII 码表中容易发现，数码符号 0～9 位于 30H(48D)的连续编码区，A 打头的大写英文字母位于 41H(65D)的连续编码区，a 打头的小写英文字母位于 61H(97D)的连续编码区，记住了头，推出一串，这几个区段的 ASCII 编码使用频繁，极需熟记。

（3）汉字编码。

由于汉字具有数量多、字型复杂的特点，因此其编码的方式与西文相比也复杂得多。因为一个字节最多可以表示 256 个编码，显然只用一个字节无法保存众多的汉字编码。因此，汉字编码采用的是双字节保存，即用两个字节表示一个汉字。

① 国标码。即中华人民共和国国家标准信息交换汉字编码。为了解决汉字的编码问题，1980 年我国公布了 GB 2312—80 国家标准。在该标准编码字符集中共收录了汉字和图形符号 7445 个，其中一级汉字 3755 个，二级汉字 3008 个，图形符号 682 个。全部国标汉字符号组成一个 94×94 的矩阵。在此矩阵中，每一行称为 "区"，每一列称为 "位"。这样就组成了一个有 94 个区(01～94 区)，每个区内有 94 个位(01～94 位)的汉字字符集。在这个字符集中，区码与位码组成了区位码。区位码可以唯一确定某一个汉字或符号；反之，任何一个汉字或符号都对应唯一的区位码。

　　书写汉字的区位码时，区码在前，位码在后，一般采用十进制表示，也可以用十六进制表示。

　　② 汉字输入码。它是为了实现在标准的英文打字键盘上快速地输入汉字而设计的编码。汉字输入法就是以汉字输入码为基础而建立的汉字输入方法。汉字输入码也称为汉字的外码。常见的输入法有以下几类。

　　按汉字的排列顺序形成的编码(流水码)：如区位码；

　　按汉字的读音形成的编码(音码)：如全拼、简拼、双拼等；

　　按汉字的字形形成的编码(形码)：如五笔字型、郑码等；

　　按汉字的音、形结合形成的编码(音形码)：如自然码、智能 ABC。

　　输入码在计算机中必须转换成机内码，才能进行存储和处理。

　　③ 汉字的字形码。一般有以下三种类型。

　　• 点阵字体库。该库中的字形码直接以点阵的形式构造而成。汉字点阵有多种规格：简易型 16×16 点阵、普及型 24×24 点阵、提高型 32×32 点阵、精密型 48×48 点阵。点阵规模越大，字形越清晰美观，在字模库中所占用的空间也越大。图 1-4 所示为汉字字形点阵及其代码示意图。

　　• 矢量字体库。该字体库中的字形码用一系列的直线段来描述字形的外轮廓。在这种字库中，字形码是一组直线段的坐标。

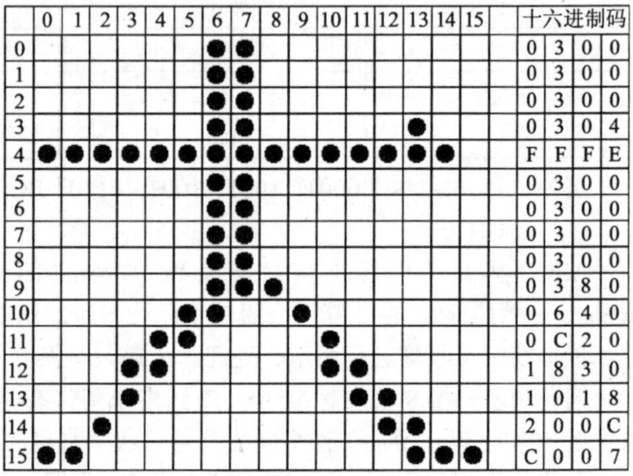

图 1-4　汉字字形点阵及其代码示意图

　　用向量描述字形较之用点阵描述字形是一个很大的进步，这种字形可以任意放大或缩小而不会出现锯齿形，可以任意进行旋转、拉伸等变形处理。很受用户欢迎。

　　• 曲线字体库。该字库中，汉字的字形码由若干直线段和若干曲线段组成。曲线段采用二次曲线函数或三次曲线函数描述。其中最典型的是 Adobe Type 1 字库(采用三次 Bezier 曲线来描述)和 True Type 字库(采用二次 Bezier 样条曲线来描述)。

　　曲线字的导入，不仅大大改善了字模的质量，减少了字库的存储空间，而且有利于字的无限变倍、字形算法的改进等，从根本上改变了字的质量，可以说是字的质的飞跃。

　　目前，在 Windows 操作系统中所使用的汉字字库，如宋体、楷体、黑体等，都是 TrueType 曲线字体。

1.3　计算机系统的组成

1.3.1　计算机系统概述

　　计算机是一个系统，它是由许多相互联系的部件组合成的有机整体。一般说来，它包括硬件系统和软件系统两大部分，这两部分相辅相成，缺一不可。硬件是计算机工作的物质基础，软件则是施展计算机能力的灵魂。计算机系统的基本组成结构如图 1-5 所示。

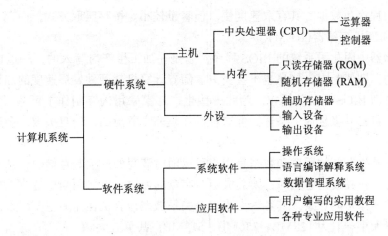

图 1-5　计算机系统组成

1.3.2　计算机硬件系统

所谓计算机硬件，是计算机系统中看得见、摸得着的物理实体。如图 1-5 所示，硬件系统由主机和外部设备两部分组成。按照硬件的功能来说，可以分为运算器、控制器、存储器、输入输出设备五个功能部件，如图 1-6 所示。

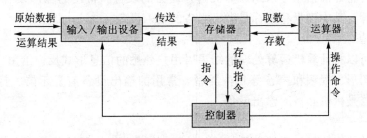

图 1-6　计算机硬件工作原理

1. 运算器

运算器是计算机的核心部件，它负责对信息进行加工处理。它在控制器的控制下，与内存交换信息，对其进行各种算术运算和逻辑运算。运算器还具有暂存运算结果的功能，它由加法器、寄存器、累加器等逻辑电路组成。

2. 控制器

控制器是计算机的指挥中心，其主要作用是控制计算机自动地执行命令。它能够读取内存储器中的程序并进行翻译，然后根据程序的要求，向相应部件发出控制信号，指挥、协调各部件的工作，同时接受各部件指令执行情况的反馈信号。

在微型计算机中，运算器和控制器合在一起，称为微处理器，又称 CPU，它是微型计算机的核心。目前流行的微处理芯片主要有 Intel 的 Pentium 系列和 AMD 的以 "x 龙" 命名的系列。

3. 存储器

存储器是计算机的记忆单元，它负责存储程序和数据。存储器又分为内存储器(主存储器)和外存储器(辅助存储器)两类。

(1) 内存储器，简称内存。它安置在计算机的主板上，直接与 CPU 相连，用来存放当前正在运行的程序和数据。其存取速度快，但容量较小。按存照取方式，内存又分为只读存储器(ROM)和随机存储器(RAM)。

只读存储器中固化了系统的 BIOS 程序，它是在加工生产时写入的，一般情况下是只能读而不能写的，即使断电，信息也不会丢失。随着计算机软硬件发展速度的加快，有些电脑用户提出了更新 BIOS 系统的需求，为此一些生产厂家采用闪存制作了可擦写式 BIOS 存储芯片，为用户自己升级创造了条件，但这种操作是非常危险的，一旦失败，会造成计算机无法使用。

随机存储器中存储的程序和数据是用户可以随时读写的，但其存储的信息会因断电而全部丢失。因此用户在使用电脑时，要养成随时存盘的习惯，以防因断电造成数据丢失。随机存储器的物理实体是内存条，其容量大小也是关系微型计算机性能的主要因素，目前流行的微机内存配置大小一般为 128MB、256MB、512MB，甚至更大。

(2) 外存储器，简称外存，属于外部设备，主要存放暂时不使用的程序和数据。它的特点是存储容量大，可永久保存信息且不受断电的影响，但读取速度慢，其中的数据不能直接与 CPU 进行传递。存放于外存的数据必须调入内存，才能进行加工处理。目前常用的外存储器有硬盘、光盘、U 盘，前些年常用的软盘则正在淡出。

4．输入设备

输入设备是将外部信息输入到计算机内存储器的装置。常用的输入设备有键盘、鼠标、扫描仪、光笔等，其中键盘和鼠标是微机必备的输入设备。

5．输出设备

输出设备可以将计算机运算处理的结果以用户熟悉的信息形式反馈给用户，输出形式有数字、字符、图形、视频和声音等几种类型。常用的输出设备有显示器、打印机、绘图仪等，其中显示器是微机必备的输出设备。

6．总线结构

计算机硬件结构的最重要特点是总线(Bus)结构。它将信号线分成三大类，并归结为数据总线(Date Bus)、地址总线(Address Bus)和控制总线(Control Bus)，计算机的五个功能部件通过总线完成指令所传达的任务。这样就很适合计算机部件的模块化生产，促进了微型计算机的普及。微型计算机的总线化硬件结构如图 1-7 所示。

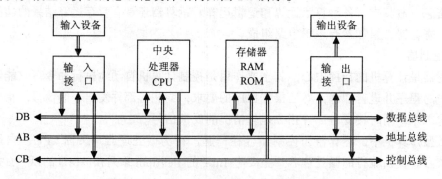

图 1-7　微型计算机总线化硬件结构图

1.3.3　计算机软件系统

所谓计算机软件，是指计算机硬件工作所必需的各种程序以及相关资料的集合。软件根据其功能和所面向的对象，分为系统软件和应用软件两大类。

1．系统软件

系统软件一般是面向所有计算机用户，为用户提供了计算机的操作、使用、开发的平台。它是用来管理、监控、维护、协调计算机内部更有效工作的软件，主要包括操作系统、数据库管理系统，各种语言及其汇编、解释或编译程序等。

（1）操作系统。

操作系统是系统软件的核心，是用户与计算机物理设备之间的接口。它直接控制和管理计算机系统硬件和软件资源，为用户操作提供了一个平台，以方便用户充分而有效地利用这些资源。

操作系统有多种分类方法，其中最常用的分类方法是按照操作系统提供的功能进行分类。

① 单用户操作系统。这种操作系统的主要特征是：在一个计算机系统内，一次只能运行一个用户程序。此用户独占计算机系统的全部硬件、软件资源。

② 批处理操作系统。这种操作系统可以管理多个用户程序，操作员统一将多个用户的程序输入到计算机中，然后在批处理操作系统管理下，成批地运行多个程序，提高了计算机系统的效率。

③ 实时操作系统。它是一种时间性强、反应迅速的操作系统。主要用于较少人为干预的监督和控制系统，如流水线控制、导弹飞行状态监控等。

④ 分时操作系统。它是一种在计算机上挂多个终端，允许多个终端用户同时使用一台计算机的系统。它采用给每个用户固定时间片的方式，轮流为各个用户服务。

⑤ 网络操作系统。它是用来管理连接在计算机网络上的多台计算机的操作系统。它提供了网络通信和网络资源共享管理，保证网络中信息传输的准确性、安全性和保密性，提高网络资源的利用率和可靠性。

⑥ 分布式操作系统。这种操作系统可以使网络中的计算机没有主次地并行运行同一个程序，彼此相互协调、共同配合完成一个共同的任务。

（2）计算机语言及处理程序。

计算机语言分为机器语言、汇编语言和高级语言。

① 机器语言（Machine Language）。它是指机器能直接认识的语言，是由"1"和"0"组成的一组代码指令。

机器语言是二进制代码语言。优点是机器能直接识别，可以直接被计算机运行。缺点是程序不便于阅读、书写，不同的机器系统指令性格式不同。

② 汇编语言（Assemble Language）。它实际上是由一组与机器语言指令一一对应的符号指令和简单语法组成的。汇编语言是为特定的计算机系统设计的面向机器的语言，它在一定程度上克服了机器语言的缺点，但是不能被计算机直接识别，执行时，必须将其翻译（称汇编过程，由编译程序来完成）成机器语言，才能在计算机上运行。

③ 高级语言（High Level Language）。它是与人类的自然语言和数学语言比较接近的适用于各种机器的计算机语言。高级语言容易为人们所掌握，用来描述一个解题过程十分方便。它独立于机器，具有一定的通用性。例如：BASIC 语言，Visual BASIC 语言，FORTRAN 语言，C 语言，Java 语言等。

用高级语言写的程序称为源程序，不能直接在计算机上运行，必须将其翻译成机器语言的目标程序，才能在计算机上运行。

将高级语言所写的程序翻译为机器语言程序，有两种翻译程序，一种叫"编译程序"，一种叫"解释程序"。编译程序把高级语言所写的程序作为一个整体进行处理，编译后与子程序库链接，形成一个完整的可执行程序。这种方法的缺点是编译、链接较费时，但可执行程序运行速度很快。FORTRAN，C，Pascal 等语言等都采用这种编译方法。解释程序则对高级语言程序逐句解释执行。这种方法的特点是程序设计的灵活性大，但程序的运行效率较低。BASIC，Foxpro 等语言属于解释型。

(3) 各种服务性程序，如机器的调试、故障检查和诊断程序、杀毒程序等。

(4) 各种数据库管理系统，如 SQL Sever，Oracle，Informix，Visual Foxpro 等。

2. 应用软件

应用软件是在系统软件基础上开发出来的具有特定功能、解决某一具体问题的程序。分为应用软件包和用户程序。

应用软件包(专业应用程序)：生产厂家、软件公司为解决通用性问题而设计的软件。例如字处理软件 Word、制表软件 Excel 等。

用户程序(实用应用程序)：用户为解决自己的实际问题而由自己或别人研制的软件。如财务报表软件、媒体播放软件等。

本章小结

通过本章的学习，了解计算机的产生及发展过程、计算机的特点、计算机的分类及计算机的应用。掌握信息在计算机内部的表示与存储，特别是数制的转换及 ASCII 码。熟悉计算机系统的组成及计算机硬件系统及软件系统相关知识。

习　　题

1. 填空题

(1) 计算机的发展经历了 _____、_____、_____、_____、_____ 五个时代。

(2) 根据计算机的规模和处理能力，通常把计算机分为 _____、_____、_____、_____、_____、_____ 六大类。

(3) 在总线结构的微型机中，通常使用 _____、_____、_____ 三类总线。

(4) 微机启动通常有 _____、_____、_____ 三种方式。

(5) 在计算机存储器中，保存一个汉字需要 _____ 个字节，一个 ASCII 码是用 _____ 个字节表示的。

2. 简答题

(1) 简述计算机的各个组成部分。

(2) 微型计算机硬件系统是由哪些部件构成的？

(3) Bit 和 Byte 分别是什么意思？它们之间有什么关系？

(4) 软盘的存储容量计算公式是什么？

(5) 简述计算机的特点。

第 2 章 操作系统 Windows XP

操作系统是计算机应用的前提和基础。Windows XP 操作系统是目前应用最广泛的操作系统之一，它是 Microsoft(微软)公司最杰出的产品。

通过本章的学习，应掌握 Windows XP 操作系统中的基本知识和基本概念，Windows XP 中的各种图形用户界面元素的基本操作方法，Windows XP 中关于文件、文件夹和磁盘等资源的各种操作，我的电脑、资源管理器以及附件等各种工具程序的使用，Windows XP 控制面板中的基本设置，Windows XP 中关于安全管理的相关内容。

2.1 Windows XP 概述

Windows XP 是 Microsoft(微软)公司于 2001 年推出的多用户多任务操作系统。XP 是英文 eXPerience 的缩写，表示新版本是一个丰富的、充分扩张的全新体验。Microsoft 公司希望这款操作系统能够在全新技术和功能的引导下，给 Windows 的广大用户带来全新的操作系统体验。

2.1.1 Windows XP 简介

1. Windows 的发展

自从 1981 年 8 月美国 IBM 公司首次推出微型计算机以来，DOS(Disk Operating System) 一直是 IBM-PC 系列微型计算机及其各种兼容机的主流操作系统。DOS 是一种以字符为基础的用户界面，是基于单用户单任务的操作系统。随着计算机技术的发展，人们期望能把计算机变成一个更直观、易学、好用的工具。

1983 年 11 月，Microsoft 公司推出了 Windows 1.0，1987 年 12 月又推出了 Windows 2.0。由于存在许多技术问题，人们对它们的反映并不好。1990 年 5 月，Windows 公司又推出了 Windows 3.0，它以形象生动的图形代替了 DOS 复杂的命令，使用户可以轻松自如地使用计算机，而且为以后 Windows 系统的发展奠定了基础。

1995 年 8 月，Microsoft 公司推出了 Windows 95。它为用户提供了全新的用户界面、简便的操作、强大的管理系统、方便的实用程序、多媒体功能、多种硬件的支持功能以及网络功能等，迅速成为用户在微型计算机上首选的操作系统。

1998 年 6 月，Windows 公司推出了 Windows 98。它是在 Windows 95 强大功能的基础上演变过来的，对用户界面作了重大改进。在 Windows 98 中集成了 Internet Explorer 浏览器，使 Windows 98 也可作为 Internet 浏览器工具。它将联机和脱机功能完美地融为一体。1998 年 8 月，Microsoft 公司又推出了 Windows 98 中文版。

2000 年，Microsoft 公司推出了 Windows 2000。它继承并发展了 Windows NT 的功能，还拓宽了 Windows 98 的网络功能和通信能力。

2001 年 11 月，Microsoft 公司推出了 Windows XP。Windows XP 是集 Windows 9X，Windows Me，Windows 2000 的优点于一身的新一代操作系统，它既采用了 Windows NT/ 2000 的核心技术，又拥有比 Windows Me 更精致的操作界面，比以前的 Windows 操作系统

的功能更强，也更稳定。

Windows XP 操作系统是一个基于图形用户界面的操作系统。它集操作系统、硬件规范、多媒体、通信、网络和娱乐等功能于一身。因为它的功能强大、操作简便，目前已经成为微型计算机用户使用最广泛的操作系统软件。

2. Windows XP 的产品类型

根据用户对象不同，中文版 Windows XP 可以分为三个版本：Windows XP Home Edition，Windows XP Professional，Windows XP 64-Bit Edition。

(1) Windows XP Home Edition，适合于家庭用户；

(2) Windows XP Professional，是为企业用户专门设计的，提供了高级别的扩展性和可靠性；

(3) Windows XP 64-Bit Edition，适用于 64 位处理器，迎合了特殊专业工作站用户的需求。

3. Windows XP 的功能特点

(1) 全新的图形化用户界面。Windows 界面的操作直观、形象、简便，不同应用程序保持操作和界面的一致，易于理解和记忆，实现了"所见即所得"的功能，为用户带来了很大方便。

(2) 灵活实用的多用户管理。Windows XP 是一个真正的多用户操作系统，它允许多个用户同时使用一台计算机，每个用户都可以开启多个应用程序，并且能够在各个程序之间方便地进行切换。

(3) 广泛的软、硬件支持功能。Windows XP 为硬件提供了"即插即用"支持，如声卡、网卡、DVD 等。Windows XP 能自动识别它们的参数，给出合适的配置，提供了众多的免驱动支持。在软件方面，Windows XP 可以很好地兼容以前 Windows 版本中的大多数应用程序。

(4) 综合的数字媒体功能。Windows XP 中带有一个多媒体工具软件 Windows Media Player 9。该软件将常用的数字媒体操作集中在一起，包括 CD 和 DVD 的回放、歌曲集的管理和录制、音频 CD 的创建、Internet 音频回放以及与便携设备的媒体传输等。

(5) 实用的网络功能。Windows XP 集成了功能强大的 IE6 浏览器和新型的 MSN Explorer 浏览器，供用户在网上使用多种手段实时地进行交流；为了提高网络使用的安全性，Windows XP 还内置了 Internet 连接防火墙功能，保证联网计算机的资源不被非法访问和删改。

(6) 更高的系统可靠性。Windows XP 提供了方便的系统还原功能，它随时监视系统的变动，每当用户对系统作出更改之前，系统都会自动地创建当前项目的备份。若更改失效，则系统还会恢复到以前完好的状态，从而可靠地保护系统、防止崩溃。

(7) 强大的帮助和支持系统。Windows XP 的"帮助和支持中心"给用户提供了各种工具和信息的资源。用户在使用 Windows XP 的过程中，遇到问题时，不仅可以使用搜索、索引或者目录来解决，而且可以通过各种联机帮助向 Microsoft 技术人员、其他 Windows XP 用户或者专家寻求帮助。

2.1.2　Windows XP 的运行环境与安装

1. Windows XP 的运行环境

(1) CPU：最低 233 MHz，建议 300 MHz 或更快的处理器。

(2) 内存：最低 64 MB，建议 128 MB 内存以上。

(3) 硬盘：最低 2GB 硬盘、650MB 可用磁盘空间(若通过网络安装，则需要更多的磁盘空间)，建议 2GB 以上可用磁盘空间。

(4) 显示器：VGA 兼容或更高分辨率的显示适配器和显示器，建议 SVGA 显示适配器和即插即用显示器。

(5) 驱动器：CD-ROM 或 DVD-ROM 驱动器，建议 12× 或者更快。

(6) 其他：键盘、鼠标或者兼容的定位设备、网络适配器等。

2．Windows XP 的安装

安装 Windows XP 有三种方式：升级安装、全新安装和双系统共存安装。其中，升级安装是从原有的 Windows 98/2000 系统中升级到 Windows XP；全新安装是在没有任何 Windows 操作系统的情况下安装 Windows XP；双系统共存安装是保留原有的 Windows 系统，将新的 Windows XP 安装在另一个独立的硬盘分区中。

这里以全新安装 Windows XP Professional 为例，具体操作步骤如下。

(1) 启动原 Windows 98 或 Windows 2000 系统，将 Windows XP Professional 安装光盘插入光驱中，让其自动运行，即可进入 Windows XP 安装程序的欢迎界面。

(2) 在该界面上，用户可选择【安装 Microsoft Windows XP】选项，弹出【欢迎使用 Windows 安装程序】对话框。

(3) 在该对话框的【安装类型】下拉列表框中，用户可选择安装类型为【全新安装】，然后单击【下一步】按钮，弹出【许可协议】对话框。

(4) 在该对话框中选中【我接受这个协议】单选按钮，再单击【下一步】按钮，弹出【您的产品密钥】对话框。

(5) 在该对话框的【产品密钥】文本框中，按系统提示输入【Windows XP 的产品密钥号码】，单击【下一步】按钮，弹出【安装选项】对话框。

(6) 在【安装选项】对话框中，用户可以根据需要选择设置安装的文件特性，以及针对功能障碍的用户而设置的辅助功能选项。在【请选择您要使用的主要语言和区域】下拉列表框中，用户需要选择安装程序使用的语言。设置完成后，单击【下一步】按钮，弹出【获得更新的安装程序文件】对话框。

(7) 在该对话框中，用户可以选择是否使用动态更新，从 Microsoft Windows Update 网站上获得更新的安装程序文件。如果选择动态更新，那么安装程序将使用 Internet 连接来检查 Microsoft 网站，并收集计算机的硬件信息。完成对上述安装过程的设置操作后，单击【下一步】按钮，进入【安装的说明】界面中，在这个界面中显示了安装 Windows XP 的各个步骤和当前进度。

(8) 安装程序在准备安装的过程中，会将安装文件复制到硬盘的临时文件夹中，并显示安装过程剩余的时间。在安装准备的过程中，用户可以通过界面中的功能说明了解 Windows XP 的新功能和新特性。按 "Esc" 键可以取消安装。在完成安装的准备工作以后，此后的安装过程将自动进行，用户只需要简单地单击【确定】按钮，就可以顺利地完成 Windows XP 的安装了。

(9) 在完成 Windows XP 的安装以后，系统将重新启动计算机，进入登录界面，其中显示了用户的名称和图标。单击用户名并输入密码，即可登录到 Windows XP。

注意：第一次登录 Windows XP 时，使用的用户名称和密码是用户在安装 Windows XP 时自动定义的系统管理员名称和密码。用户可以通过 Windows XP 中的用户管理，增加其他用户账号。

2.1.3　Windows XP 的启动与关闭

1．Windows XP 的启动

作为操作系统，只要接通了电源，打开主机电源开关，Windows XP 就可以自动启动了。

Windows XP 启动时，屏幕上首先出现的是登录界面，在登录界面右侧列出了已经建立的所有用户账号，并且每个用户配有一个图标，单击相应的用户图标(若设置了登录密码，则要输入密码)，即可进行登录。

登录完毕后，出现 Windows XP 的桌面，如图 2-1 所示。

图 2-1　Windows XP 的桌面

2．Windows XP 的关闭

关闭 Windows XP 相当于关闭计算机。

首先保存已经打开的文件和应用程序，然后单击任务栏中的【开始】按钮，在打开的【开始】菜单中选择【关闭计算机】命令，系统将弹出【关闭计算机】对话框，如图 2-2 所示。

在【关闭计算机】对话框中有 3 个按钮。

(1)"待机"按钮。当用户暂时不使用计算机时，可选择待机状态，这样可以避免频繁开、关机。

图 2-2　【关闭计算机】对话框

(2)"关闭"按钮。关闭整个系统，即关闭计算机主机。

(3)"重新启动"按钮。关闭 Windows XP 并重新启动系统。

用户根据需要单击不同的按钮，即可完成操作。

2.2　Windows XP 的基本概念和基本操作

2.2.1　键盘、鼠标的操作方法

1. 键盘的操作

键盘是计算机系统常用的输入设备，利用键盘不但可以输入文字，还可以对窗口、菜单进行操作。当文档窗口或对话输入框中出现闪烁的光标时，就可以直接使用键盘输入文字。

目前，计算机常用的键盘有 101 键键盘和 104 键键盘。新型的 104 键键盘布局和常用 101 键键盘相近，但它的左、右 "Alt" 键旁各多出一个 "Windows" 键。在 Windows 操作系统中，按此键即可打开【开始】菜单。另外，在键盘中部 "Windows" 键和 "Ctrl" 键的中间还有一个键——"快捷菜单" 键，按下这个键，就能够打开快捷菜单。

键盘主要由四部分组成，分别是功能键、字符输入键、方向键和小键盘。

功能键主要包括 "F1~F12" 键、"Esc" 键等。主要作为 Windows 或者程序操作的快捷键。

字符输入键是键盘的主要组成部分，包括数字键、26 个英文字母键和一些特殊符号键等。用户必须熟悉这些键的分布，以提高输入字符的速度。

方向键主要用于在输入数据过程中调整光标的位置。

小键盘主要用于输入数字和进行加减乘除的计算。

2. 鼠标的操作

鼠标是计算机的重要输入设备，绝大多数用户都是通过鼠标来实现对计算机的操作的。鼠标能使用户简单、迅速地对窗口、菜单等进行操作。

鼠标有左、右两个键，分别单击这两个键，可实现不同的功能。

在 Windows XP 中鼠标的常用操作有单击、双击、拖动等。鼠标的操作方法归纳如表 2-1 所示。

表 2-1　　　　　　　　　　　　　　　鼠标的操作说明

操　作	动作要领	完成任务
单击左键	将鼠标左键快速按下并释放	常用于选中操作对象
双击左键	连续两次快速按下左键并释放	用于打开应用程序或文件
单击右键	将鼠标右键快速按下并释放	打开特定对象的快捷菜单
拖动	按住鼠标左键移动鼠标	选中一项并将其移动到新位置上

另外，鼠标指针在对不同的对象进行操作时，其指针形状也不一样。图 2-3 中列出了部分鼠标指针的形状及其功能。

正常选择	帮助选择	后台运行	忙
精确定位	选定文本	手写	不可用
垂直调整	水平调整	沿对角线调整 1	沿对角线调整 2
移动	候选		
链接选择			

图 2-3　鼠标指针的形状及其功能

2.2.2　图形用户界面的组成及管理

Windows XP 的图形用户界面(Graphical User Interfaces, GUI)就是以图形方式提供用户与计算机交换信息的接口。在传统的操作系统 MS-DOS 文字模式下，屏幕上显示的是单调的文字接口，使用者必须记忆大量的命令，然后通过键盘输入这些命令，才能操作计算机。Windows XP 是一个图形窗口操作软件，它代替了 DOS 环境下的命令行操作模式，采用对话框、图标、菜单等图形画面和符号等全新的方式，为用户提供了一个十分友好、直观、易于交流的图形操作界面。

1. 图形用户界面对象的组成

计算机的图形用户界面是由桌面、图标、任务栏、窗口、菜单、对话框等对象(Object)组成的。用户以某种特定的方式(如鼠标或键盘)选择或激活这些图形对象，使计算机产生某种动作或变化，从而完成各种管理和操作。

2. 桌面及管理

启动计算机进入 Windows XP 操作系统后，将显示 Windows XP 的操作界面，如图 2-4 所示。这个界面称为桌面，它是用户与计算机进行交流的窗口。通过桌面，用户可以有效地管理自己的计算机。桌面是由桌面背景、快捷图标、【开始】按钮和任务栏组成的。

图 2-4　桌面及其组成

用户向系统发出的各种命令都是通过桌面来接收和处理的。用户也可以将系统的一些重要文件夹图标和常用应用程序的快捷方式图标放置在桌面上，以便使用。

桌面的显示方式(如背景、外观、桌面主题等)以及桌面上图标的布局方式都可以由用户指定。

3. 图标及管理

图标是一些代表具有可操作性的程序或文档的图形符号。它包含图形和说明文字两部分。在窗口中，如果用户把鼠标放在图标上停留片刻，就会出现对图标所表现内容的说明或文件存放的路径，双击图标，就可以打开相应的内容。根据代表对象不同，图标可分为不同的类型，如文件夹图标、应用程序图标、快捷方式图标、驱动器图标等。图标使系统更加直观，使用更加方便。

对图标的操作如下。

（1）移动图标。用鼠标左键按住图标拖动到目标位置上，然后松开，既可在桌面上操作，也可在窗口中操作。

（2）开启图标。用鼠标左键双击应用程序图标或其快捷方式图标，将启动相应的应用程序；双击文件夹图标，将打开文件夹窗口；双击文档文件图标，将启动创建文档的应用程序并打开该文档。

（3）图标更名。用鼠标右键单击图标，弹出快捷菜单，在快捷菜单中选择【重命名】命令。

（4）删除图标。用鼠标右键单击图标，弹出快捷菜单，在快捷菜单中选择【删除】命令，该图标即被移入回收站。

（5）排列图标。用户可以对桌面上的图标重新进行排列，其方法是用鼠标右键单击桌面空白处，从快捷菜单中选择【排列图标】命令，然后按系统提示的 4 种方式重新排列。

（6）隐藏图标。当用户不想让桌面上有太多的图标时，可在快捷菜单中选择【显示桌面图标】命令，这是一个开关项，系统默认为选中状态，即显示桌面图标，单击该项，取消前面的选中标记，可隐藏图标。

4．任务栏及管理

任务栏是位于桌面底部的水平栏（如图 2-5 所示）。在 Windows XP 中，任务栏是一个非常重要的工具，它显示了系统正在运行的程序和打开的窗口、当前时间等内容，用户通过任务栏，可以完成许多操作，如启动、管理和切换程序，显示某些系统状态，而且可以对它进行一系列的设置。

任务栏的左侧是【开始】按钮。用户可以单击【开始】按钮来打开【开始】菜单，通过【开始】菜单启动应用程序或进行其他操作。【开始】按钮的右面是【任务控制】区，用户用鼠标单击它，能快速地启动相应的程序。它在任务栏中间，显示的是当前正在运行的程序和正在打开的窗口。图 2-5 所示的任务控制区中有 2 个图标，它们对应着当前打开的 2 个程序。当用户打开程序、文档或窗口后，在任务栏上就会出现一个相应的按钮。如果要切换窗口，只需单击代表该窗口的按钮即可。在关闭一个窗口之后，其按钮也将从任务栏上消失。Windows XP 是一个多任务操作系统，可以同时启动多个程序，打开多个窗口，但是当前活动窗口只有一个，呈凹陷状态的按钮代表当前活动窗口，单击非凹陷的按钮，则它所对应的窗口就成为活动窗口了。任务栏最右面的区域为通知区，用于显示系统在开机状态下常驻内存的一些项目（如系统时间、输入法、音量控制等），用户可随时单击这些图标，选择相应的操作。

【开始】按钮　　　任务控制区　　　　　　　　　　　　　　　通知区

图 2-5　任务栏

5．窗口及管理

当用户打开一个文件夹或应用程序时，都会出现一个相应的窗口。窗口是用户进行操作时的重要组成部分，用户对计算机进行的操作都是在窗口中完成的。对窗口熟练地进行操作会提高用户的工作效率。

在中文版 Windows XP 中有许多种窗口，其中大部分都包括了相同的组件，图 2-6 所示是一个标准的窗口，它由标题栏、菜单栏、工具栏等几部分组成。

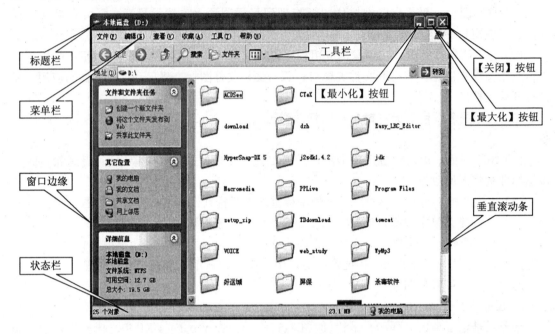

图 2-6　Windows XP 的窗口

（1）标题栏：位于窗口的最上部，它显示了当前窗口的名称，左侧有【控制菜单】按钮，右侧有【最小化】、【最大化】或【还原】以及【关闭】按钮。拖动标题栏，可以在桌面上移动窗口。

（2）菜单栏：位于标题栏的下面，它将用户在操作过程中所要用到的各种命令以菜单的方式体现出来，菜单由一级或多级下拉菜单组成。

（3）工具栏：菜单栏的下部一般都有工具栏，工具栏将菜单中常用的命令图像化，工具栏上的每一个按钮都对应着菜单中的某个命令。用户在使用时，可以直接从上面单击各种按钮。

（4）状态栏：它在窗口的最下方，标明了当前有关操作对象的一些基本情况。

（5）工作区域：它在窗口中所占的比例最大，用户可在工作区域中输入文本、绘图等。

（6）滚动条：当窗口太小不能显示所有内容时，将自动出现滚动条，用户可以通过拖动水平或者垂直的滚动条来查看所有的内容。

（7）窗口边框：确定了窗口的几何尺寸。用鼠标拖动窗口边框，可以调整窗口的大小。

窗口操作在 Windows 系统中是很重要的，不但可以通过鼠标使用窗口上的各种命令来操作，而且可以通过键盘使用快捷键来操作。用户在对计算机进行操作时，可以同时打开几个窗口，在这些窗口中有"前台"和"后台"之分。用户当前操作的窗口称为活动窗口或前台窗口，其他窗口则称为非活动窗口或后台窗口。前台窗口的标题栏颜色和亮度格外醒目，后台窗口的标题栏呈浅色。

窗口的常用操作简介如下。

（1）窗口控制菜单。

在窗口标题栏的最左面是【控制菜单】按钮，单击这个按钮，会打开程序的控制菜单。不同的应用程序有不同的控制菜单，但都包含一些基本命令。用鼠标和键盘操作的方法如下。

① 使用鼠标操作时，只要单击【控制菜单】按钮，就会打开控制菜单，如图 2-7 所示。然后选择要操作的命令即可。

② 使用键盘操作时，按"Alt"＋空格键，即可打开相应的控制菜单，然后用向上、向下的光标控制键选择要操作的命令，最后按回车键，即可执行相应操作。

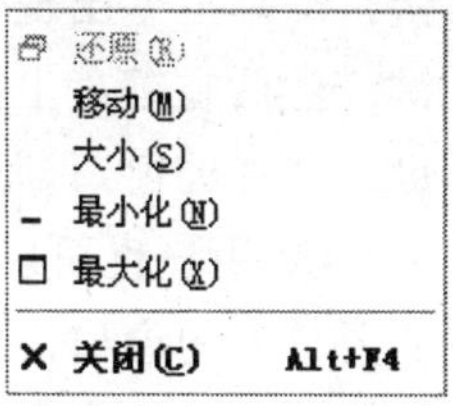

（2）移动窗口。

用户在打开一个窗口后，不但可以通过鼠标来移动窗口，而且可以通过鼠标和键盘的配合来完成移动。

图 2-7　控制菜单

移动窗口时，用户只需要在标题栏上按住鼠标左键拖动，移动到合适的位置后再松开即可。

若用户需要精确地移动窗口，则可以在标题栏上右击，在打开的控制菜单中选择【移动】命令，当鼠标变为 4 个方向箭头的形状时，再通过按键盘上的方向键来移动，到合适的位置后，用鼠标单击或者按回车键确认。

（3）缩放窗口。

窗口不但可以移动到桌面上的任何位置，而且可以随意改变大小，以将其调整到合适的尺寸。

① 当用户只需要改变窗口的宽度时，可把鼠标放在窗口的垂直边框上，当鼠标指针变成左右双向的箭头时，可以任意拖动；当只需要改变窗口的高度时，可以把鼠标放在水平边框上，当指针变成上下双向箭头时进行拖动；当需要对窗口进行等比缩放时，可以把鼠标放在边框的任意角上进行拖动。

② 用户也可以用鼠标和键盘的配合来完成缩放。在标题栏上右击，在打开的快捷菜单中选择【大小】命令，当鼠标变为 4 个方向箭头的形状时，再通过键盘上的方向键来调整窗口的高度和宽度，调整至合适位置后，用鼠标单击或者按回车键结束。

（4）最大化、最小化窗口。

用户在对窗口进行操作的过程中，可以根据自己的需要将窗口最小化、最大化等。

①【最小化】按钮。在暂时不需要对窗口进行操作时，可将其最小化，以节省桌面空间，用户在标题栏上单击此按钮，窗口会以按钮的形式缩小到任务栏上。

②【最大化】按钮。窗口最大化时，铺满整个桌面，这时不能再移动或者缩放窗口。用户在标题栏上单击此按钮，即可使窗口最大化。

③【还原】按钮。将窗口最大化后，单击此按钮，即可实现对窗口的还原。

用户在标题栏上双击可以进行最大化与还原两种状态的切换。每个窗口标题栏的左方都会有一个表示当前程序或者文件特征的【控制菜单】按钮，单击它即可打开控制菜单，它和在标题栏上单击鼠标右击所弹出的快捷菜单的内容是一样的。

用户也可以通过快捷键来完成以上操作。用"Alt"＋空格键来打开控制菜单，然后根据菜单中的提示，从键盘上输入相应的字母，例如，最小化时输入字母"N"，通过这种方式，可以快速地完成相应的操作。

（5）切换窗口。

当用户打开多个窗口时，需要在各个窗口之间进行切换，切换的方式如下。

① 当窗口处于最小化状态时，用户在任务栏上单击所要操作窗口的按钮即可完成切换。

② 用 "Alt + Tab" 键来完成切换。用户可以在键盘上同时按下 "Alt" 和 "Tab" 两个键，屏幕上会出现切换任务栏，在其中列出了当前正在运行的窗口，这时可以按住 "Alt" 键，然后在键盘上按 "Tab" 键，从切换任务栏中选择所要打开的窗口，选中后再松开两个键，选择的窗口即可成为当前窗口。

③ 用户也可以使用 "Alt + Esc" 键，首先按下 "Alt" 键，然后通过按 "Esc" 键来选择所要打开的窗口，但是它只能改变激活窗口的顺序，而不能使最小化窗口放大，所以多用于切换已打开的多个窗口。

(6) 使用滚动条查看窗口内容。

当窗口的内容比较多时，在一个窗口里显示不出来，就会出现滚动条。滚动条包括水平滚动条和垂直滚动条。滚动条中有一个滚动块，滚动块的大小代表着文档的长短。滚动块越小，表示文档越长；滚动块越大，表示文档越短。

其操作方法如下。

① 用鼠标单击滚动条两边的箭头或拖动滚动块，使滚动块在水平滚动条内左、右移动，或使滚动块在垂直滚动条内上、下移动。

② 使用键盘上的 4 个光标控制键可分别向上、向下、向左、向右移动一个图标，按 "PgUp" 键、"PgDn" 键可分别向上或向下滚动一屏，按 "Ctrl + Home" 键、"Ctrl + End" 键可分别移动到第一个图标处或最后一个图标处。

(7) 关闭窗口。

用户完成对窗口的操作后，在关闭窗口时，有下面几种方式。

① 直接在标题栏上单击【关闭】按钮。

② 双击【控制菜单】按钮。

③ 单击【控制菜单】按钮，在弹出的控制菜单中选择【关闭】命令。

④ 使用 "Alt + F4" 组合键。

若用户打开的窗口是应用程序，则可以在【文件】菜单中选择【退出】命令，同样也能关闭窗口。

若所要关闭的窗口处于最小化状态，则可以在任务栏上右击该窗口的按钮，然后在弹出的快捷菜单中选择【关闭】命令。

用户在关闭窗口之前，要保存所创建的文档或者所做的修改，如果忘记保存，当执行了【关闭】命令后，会弹出一个对话框，询问是否要保存所做的修改，单击【是】按钮后，保存关闭；单击【否】按钮后，不保存关闭；单击【取消】按钮，则不关闭窗口，可以继续使用该窗口。

6. 菜单及管理

Windows XP 操作系统有三种菜单：【开始】菜单、窗口菜单和快捷菜单。菜单用于显示一组选项，以供用户选择。一般情况下，基于图形用户界面的菜单选项是供用户选择的、用于执行的命令。所有用户命令集合都包含在菜单中，在 Windows XP 中，几乎所有的基本操作命令都可以通过菜单执行。

菜单是中文 Windows XP 图形用户界面提供文字信息的重要工具，它是各种应用程序命令的集合，从菜单中选择命令是 Windows 最常用的操作方法。对菜单的管理有如下几个内容：一是【开始】菜单，二是窗口菜单，三是快捷菜单。其中，【开始】菜单是相对固定的，另两类菜单与各个应用程序密切相关。

（1）【开始】菜单的管理。

在桌面上单击【开始】按钮，或者在键盘上按下 "Ctrl + Esc" 键，就可以打开【开始】菜单，它大体上可分为五个部分，如图 2-8 所示。

① 用户名称区。处于【开始】菜单最上方，由图片和用户名称组成，它们的具体内容是可以更改的。

② 常用程序区。在【开始】菜单的中间部分的左侧是用户常用的应用程序的快捷启动项，根据其内容不同，中间会通过不很明显的分组线进行分类，通过这些快捷启动项，用户可以快速启动应用程序。

③ 系统控制工具菜单区。在菜单的右侧，例如【我的电脑】、【我的文档】、【搜索】等选项，通过这些菜单项，用户可以实现对计算机的操作与管理。

④【所有程序】菜单项。显示计算机系统中安装的全部应用程序。选择此项时，其右侧出

图 2-8 【开始】菜单

现级联菜单，菜单中的选项分为程序组和程序项两类。若选择程序组，则菜单右侧将出现下一级级联菜单。用户选择需要运行的程序项，即可启动此程序。

⑤ 计算机控制菜单区。包括【注销】和【关闭计算机】两个按钮，可以在此进行注销用户和关闭计算机的操作。

用户使用鼠标和键盘都可以对【开始】按钮进行操作，【开始】按钮显示的菜单中有三种命令：一是菜单名字右侧带有三角形的菜单项，它表示如果用户选择此项，将打开一个下级级联菜单；二是菜单命令文字的右侧带有三个圆点的菜单项，表示用户选择该命令后，将会弹出一个对话框，让用户选择；三是菜单命令文字的右侧不带有任何符号，表示选择此项将打开相应的应用程序或打开一个文档。

（2）窗口菜单的管理。

位于一个应用程序菜单栏中的菜单都属于窗口菜单，不同的应用程序对应于不同的窗口菜单，其内容不同，但它们的操作方法是相同的，菜单的一些规定也是相同的。

① 打开窗口菜单。用鼠标选择菜单命令时，左键单击窗口中菜单栏上要选择的菜单，下拉菜单打开；也可以在单击菜单栏中的项目时不松开鼠标键，移至要选中的菜单项处松开，直接选中该项。用键盘选择菜单命令时，同时按下 "Alt" 键和菜单项右边带下划线的字母键，也可打开菜单。

② 执行命令。打开下拉菜单后，单击相应的命令；或者移动方向键到所需命令处，按 "Enter" 键；也可直接从键盘上输入命令名旁带下划线的字母。

（3）快捷菜单的管理。

中文 Windows XP 的最大特点是为用户提供了使用方便的快捷菜单。当用户用鼠标右键单击要操作的对象时，会弹出一个快捷菜单，用户可以从中选择命令。系统为每个对象提供了一个快捷菜单，不同应用程序的快捷菜单有时差别很大。图 2-9 给出了文件夹和 Word 文

档两种不同对象的快捷菜单。

　　（4）菜单项的约定。

　　中文 Windows XP 的菜单项中有一些约定的属性，这些约定在任意一个菜单中都有效。

　　① 颜色暗淡的命令，表示该命令在当前状态下不起作用。

　　② 每条命令都有一个下划线字符，用括号括起来，称为热键。在显示下拉菜单后，用户可以在键盘上按热键来选择命令。

　　③ 命令后面跟着省略号"…"，表示如果选择此命令，将会出现一个对话框，一般由单选按钮、复选框和列表框等组成。在多个单选按钮中，只可选一项；在多个复选框中，可以选择多项；在列表框中，一般只能选择一项。

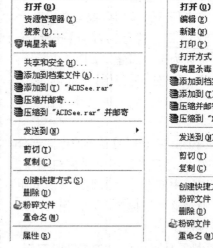

　　　（a）文件夹的快捷菜单　　　（b）Word 文档的快捷菜单

图 2-9　不同对象的快捷菜单

　　④ 菜单右侧有一个小三角图形标记，表明如果用户选择此命令，将会出现一个新的子菜单(称做级联菜单)。

　　⑤ 命令名前有"√"标记，表明该命令在当前状态下正在使用。选择此命令后，"√"标记消失，该命令不再起作用。

　　7. 对话框及管理

　　当用户选择菜单项中带省略号的命令时，会弹出对话框。通过对话框，系统可以提示或询问用户，并提供一些选项让用户选择。对话框的形状和组成差别很大，从形式上看，对话框和窗口类似，但是对话框只能移动，不能改变大小。如图 2-10 所示，对话框一般由下列元素组成。

　　① 标题栏：标题栏中所显示的是当前对话框的名字。

图 2-10　对话框

　　② 命令按钮：提供系统命令的按钮，在一个对话框中有一个或多个按钮。

　　③ 选项卡：在设置选项比较多的对话框中，系统按照一定的类别，分成不同的选项卡，以供用户设置。通过选择选项卡，可以在对话框的几组功能中切换。

　　④ 列表框：列表框中有系统提供的多个选择项，由用户选择其中的一项。

　　⑤ 下拉列表框：是标准列表框的变体，单击下拉列表的下箭头时，可以打开列表，以供用户选择。

　　⑥ 文本框：是用户可以直接输入文本信息的区域。

　　⑦ 复选框：列出了可供选择的所有选项，用户可以根据需要选择一个或多个选项。

⑧ 单选按钮：在当前对话框中，用户必须选中且只能选中一个单选按钮。

⑨ 数值框：单击数值框右边的箭头，可以改变数值大小，也可以直接输入数值。

对话框的操作包括对话框的打开、移动、关闭，对话框中的切换以及使用对话框中的帮助信息等。

下面介绍对话框的有关操作。

(1) 对话框的打开操作。

① 当选择菜单项中带有省略号的命令时，便会弹出一个对话框。

② 按相应的组合键后，会出现对话框。

③ 执行程序时，系统提示操作或警告信息时，会出现对话框。

④ 选择帮助信息时，会出现对话框。

(2) 对话框的移动和关闭。

① 用户要移动对话框时，可以在对话框的标题上按住鼠标左键拖动到目标位置再松开，也可以在标题栏上右击，在弹出的控制菜单中选择【移动】命令，然后在键盘上按方向键来改变对话框的位置，到达目标位置时，用鼠标单击或者按回车键确认，即可完成移动的操作。

② 对话框的关闭。有以下两种方法。

单击【确认】按钮或者【应用】按钮，可在关闭对话框的同时，保存用户在对话框中所做的修改。

如果用户要取消所做的改动，可以单击【取消】按钮，或者直接在标题栏上单击【关闭】按钮，也可以在键盘上按 "Esc" 键退出对话框。

(3) 在对话框中的切换。

有的对话框中包含多个选项卡，在每个选项卡中又有不同的选项组，在进行对话框的操作时，可以利用鼠标来切换，也可以使用键盘来切换。用鼠标切换时，只要单击选项卡，就可以打开属于该选项卡的选项组。

(4) 使用对话框中的命令按钮。

所有对话框都有命令按钮。在正常情况下，命令按钮都是以黑色文字显示命令的名称，这时只要单击该命令按钮，就能启动相应的功能。有时命令按钮显示的是灰色的文字，表示用户当前不能使用该命令。有时命令文字的右侧会带有省略号，表示用户单击该命令按钮后，将会弹出另一个对话框，让用户在其中选择。

(5) 使用对话框中的帮助。

对话框不能像窗口一样，可以任意改变大小，在标题栏上也没有【最小化】、【最大化】按钮，取而代之的是【帮助】按钮。当用户在操作对话框时，如果不清楚某个选项组或者按钮的含义，可以在标题栏上单击【帮助】按钮，这时在鼠标旁边会出现一个问号，然后用户可以在自己不明白的对象上单击，就会出现一个对该对象进行详细说明的文本框，在对话框内任意位置或者在文本框内单击，说明文本框将消失。用户也可以直接在选项上右击，这时会弹出一个文本框，再次单击这个文本框，会出现和使用【帮助】按钮一样的效果，如图 2-11 所示。

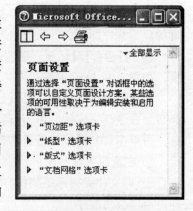

图 2-11　帮助文本框

2.2.3　Windows XP 主要的资源管理

Windows XP 一方面为用户能够方便地使用计算机提供了一个友好的图形用户界面；另一方面对计算机系统的软、硬件资源进行着合理的调度和分配，改善资源共享和利用情况，最大限度地发挥计算机的工作效率。

1. 硬件资源

Windows XP 可以管理众多的硬件资源。其管理的主要硬件资源有键盘、鼠标、显示器、磁盘、打印机、网卡、声卡和电源等。

Windows XP 对这些硬件资源的管理包括图标、属性的设置，以及对这些硬件的添加、删除、修复等操作。这些操作都可以通过菜单、快捷菜单、命令行来完成。

例如，用户可以使用控制面板来实现对硬件资源属性的设置。单击任务栏上的【开始】按钮，在弹出的【开始】菜单中选择【控制面板】命令，打开【控制面板】窗口，并切换到经典视图。双击相应的图标，将打开对应的【属性】对话框。在对话框中，用户可以对硬件资源进行调整和设置。

2. 软件资源

Windows XP 管理的软件资源主要有文件、文件夹及应用程序。

(1) 文件和文件夹。

计算机操作或处理的对象是数据，数据是以文件的形式存储在计算机的磁盘(硬盘、软盘或光盘)上的。文件是数据的最小组织单位，可以是程序、数据、图形、图像、动画或声音等，而文件夹是存放文件的组织实体。在 Windows XP 中，几乎所有的任务都要涉及文件和文件夹的操作。

在 Windows XP 中，用户可以通过系统提供的【我的电脑】或【资源管理器】，很轻松地管理文件和文件夹。有关对文件和文件夹的操作，将在 2.3.4 节介绍。

(2) 应用程序的启动。

① 从【开始】菜单中启动应用程序。Windows XP 的【开始】菜单能够自动保存用户经常使用一些常用程序的启动命令，用户只需打开【开始】菜单，在其中单击程序的启动命令，即可启动应用程序。

对于其他程序，用户需要选择【所有程序】命令，打开【所有程序】子菜单，然后在其中单击要启动的应用程序即可。

图 2-12　【运行】对话框

② 用【运行】对话框启动应用程序。在【开始】菜单中选择【运行】命令，打开【运行】对话框，如图 2-12 所示。

通过【运行】对话框，可以启动所有的应用程序。在【打开】列表框中输入应用程序的路径和启动命令，完成后，单击【确定】按钮，即可运行该程序。如果用户忘记了程序的路径和名称，可单击【浏览】按钮进行选择。

③ 在资源管理器中启动应用程序。打开资源管理器，在【资源管理器】窗口左侧的文件夹列表(即文件夹树形结构图)中单击文件图标，然后在窗口右侧双击应用程序的可执行文件即可启动应用程序。

④ 通过快捷方式启动。在【我的电脑】或【资源管理器】中右击常用程序的可执行文件，

弹出快捷菜单，然后选择此菜单中的【创建快捷方式】命令，再把快捷方式拖动到桌面上，双击快捷方式，即可启动应用程序。

（3）应用程序的关闭。

可以采用以下几种方式来关闭应用程序。

① 在程序窗口中选择【文件】→【退出】命令。

② 右击程序窗口左上角的【控制菜单】按钮，在弹出的菜单中选择【关闭】命令。

③ 单击程序窗口右上角的【关闭】按钮。

④ 按"Alt＋F4"键，可快速关闭当前应用程序。

2.2.4　Windows XP 附件的使用

Windows XP 操作系统除了具有强大的系统管理功能外，在附件中还附带了许多小的应用程序(文件被存放在 Windows XP 安装目录的 system32 文件夹下)，包括画图、记事本、写字板、计算器、游戏、通讯簿、远程桌面连接等。其中的画图、记事本、写字板、计算器可以帮助用户在没有安装其他应用程序的情况下，完成一些日常的工作。

1. 画图

画图是 Windows XP 中的一个实用画图工具软件，用户可以通过画图软件提供的完整的画图工具，自己绘制图画并编辑，也可以对扫描的图片进行编辑修改。利用画图软件，可以给文档和桌面墙纸添加艺术效果，同时可以在图形中添加文字，还可以对文字进行必要的修改。

（1）启动画图程序。

当用户要使用画图工具时，可单击【开始】按钮，再选择【所有程序】|【附件】|【画图】命令(文件为 mspaint.exe)，这时用户可以打开【画图】窗口，如图 2-13 所示。【画图】窗口包括标题栏、菜单栏、工具箱、调色板等。

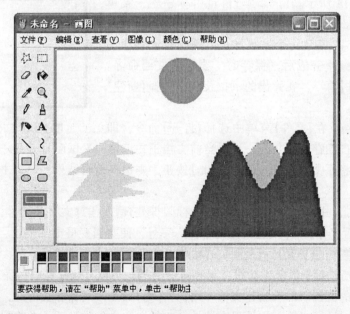

图 2-13　【画图】窗口及其构成

（2）画图的基本操作。

打开【画图】窗口之后，就可以开始作画了。下面以绘制图 2-13 所示画面中的太阳为例，说明画图程序的基本操作方法。

① 用鼠标单击工具箱中的某个工具图标，例如，画太阳时，应单击"椭圆"图标。单击工具箱中的对应图标后，该图标呈现选中状态。

② 通过工具箱下部的形状区，可以选择画笔的不同形状，当某个工具有不同的表现方式或规格(如线条的粗细程度)时，会在形状区中列出，从中选择合适的形状即可。但不是所有的工具都有形状的变化。

③ 通过调色板可选择相应的画笔颜色。单击调色板色块(如红色)，可设置绘画的前景色，右击色块，则可设置绘画的背景色。

④ 移动鼠标指针至绘图区后，将显示十字光标，拖拽即可绘画。例如，画太阳时，按住"Shift"键不放，拖拽则显示圆，拉至合适的大小后，放开鼠标左键即可成圆，并显示红色框线。

⑤ 单击工具箱中的【用颜色填充】按钮，移至绘图区画好的圆中，单击左键，即可为太阳填充红色。

⑥ 重复上述步骤，还可以画出其他图形，最终形成一幅完整的图画。

2. 记事本

Windows XP 的记事本是一个小型的、简单的文本编译器。从本质上讲，记事本不是文字处理软件，它不提供复杂的排版及打印格式等方面的文本编辑功能，仅适用于编辑文本文件，即纯 ASCII 码的文件，也不能提供技巧和声音效果。记事本的优点是操作容易、占用资源少、运行速度快，所以特别适合处理简易文本。

(1) 启动记事本。单击【开始】按钮，选择【所有程序】|【附件】|【记事本】命令(文件为 notepad.exe)，即可启动记事本，如图 2-14 所示。【记事本】窗口由标题栏、菜单栏和工作区组成。

(2) 创建文档。启动记事本程序后，系统自动创建了一个新文档，在编辑完成后，保存时，要给新文档命名。也可以单击【文件】菜单，在弹出的下拉菜单中选择【新建】命令来创建文档。

图 2-14 【记事本】窗口

(3) 打开文档。在【文件】菜单中选择【打开】命令，即可选择打开原来已经存在的文档。如果当前文档正在编辑，又试图打开另一个文档时，系统将询问用户是否将原文档存盘。若单击【是】按钮，则保存编辑结果；若单击【否】按钮，则使编辑结果作废。

(4) 编辑文档。用户可以在插入点处(光标闪烁处)输入任意文字和符号；还可以利用【编辑】菜单中的【设置字体】命令设置常用的字体、字号，使文档变得更加美观、漂亮；同时，可以使用【编辑】菜单中的【剪切】、【复制】、【粘贴】和【删除】等命令来快速修改大块内容。

(5) 保存文档。对于以前编辑过或保存过的文档，可以直接从【文件】菜单中选择【保存】命令来保存修改的文档。对于新建文档，用【另存为】命令改名保存文件时，会弹出【另存为】对话框，用户在对话框中输入文档保存地址、文件名和文件类型后，单击【保存】按钮，即可保存文档。

从【文件】菜单中选择【页面设置】和【打印】命令，可打印文档。

3．写字板

写字板是一个简单且功能比较齐全的文字处理软件，用户可以利用它进行日常工作中文件的编辑。它不仅可以进行中英文文档的编辑，而且可以图文混排，插入图片、声音、视频剪辑等多媒体资料。

当用户要使用写字板时，可执行以下操作：在桌面上单击【开始】按钮，在打开的【开始】菜单中选择【所有程序】|【附件】|【写字板】命令(文件为 write.exe)，这时可以进入【写字板】界面。【写字板】窗口由标题栏、菜单栏、工具栏、格式栏、水平标尺、工作区和状态栏几部分组成，图 2-15 所示是一个标准【写字板】窗口。

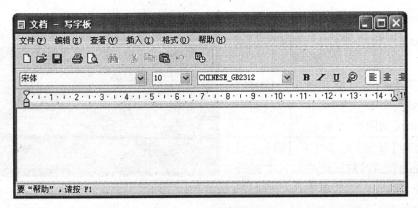

图 2-15　【写字板】窗口

写字板的功能接近 Word 文字处理软件，也可以说是后者的简化版本。本书第 3 章将对 Word 文字处理软件作详细的介绍，本节不再重复。

4．计算器

当用户要使用计算器时，可执行以下操作：在桌面上单击【开始】按钮，在打开的【开始】菜单中选择【所有程序】|【附件】|【计算器】命令(文件为 calc.exe)，这时可以进入【计算器】界面。

Windows XP 的计算器包括标准型和科学型两种形式，如图 2-16 所示。标准型计算器可以进行简单的加、减、乘、除四则运算；科学型计算器可以进行复杂的函数、统计等运算。其他功能和操作方法与通常使用的手持式数字计算器几乎完全相同。

(a) 标准型

(b) 科学型

图 2-16　【计算器】窗口

计算器的操作方法是用鼠标单击【计算器】窗口中的某个按键，即可像日常的计算器一样进行各种运算。

2.2.5 Windows XP 的命令行管理

MS-DOS 是一种在个人计算机上使用的命令行界面的操作系统。"命令提示符"也就是 Windows 下的"MS-DOS 方式"。虽然随着计算机产业的发展，Windows 操作系统的应用越来越广泛，MS-DOS 面临着被淘汰的命运，但是因为它运行安全、稳定，有的用户还在使用，所以一般 Windows 的各种版本都与其兼容，用户可以在 Windows 系统下运行 MS-DOS 应用程序。

1. 使用命令提示符

运行 MS-DOS 应用程序一般有下列三种方法。

(1) 选择【开始】|【所有程序】|【附件】|【命令提示符】命令，屏幕上将出现【命令提示符】窗口，如图 2-17 所示。

(2) 选择【开始】菜单中的【运行】命令，在出现的【运行】对话框中输入要运行程序的路径和名称，然后单击【确定】按钮或键入 cmd，进入 MS-DOS 状态。

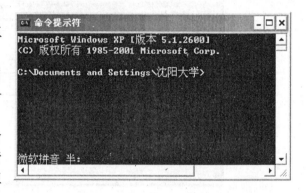

图 2-17 【命令提示符】窗口

(3) 在【我的电脑】或【Windows 资源管理器】中，逐级打开驱动器和文件夹，直到找到要运行的 MS-DOS 应用程序，双击该程序文件。

系统默认的当前位置是 C 盘下的"我的文档"文件夹。

此外，在启动计算机时，还可以直接进入 MS-DOS 方式。在启动计算机时，进入启动界面后，立即按"F8"键，并选择进入命令行(Command)操作方式，就可进入 MS-DOS。

在工作区域内右击鼠标，会出现一个编辑快捷菜单，用户可以首先选择对象，然后进行复制、粘贴、查找等编辑工作。

2. 设置命令提示符的属性

在命令提示符中，默认的是白字黑底显示，用户可以通过【属性】命令来改变其显示方式、字体、字号等属性。在命令提示符的标题栏上右击，在弹出的快捷菜单中选择【属性】命令，进入【"命令提示符"属性】对话框。

① 在【选项】选项卡中，用户可以改变光标的大小，改变其显示方式，包含"窗口"和"全屏显示"两种方式，在【命令记录】选项组中，还可以改变缓冲区的大小和数量。

② 在【字体】选项卡中，为用户提供了"点阵字体"和"新宋体"两种字体，用户还可以选择不同的字号。

③ 在【布局】选项卡中，用户可以自定义屏幕缓冲区的大小及窗口的大小，在【窗口位置】选项组中，显示了窗口在显示器上所处的位置。

④ 在【颜色】选项卡中，用户可以自定义屏幕文字、背景以及弹出窗口的文字、背景的颜色，可以选择所列出的小色块，也可以在【选定的颜色值】选项组中输入精确的 RGB 比值来确定颜色。

3. MS-DOS 命令

MS-DOS 命令分为内部命令和外部命令。内部命令随操作系统调入并常驻内存，运行起来速度快；外部命令存储在磁盘上，使用该命令时，才将其读入内存，然后再执行，若磁盘上没有存放外部命令的文件，则无法执行该命令。

(1) MS-DOS 命令的基本格式。

<命令名>［命令参数］

其中，"命令名"是 MS-DOS 命令的名称，是不可以省略的；"命令参数"是命令的执行对象范围和要求，既可以有多个参数，也可以没有参数，根据命令执行的要求而定。参数与参数之间要用空格隔开，命令名和参数之间也必须用空格隔开。

(2) MS-DOS 的常用命令。

本节只介绍常用的磁盘管理命令、环境设置与系统帮助命令，文件管理命令和目录管理命令将在 2.3.4 节中介绍。

说明：举例中下划线上的内容为输入的命令。

① 磁盘格式化命令 FORMAT。

格式：FORMAT ＜盘符＞［/S］

功能：格式化磁盘。

举例：C：\ ＞ FORMAT A：/S　　　（格式化 A 盘，并使其成为 DOS 系统盘）

② 显示与设置系统日期命令 DATE。

格式：DATE［MM-DD-YY］

功能：显示和设置计算机系统的日期。

举例：C：\ ＞DATE 8-8-2008　　　（把系统时间设置为 2008 年 8 月 8 日）

③ 显示与设置时间命令 TIME。

格式：TIME［时间］

功能：显示和设置计算机系统的时间。

举例：C：\ ＞TIME　　　　　　（显示当前时间）

④ 清屏命令 CLS。

格式：CLS

功能：清除屏幕上显示的内容。

举例：C：\ ＞ CLS　　　　　　（整个屏幕上的所有信息被清除）

在【命令提示符】窗口中输入 MS-DOS 命令后，按回车键，计算机立即执行用户命令。

要结束 MS-DOS 对话，在【命令提示符】窗口中光标闪烁的位置上输入"EXIT"即可，或者单击关闭控制按钮。

2.2.6　获取系统的帮助信息

中文版 Windows XP 提供了功能强大的帮助系统，当用户在使用计算机的过程中遇到了疑难问题无法解决时，可以在帮助系统中寻找解决问题的方法，在帮助系统中，不但有关于 Windows XP 操作与应用的详尽说明，而且可以在其中直接完成对系统的操作。例如，使用系统还原工具，可以撤销用户对计算机的有害更改。不仅如此，基于 Web 的帮助，还能使用户从互联网上享受 Microsoft 公司的在线服务。

1. 了解【帮助和支持中心】窗口

用户可以通过很多途径寻求帮助。打开【帮助和支持中心】窗口有两种方法：一种是单击

【开始】按钮，在【开始】菜单中选择【帮助和支持】命令；另一种是单击文档窗口中的【帮助】菜单，在弹出的下拉菜单里选择【帮助和支持中心】命令，即可打开【帮助和支持中心】窗口，如图 2-18 所示。在这个窗口中会为用户提供帮助主题、指南、疑难解答和其他支持服务。用户通过帮助系统，还可以快速了解 Windows XP 的新增功能及各种常规操作。

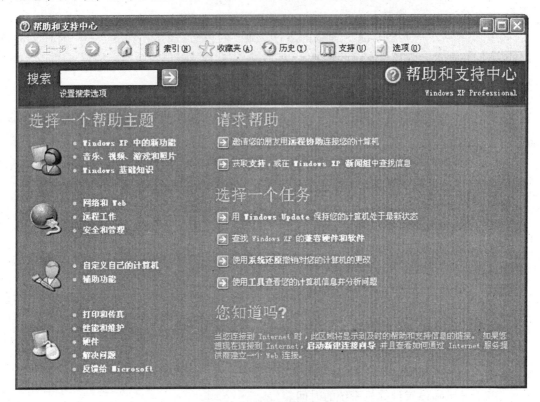

图 2-18　帮助和支持中心

该窗口的工作区域中有各种帮助内容的选项。

① 在【选择一个帮助主题】选项组中，有针对相关帮助内容的分类，第 1 部分为中文版 Windows XP 的新增功能以及基本的操作，第 2 部分是有关网络的设置，第 3 部分是如何自定义自己的计算机，第 4 部分是有关系统和外部设备维护的内容。

② 在【请求帮助】选项组中，用户可以启用远程协助，向别的计算机用户求助，也可以通过 Microsoft 联机帮助支持，向在线的计算机专家求助，或从 Windows XP 新闻组中查找信息。

③ 在【选择一个任务】选项组中，用户可利用提供的各选项，对自己的计算机系统进行维护。例如，用户可以使用工具查看计算机信息，以分析出现的问题。

④ 在【您知道吗?】选项中，用户可以启动新建连接向导，并且查看如何通过互联网服务提供商建立一个网页连接。

2. 使用帮助系统

用户可以直接在"搜索"文本框中输入需要的帮助项，并单击其右侧的【开始搜索】按钮，所有有关的帮助主题会显示在下方的列表中，从中选取一项，则相应的帮助信息便出现在右侧窗格中，如图 2-19 所示。

单击工具栏上的【索引】按钮，可打开【索引】窗口，在【键入要查找的关键字】文本框中输入一个特定的词或词组，然后按"Enter"键，系统会自动定位到与输入的关键词最相似的

图 2-19 使用搜索功能查找信息

词条上，选定某个词条，单击【显示】按钮，相关的帮助信息即显示在右侧窗格中。也可直接在"索引"列表中选定一个需要获取帮助的内容，并单击【显示】按钮。

用户可以单击帮助信息显示框中最后位置上的"相关主题"词条，以获取其他相关的帮助信息。此外，帮助和支持中心还提供了大量的向导工具，以帮助用户获得远程帮助。

2.3 Windows XP 的文件与磁盘管理

2.3.1 文件和文件夹

1. 文件的命名

为了便于管理，每个文件都有一个文件名，Windows XP 允许使用长文件名，最多可用255 个字符。一般文件名由主名和扩展名两部分组成。原则上，主名一般由用户任意取定，应尽量做到"见名知义"；扩展名一般由系统自动给出，由 3 个字符组成，也可省略或由多个字符组成。系统给定的扩展名不能随意改动，否则系统将不能识别。扩展名左侧需用圆点"."与文件主名隔开。

组成文件名的字符有 26 个英文字母(不分大小写)、0~9 的数字和一些特殊符号($ ，# ，& ，@ ，%)等。文件名中可以有空格和圆点，但在文件名的开头不能有空格。文件名也可由字母、数字与下划线组成，但不能使用 "/" "|" "\" "?" "＊" "＜" "＞" ":" """ 9个字符。用户取的文件名不能使用系统保留字符串以及 DOS 的命令动词和系统规定的设备文件名等。汉字也可用做文件名，但不鼓励。

2. 文件的类型

文件可分为系统文件、通用文件与用户文件三类。前两类常由专门人员装入硬盘，其文件名和扩展名由系统约定好，用户不可随便改名或删除；用户文件是可由用户根据文件命名原则命名的文件。

在表 2-2 中列出了 Windows XP 中文件的主要类型与对应的扩展名。

表 2-2　　　　　　　　　　　Windows XP 中文件的主要类型与扩展名

类　　型	扩展名	定　　义
程序文件	EXE, COM	由计算机代码组成的文件
支持文件	OVL, SYS, DRV, DLL	用来存储一些程序的辅助支持信息的文件
文本文件	TXT, DOC, INF, RTF	由字母和数字组成的文件
图像文件	BMP, GIF, PCX, JPG	存放图片信息的文件
多媒体文件	WAV, MID, AVI, DAT	数字形式的声音和影像文件
字体文件	FON	存储各种字体的文件

不同类型的文件在 Windows XP 中文版中默认使用的图标不同，如图 2-20 所示，但有一些图标是可以定制修改的。

图 2-20　文件类型

3. 文件夹的使用

文件夹也称为目录，是用来存放各种类型文件和子文件夹的。有了文件夹，才能将不同类型或者不同时间创建的文件分别归类保存，在需要某个文件时，可快速找到它。每个文件夹也有一个文件夹名，文件夹的命名与文件的命名规则一样。

大多数操作系统(如 DOS, Windows)采用的都是树状结构的文件夹系统。它的结构层次分明，很容易让人们理解。文件夹树的最高层称为根文件夹，也称为根目录；在根文件夹中建立的文件夹称为子文件夹，也称为子目录。子文件夹中还可再含子文件夹。如果在结构上加上许多子文件夹，它便形成一颗倒置的树，根向上，而树枝则向下生长，这也称为多级文件夹结构。

2.3.2　我的电脑

中文版 Windows XP 提供了【我的电脑】来对文件及文件夹进行具体的管理。通过【我的电脑】窗口，用户可以查看计算机的各种信息，如文件、文件夹或所有的磁盘驱动器。双击【我的电脑】图标，就可以打开【我的电脑】窗口，如图 2-21 所示。

图 2-21　【我的电脑】窗口

在【我的电脑】窗口中列出了当前计算机的内容。除具有其他 Windows 系统所具有的磁盘、存储文档外，在 Windows XP 中，【我的电脑】窗口的左侧新增了常用任务链接区。常用任务链接区会根据用户当前所处的位置，智能地显示相应的常用命令、其他位置和详细信息，以方便用户完成常用的文件操作或跳转到想要的目标位置。计算机的配置不同，则【我的电脑】窗口中的内容也会稍有不同。

图 2-22　文件和文件夹的显示方式

【我的电脑】窗口是一个标准的文件夹窗口，在这里，用户可以改变它的显示方式。单击菜单栏中的【查看】菜单或单击工具栏上的【查看】按钮，都可以打开一个下拉菜单，这个菜单中列出了 5 种显示方式，如图 2-22 所示。其中，【缩略图】显示方式可以预览图像或 Web 文件中的内容；【平铺】和【图标】显示方式分别是以多列大图标或小图标的格式排列显示文件；【列表】显示方式是以单列小图标的格式排列显示文件；【详细信息】显示方式可以显示文件的名称、大小、类型、修改日期和时间。用户可根据需要进行选择。

如果用户要查看 C 盘的具体内容，可双击对应的图标。这时会出现一个文件夹窗口。若是第一次访问此驱动器，则系统将会提示文件是隐藏的，单击【显示此文件夹的内容】按钮后，屏幕上便显示磁盘的具体内容。

在文件夹窗口中，用户可以对文件进行各种操作，如重命名、打开、移动、复制、删除、关闭等。

2.3.3 资源管理器

资源管理器是 Windows XP 中另一个用来管理文件和文件夹的工具，它显示了用户计算机上的文件、文件夹和驱动器的分层结构。使用资源管理器，可以更方便地实现浏览、查看、移动和复制文件或文件夹等操作，用户可以不必打开多个窗口，而只在一个窗口中就可以浏览所有的磁盘和文件夹。

1. 资源管理器的启动

启动资源管理器的步骤如下。

(1) 单击【开始】按钮，打开【开始】菜单。

(2) 选择【所有程序】|【附件】|【Windows 资源管理器】命令，打开【Windows 资源管理器】窗口，如图 2-23 所示。

图 2-23 【Windows 资源管理器】窗口

2. 资源管理器的窗口组成

【资源管理器】窗口与【我的电脑】窗口基本相同。它们唯一的区别在于窗体。【我的电脑】

窗口以单窗格形式显示信息，而【资源管理器】窗口使用的是双窗格形式，即左边窗格显示的是系统文件夹的树状结构，称为窗格。当用户在窗格中选定项目时，右边窗格就会显示其详细内容，称为内容格。除了这两项以外，其他的和一般窗口一样，也有菜单栏、工具栏、状态栏等。

（1）在窗格中显示了所有磁盘和文件夹的列表。若驱动器或文件夹前面有"＋"号，则表明该驱动器或文件夹有下一级子文件夹，单击该"＋"符号，可展开其包含的子文件夹；当展开驱动器或文件夹后，"＋"号会变成"－"号，表明该驱动器或文件夹已展开，单击"－"号，可折叠已展开的内容。

（2）内容格中显示的是在窗格中选定的磁盘和文件夹中的内容。

（3）工具栏是菜单中常用命令的快捷方式，它由一系列小图标组成，每个小图标对应于一个菜单命令。要显示工具栏，可选择【查看】|【工具栏】|【标准按钮】命令，使该命令的左边出现标记(√)；再次选择该命令，可关闭工具栏。

（4）状态栏用来显示对象的一些基本属性(如文件的大小、类型、修改时间等)。要显示状态栏，可选择【查看】菜单中的【状态栏】命令，使该命令的左边出现标记(√)；再次选择该命令，可关闭状态栏。

2.3.4 文件与文件夹的管理

文件与文件夹的管理包括新文件或文件夹的建立，选定文件或文件夹，文件或文件夹的打开、更名、删除、移动和复制等。

1.选定文件或文件夹

对文件与文件夹都是先选定后操作的，因此选定工作在操作中是十分重要的。

（1）选定单个文件或文件夹。用鼠标单击要选定的文件或文件夹即可。

（2）选定多个连续的文件或文件夹。单击所要选定的第一个文件或文件夹，然后按住"Shift"键，单击最后一个文件或文件夹即可。

（3）选定多个不连续的文件或文件夹。单击所要选定的第一个文件或文件夹，然后按住"Ctrl"键不放，单击其他要选定的文件或文件夹即可。

2.创建新的文件夹

用户在【我的电脑】和【资源管理器】中管理文件时，经常需要创建一个新的文件夹，以存放具有相同的类型或相近形式的文件。

使用【我的电脑】创建新文件夹时，首先打开要创建文件夹的文件夹或磁盘，然后在空白处单击右键，弹出如图 2-24 所示的快捷菜单，选择【新建】|【文件夹】命令，即可在

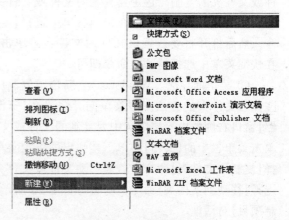

图 2-24 窗口快捷菜单

当前位置上建立一个子文件夹，其名称默认为"新建文件夹"，用户可以输入新的名称。使用【资源管理器】与使用【我的电脑】创建新文件夹的操作相同。

3.重命名文件或文件夹

重命名文件或文件夹就是给文件或文件夹重新命名，使其更加符合用户的要求。重命名

文件或文件夹的操作方法有多种，具体操作步骤如下。

(1) 使用菜单命令。

① 在【我的电脑】和【资源管理器】中，选择要重命名的文件或文件夹。

② 单击菜单栏中的【文件】菜单，在其下拉菜单中选择【重命名】命令或单击右键，在弹出的快捷菜单中选择【重命名】命令。

③ 这时文件或文件夹的名称将处于编辑状态(蓝色反白显示)，用户可直接输入新的名称。

(2) 使用快捷菜单。在【我的电脑】和【资源管理器中】，用鼠标右击要更名的文件或文件夹，从快捷菜单中选择【重命名】命令，在名称区域中输入新名称，并按"Enter"键确认。

(3) 其他方法。在文件或文件夹名称处直接单击两次(两次单击间隔的时间应稍长一些，以免使其变为双击)，使其处于编辑状态，输入新的名称即可。

4．移动或复制文件或文件夹

为了便于管理磁盘上的文件和文件夹，需要将分散在不同位置上的文件及文件夹组织到一起，通常是通过移动的方法，将一个文件或一个文件夹从原来的位置移到一个目的文件夹或驱动器中，这样原来位置上的该文件就不存在了。文件的复制是指被复制的文件在原来的位置上依然存在，而在指定的位置上增加一个被复制文件的复制品。使用【我的电脑】和【资源管理器】可以非常方便地复制和移动文件或文件夹。

(1) 文件或文件夹的复制。文件或文件夹的复制有以下三种方法：

① 使用菜单。在【我的电脑】和【资源管理器】窗口中，用鼠标选中要复制或移动的文件或文件夹，单击菜单栏上的【编辑】菜单，在弹出的下拉菜单中选择【复制】命令，若要移动文件或文件夹，则选择【剪切】命令，然后打开将要放置该文件的文件夹，单击菜单栏上的【编辑】菜单，在弹出的下拉菜单中选择【粘贴】命令即可。

② 使用快捷菜单。采用快捷菜单也可以实现文件或文件夹的复制。选定要复制的文件或文件夹，单击右键，弹出快捷菜单，在快捷菜单中选择【复制】命令，然后打开将要放置该文件的文件夹，单击右键，在快捷菜单中选择【粘贴】命令即可。

③ 菜单向导法。Windows XP 新增了复制(移动)文件与文件夹的方法，即菜单向导法。在【资源管理器】窗口右侧的内容格中选中要复制的文件或文件夹，单击菜单栏中的【编辑】菜单，在弹出的下拉菜单中选择【复制到文件夹】命令；若要移动文件或文件夹，则选择【移动到文件夹】命令，打开如图 2-25 所示的【复制项目】对话框。

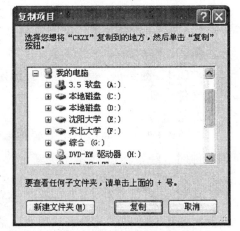

图 2-25 【复制项目】对话框

在【复制项目】对话框中，指定复制或移动的文件或文件夹的目标文件夹，单击【复制】按钮，则源文件或文件夹就会出现在新位置的窗口中。

(2) 文件或文件夹的移动。

由于文件或文件夹的移动和复制方法相同，因此除上述有关文件或文件夹的复制操作外，文件或文件夹的移动还可通过鼠标的拖动来实现。

打开【资源管理器】窗口，单击要移动的文件或文件夹，如果是移动文件或文件夹，则直接将文件拖曳到目的驱动器或文件夹中，若是想复制文件或文件夹，可以在按住"Ctrl"键的同时，将文件或文件夹拖曳到目的驱动器或文件夹中。然后释放鼠标并松开"Ctrl"键即可。

注意：若非选文件或文件夹较少，可先选择非选文件或文件夹，然后选择【编辑】|【反向选择】命令即可；若要选择所有的文件或文件夹，则可选择【编辑】|【全部选定】命令或按"Ctrl+A"键。

5．文件与文件夹的删除

当一个文件和文件夹不再需要时，用户可以将其删除，以释放磁盘空间来存放其他文件。具体操作步骤如下。

① 选定要删除的对象，然后按"Del"键。或用鼠标右击要删除的对象，在弹出的快捷菜单中选择【删除】命令。默认情况下，都是将对象送入回收站。

如果需要，可以打开【回收站】，用鼠标右击要恢复的对象，从快捷菜单中选择【还原】命令，即将该对象恢复到原来的位置上。

② 若要将文件或文件夹真正从磁盘中删除，可以在回收站中用鼠标右击要删除的对象，从快捷菜单中选择【删除】命令；也可选择【文件】菜单中的【清空回收站】命令，将删除回收站中的所有对象。最快捷的方法是选定对象后，按"Shift+Del"键，可以直接从硬盘中删除该对象，而不送入回收站。

6．创建文件的快捷方式

当为一个文件创建快捷方式后，即可使用该快捷方式打开文件或运行程序。具体操作步骤如下。

① 选择要在其中创建快捷方式的文件夹，在【文件】菜单中选择【新建】命令，然后选择【创建快捷方式】命令，打开如图 2-26 所示的【创建快捷方式】对话框。

② 在【请键入项目的位置】文本框中输入要创建快捷方式的文件的名称，或通过【浏览】按钮选择文件；选定文件后，单击【下一步】按钮，继续快捷方式的创建，

图 2-26　【创建快捷方式】对话框

建，输入快捷方式的名称，选择快捷方式的图标，即可完成快捷方式的创建。

7．查看或修改文件或文件夹的属性

用户可以通过【属性】对话框来查看文件或文件夹的信息，并对它们进行修改。选定要查看或修改属性的文件或文件夹。在【文件】菜单或快捷菜单中选择【属性】命令，打开如图 2-27 所示的文件或文件夹【属性】对话框。

通过这两个对话框的【常规】选项卡，用户可以获得该文件或文件夹的信息，如文件或文件类型、打开方式、位置、大小、占用空间、创建的时间、修改的时间和使用的时间、属性。根据文件或文件夹的类型不同，系统还可以显示附加信息。在文件【属性】对话框的【摘要】选项卡里，显示了文件的标题、作者等信息。若文件夹是共享的，则在文件夹【属性】对话框的【共享】选项卡中，会列出其他用户通过网络访问文件夹内容时需使用的共享名，用户在【自定义】选项卡中，可以定义文件夹的显示外观。

在 Windows XP 中，文件或文件夹通常有只读、隐藏和存档三种属性。

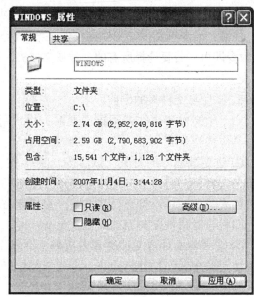

(a) 文件【属性】对话框　　　　　　　　　(b) 文件夹【属性】对话框

图 2-27　文件或文件夹【属性】对话框

① 只读属性：设定此属性后，该文件将不能被修改。

② 隐藏属性：设定此属性后，在【Windows XP 资源管理器】中，有可能看不到该文件或文件夹。

③ 存档属性：表示该文件未作过备份，或上次备份后又作了修改。

8. 搜索文件

程序和文档文件有可能被"隐藏"在硬盘上的文件夹中，硬盘驱动器上有许多文件，很难迅速地找到它们，但是通过 Windows XP 提供的搜索工具即可实现。Windows XP 搜索工具把搜索文件与文件夹、计算机、网上用户以及网上资源的功能集中在同一个对话框中，操作更方便、更容易。

选择【开始】|【搜索】|【文件或文件夹】命令，打开【搜索结果】对话框，选择【所有文件和文件夹】选项，显示的窗口如图 2-28 所示。

以查找扩展名为 .doc 的所有文件为例，操作步骤是：在【搜索结果】对话框的"全部或部分文件名"文本框中输入".doc"，并指定"在这里寻找"下拉列表框中的盘符为本地磁盘，单击【搜索】按钮即可。若要知道所查文件或文件夹的更详细信息，如包括一些文字，则可以在"文件中的一个词或词组"文本框中输入，这样查找速度会更快。

9. 使用 DOS 命令行管理文件或文件夹

(1) 显示文件内容命令 TYPE。

格式：TYPE [盘符] [路径] ＜文件名＞

功能：显示某个文本文件的内容。要显示的文件必须是文本文件。

举例：C:\＞TYPE　C:\AUTOEXEC.BAT

　　　　（显示 C 盘根目录下文件 AUTOEXEC.BAT 的内容）

　　　　C:\＞TYPE　D:\README.TXT

图 2-28　【搜索结果】对话框

（显示 D 盘下文件 README. TXT 的内容）

（2）文件复制命令 COPY。

格式：COPY ［盘符］［路径］＜源文件名＞［盘符 2］［路径 2］［＜目标文件＞］

功能：把一个或若干个文件复制到指定的位置上。

举例：C：\ ＞COPY README. TXT　D：

（将 C 盘根目录下的文件 README. TXT 复制到 D 盘）

C：\ ＞COPY D：\ USER \ ＊. ＊ C：\ USER

（将 D 盘 USER 目录下的所有文件复制到 C 盘 USER 目录下）

（3）删除文件命令 DEL。

格式：DEL ［盘符］［路径］＜文件名＞

功能：将指定的一个或多个文件从磁盘上删除。不能删除隐藏文件和只读文件。

举例：C：\ ＞DEL　D：\ TMP \ LI. TXT

（删除 D 盘 TMP 目录下的文件 LI. TXT）

（4）改文件名命令 REN。

格式：REN ［盘符］［路径］＜文件名＞［扩展名］＜新文件名＞［扩展名］

功能：将文件改为新的名字，文件所在的目录不变。

举例：C：\ ＞REN　C：\ AOTO. BAK　AUTOEXEC. BAT

（将 C 盘根目录下的文件 AOTO. BAK 重命名为 AUTOEXEC. BAT）

（5）建立子目录命令 MD。

格式：MD［盘符］［路径］＜目录名＞

功能：在指定盘的指定路径下建立子目录。

举例：C:\＞MD USER　　　　　　　　（在当前盘 C 盘上建立目录 USER）

　　　C:\＞MD　D:\LI\WANG　　（在 D 盘目录 LI 下建立子目录 WANG）

（6）显示和改变目录命令 CD。

格式：CD［盘符］［路径］

功能：显示或改变当前盘的当前路径。

举例：C:\＞CD\USER\ZHAO

　　　（从当前根目录进入当前盘 C 盘 USER 目录下的子目录 ZHAO 中）

　　　C:\＞CD　　　　　　　　（显示当前盘的当前目录）

　　　C:\CD\LI\WANG＞ CD..　　（退到上级目录 LI）

（7）删除空子目录命令 RD。

格式：RD［盘符］［路径］＜目录名＞

功能：删除指定盘的指定目录下的空子目录。

举例：C:\＞RD　\USER\ZHAO

　　　（删除当前盘 C 盘子目录 USER 下的子目录 ZHAO）

　　　C:\＞RD　D:\LI\WANG

　　　（删除 D 盘目录 LI 下的子目录 WANG）

（8）显示目录结构命令 TREE。

格式：TREE［盘符］［路径］

功能：显示指定盘的指定路径下的子目录结构。

举例：C:\＞TREE　　　　　　　　（显示当前盘 C 盘的目录结构）

　　　C:\＞TREE　\USER　　　（显示当前盘下 USER 目录的目录结构）

（9）显示文件名和目录名命令 DIR。

格式：DIR　［盘符］［路径］［＜文件名或目录名＞］［/P］［/W］［/S］

功能：列出指定磁盘或路径下的目录名和文件名。

举例：C:\＞DIR

　　　（显示 C 盘根目录下所有的文件名和目录名）

　　　C:\＞DIR/P

　　　（同上，加"/P"表示每显示完一屏就暂停，按任意键继续）

　　　C:\＞DIR/W

　　　（同上，加"/W"表示只显示文件和目录名，不显示其他信息）

　　　C:\＞DIR/S

　　　（同上，加"/S"表示显示当前目录及子目录的所有文件）

2.3.5　磁盘管理

1. 格式化磁盘

格式化磁盘就是在磁盘内分割磁区，做内部磁区标识，以方便存取。格式化磁盘可分为格式化硬盘和格式化软盘两种。通常情况下，用户只对软盘进行格式化操作。对硬盘进行格式化操作一般只有在重新安装系统的情况下才使用。以格式化软盘为例，具体操作如下。

　　先将软盘放入软驱中，单击【我的电脑】图标，打开【我的电脑】窗口。选择要进行格式化操作的软盘，选择【文件】|【格式化】命令，或用鼠标右击要进行格式化操作的软盘，在打开的快捷菜单中选择【格式化】命令，打开【格式化】对话框，如图 2-29 所示，在【格式化选项】选项组的复选框中进行选定。不进行选择将进行全面格式化，全面格式化花费的时间较长，但可以检查整个软盘表面，以查找所有错误；选中【快速格式化】复选框，是当磁盘已经做过格式化操作时，将删除磁盘文件，实现快速格式化，而不检查错误，快速格式化比全面格式化快得多；选中【创建一个 MS-DOS 启动盘】复选框，将在格式化的软盘中添加必要的文件，以创建启动盘。

图 2-29　【格式化】对话框

　　选定后，单击【开始】按钮，将弹出【格式化警告】对话框，若确认要进行格式化，则单击【确定】按钮开始进行格式化操作。这时在【格式化】对话框的【进程】框中可看到格式化的进程。格式化完毕后，将出现【格式化完毕】对话框，单击【确定】按钮即可。

　　注意：格式化磁盘将删除磁盘上的所有信息。

2．清理磁盘

　　用户在长期使用计算机的过程中，会产生许多垃圾文件，它包括应用程序在运行过程中产生的临时文件、安装各种各样的应用程序时产生的安装文件等。这些垃圾文件的存在不但占用了大量的磁盘空间，而且影响了计算机的执行效率，致使计算机的运行速度越来越慢。为此，Windows XP 提供了一个功能强大的磁盘清理程序，它能搜索所有分区中的临时文件和垃圾文件，并进行删除，以释放磁盘空间。具体操作步骤如下。

　　① 选择【开始】|【所有程序】|【附件】|【系统工具】|【磁盘清理】命令。

　　② 打开【选择驱动器】对话框，如图 2-30 所示。

　　③ 在该对话框中可选择要进行清理的驱动器，选择后，单击【确定】按钮，弹出该驱动器的【磁盘清理】对话框，选择【磁盘清理】选项卡。

　　④ 在该选项卡中的【要删除的文件】列表框中列出了可删除的文件类型及其所占用的磁盘空间大小，选中某文件类型前的复选框，在进行清理时，即可将其

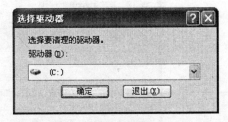

图 2-30　【选择驱动器】对话框

删除；在"获取的磁盘空间总数"中，显示了若删除所有选中复选框的文件类型后，可得到的磁盘空间总数；在"描述"框中，显示了当前选择的文件类型的描述信息，单击【查看文件】按钮，可查看该文件类型中所包含文件的具体信息。

　　⑤ 单击【确定】按钮，将弹出【磁盘清理】确认删除对话框，单击【是】按钮，弹出【磁盘清理】对话框(如图 2-31 所示)。清理完毕后，该对话框将自动消失。

　　⑥ 若要删除不用的可选 Windows 组件或卸载不用的安装程序，可选择【其他选项】选项卡。

　　⑦ 在该选项卡中单击【Windows 组件】或【安装的程序】选项组中的【清理】按钮，即可删除不用的可选 Windows 组件或卸载不用的安装程序。

3. 磁盘碎片整理

磁盘（尤其是硬盘）经过长时间的使用后，难免会出现很多零散的空间和磁盘碎片，一个文件可能会被分别存放在不同的磁盘空间中，这样在访问该文件时，系统就需要到不同的磁盘空间中去寻找该文件的不同部分，从而影响了运行的速度。同时由于磁盘中的可用空间也是零散的，创建新文件或文件夹的速度也会降低。使用磁盘碎片整理程序可以重新安排文件在磁盘中的存储位置，将文件的存储位置整理到一起，同时合并可用空间，实现提高运行速度的目的。具体操作如下。

① 选择【开始】|【所有程序】|【附件】|【系统工具】|【磁盘碎片整理程序】命令，打开【磁盘碎片整理程序】窗口，如图 2-32 所示。

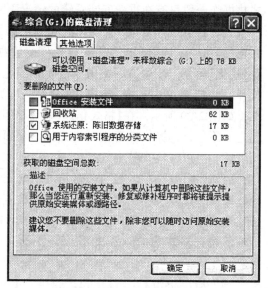

图 2-31　【磁盘清理】对话框

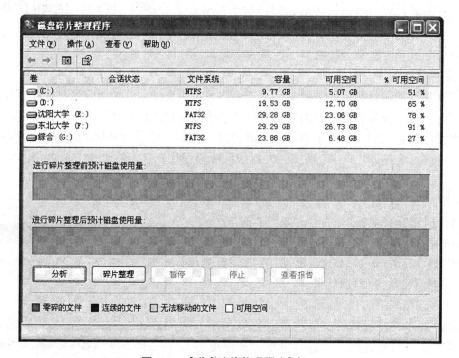

图 2-32　【磁盘碎片整理程序】窗口

② 在该窗口中显示了磁盘的一些状态和系统信息。选择一个磁盘，单击【分析】按钮，系统可分析磁盘是否需要进行磁盘整理，并弹出是否需要进行磁盘碎片整理的【磁盘碎片整理程序】对话框。

③ 在该对话框中单击【查看报告】按钮，弹出【分析报告】对话框。

④ 该对话框中显示了该磁盘的卷标信息及最零碎的文件信息。单击【碎片整理】按钮，即可开始磁盘碎片整理程序，系统会以不同的颜色条来显示文件的零碎程度及碎片整理的进度。

⑤ 整理完毕后，会弹出【磁盘整理程序】对话框，提示用户磁盘整理程序已完成。

⑥ 单击【确定】按钮，即可结束磁盘碎片整理程序。

4．查看磁盘属性

用户拥有的磁盘空间越大，在计算机上能够保存的程序和文件就越多，磁盘上的无用数据也就越多。所以要通过 Windows XP 提供的【磁盘属性】对话框经常检查磁盘空间。磁盘的属性通常包括磁盘的类型、文件系统、空间大小、卷标信息等常规信息，以及磁盘的查错、碎片整理等处理程序和磁盘的硬件信息等。其操作如下。

① 双击【我的电脑】图标，打开【我的电脑】窗口。

② 用鼠标右击要查看属性的磁盘图标，在弹出的快捷菜单中选择【属性】命令。

③ 打开【本地磁盘属性】对话框，选择【常规】选项卡，如图 2-33 所示。

④ 在该选项卡中，用户可以在最上面的文本框中输入该磁盘的卷标；在该选项卡的中部显示了该磁盘的类型、文件系统、打开方式、已用空

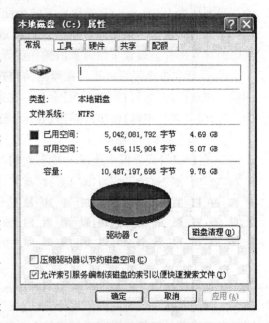

图 2-33　【本地磁盘属性】对话框

间及可用空间等信息；在该选项卡的下部显示了该磁盘的容量，并用饼图的形式显示了已用空间和可用空间的比例信息。单击【磁盘清理】按钮，可启动磁盘清理程序，进行磁盘清理。

⑤ 单击【应用】按钮，即可应用在该选项卡中更改的设置。

2.4　Windows XP 中的设置与管理

2.4.1　个性化环境设置

在现代生活中，人人都想体现自己与众不同的个性魅力，对工作环境的个性化设置更是不可忽视的问题。对 Windows XP 进行个性化设置不仅可以体现自己独特的个性特点，更重要的是可以使 Windows XP 更符合个人的工作习惯，提高工作效率。

1．设置桌面

(1) 设置桌面快捷方式。

设置桌面快捷方式就是在桌面上建立各种应用程序、文件、文件夹等快捷方式图标，通过双击该快捷方式图标，即可快速打开该项目。设置桌面快捷方式的具体操作步骤如下。

① 选择【开始】|【所有程序】|【附件】|【Windows 资源管理器】命令，打开 Windows 资源管理器。

② 选定要创建快捷方式的应用程序、文件、文件夹等。

③ 选择【文件】|【创建快捷方式】命令，或单击鼠标右键，在弹出的快捷菜单中选择【创建快捷方式】命令，即可创建该项目的快捷方式。

④ 将该项目的快捷方式拖到桌面上即可。

也可以使用更快捷的方式设置桌面快捷方式：选定文件后，单击鼠标右键，在弹出的快捷菜单中，选择【发送到】|【桌面快捷方式】即可。

（2）设置桌面背景。

桌面作为 Windows XP 操作系统的个性化的代表特色，深受广大用户的青睐。用户可以选择单一的颜色作为桌面的背景，也可以选择类型为 BMP，JPG，HTML 等位图文件作为桌面的背景图片。设置桌面背景的操作步骤如下。

① 鼠标右击桌面空白处，在弹出的快捷菜单中，选择【属性】命令，打开【显示属性】对话框。或选择【开始】|【控制面板】命令，在弹出的【控制面板】窗口中，双击【外观和主题】图标，打开【外观和主题】窗口，单击【显示】选项，打开【显示属性】对话框，如图 2-34 所示。

② 选择【桌面】选项卡。

③ 在【背景】列表框中选择一幅喜欢的背景图片，在选项卡的显示器中，将显示该图片作为背景图片的效果，也可以单击【浏览】按钮，在本地磁盘或网络中选择其他图片作为桌面背景。在【位置】下拉列表框中有【居中】、【平铺】和【拉伸】三个选项，可调整背景图片在桌面上的显示方式。若用户想用纯色作为桌面背景颜色，可在【背景】列表框中选择【无】选项，在【颜色】下拉列表框中选择喜欢的颜色，单击【应用】按钮即可。

2．设置屏幕保护

在实际使用中，若彩色屏幕的内容一直固定不变，间隔时间较长后，可能会造成屏幕的损坏，因此若在一段时间内不用计算机，应设置屏幕保护。此时，程序自动启动，以动态的画面显示屏幕，以保护屏幕不受损坏。

设置屏幕保护的操作步骤如下。

① 鼠标右击桌面空白处，在弹出的快捷菜单中，选择【属性】命令，打开【显示属性】对话框。或选择【开始】|【控制面板】命令，在弹出的【控制面板】窗口中，双击【外观和主题】图标，打开【外观和主题】窗口，单击【显示】选项，打开【显示属性】对话框，如图 2-34 所示。

② 选择【屏幕保护程序】选项卡，如图 2-35 所示。

图 2-34 【显示属性】对话框

图 2-35 【屏幕保护程序】选项卡

③ 该选项卡的【屏幕保护程序】选项组中的下拉列表中选择一种屏幕保护程序，在选项卡的显示器中，即可看到该屏幕保护程序的显示效果。单击【设置】按钮，可对该屏幕保护程序进行一些设置；单击【预览】按钮，可预览该屏幕保护程序的效果，移动鼠标或操作键盘，即可结束屏幕保护程序；在【等待】文本框中，可输入或调节微调按钮确定时间，即计算机无人使用的时间，超过这个时间，则启动该屏幕保护程序。

3. 设置显示外观

设置显示外观就是设置桌面、消息框、活动窗口和非活动窗口等的颜色、大小、字体等。在默认状态下，系统使用的是 "Windows 标准" 的颜色、大小、字体等设置。用户也可以根据自己的喜好，设计关于这些项目的颜色、大小和字体等显示方案。

设置显示外观的操作步骤如下。

① 鼠标右击桌面空白处，在弹出的快捷菜单中，选择【属性】命令。或选择【开始】|【控制面板】命令，在弹出的【控制面板】窗口中，双击【外观和主题】图标，打开【外观和主题】窗口，单击【显示】图标，打开【显示属性】对话框，选择【外观】选项卡，如图 2-36 所示。

② 该选项卡中的"窗口和按钮"下拉列表框中有"Windows XP 样式"和"Windows 经典样式"两种样式选项。若选择"Windows XP 样式"选项，则"色彩方案"和"字体大小"使用的是系统的默认方案；若选择"Windows 经典样式"选项，则"字体大小"下拉列表框中提供了多种选项以供用户选择。单击【高级】按钮，将弹出【高级外观】对话框，如图 2-37 所示。在该对话框的下拉列表中提供了所有可进行更改设置的选项，用户可单击显示框中想要更改的项目，也可以直接在"项目"下拉列表框中进行选择，然后更改其大小和颜色等。若所选项目中包含字体，则"字体"下拉列表框变为可用状态，用户可对其进行设置。

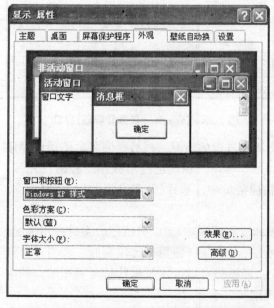

图 2-36 【外观】选项卡

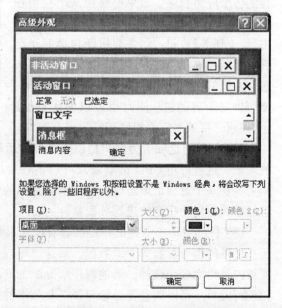

图 2-37 【高级外观】对话框

③ 置完毕后，单击【确定】按钮，回到【外观】选项卡中。

④ 单击【效果】按钮，打开【效果】对话框，如图 2-38 所示。

在该对话框中可进行显示效果的设置，单击【确定】按钮，回到【外观】选项卡中。

⑤ 单击【应用】和【确定】按钮，即可应用所选设置。

2.4.2 任务管理器

用户在使用计算机的时候，经常会遇到程序因故障而停止运行(又称为挂起)的情况，此时运行程序既不响应用户的直接命令，如敲击键盘、单击鼠标，也不响应用户的间接命令，如任务栏上的各种命令。最好的解决办法是启动系统提供的管理工具——任务管理器。利用任务管理器，可以快速查看正在运行的程序的状态，或者切换程序、结束程序、启动程序，以及查看计算机性能的动态显示等。

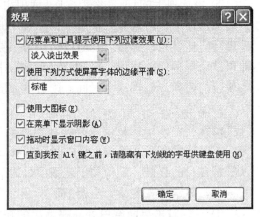

图 2-38　【效果】对话框

1．任务管理器的启动

用鼠标右击任务栏，从快捷菜单中选择【任务管理器】命令，或者按下"Ctrl + Alt + Del"组合键，打开如图 2-39 所示的【Windows 任务管理器】窗口。

2．任务管理器的使用

在任务管理器中有 5 个选项卡，分别为【应用程序】、【进程】、【性能】、【联网】、【用户】。通过这 5 个选项卡，可以对计算机的这 5 个方面的信息进行监控。

(1)【应用程序】选项卡中列出了正在运行的各个应用程序。如果要终止某个应用程序的运行，可在任务列表中选择该程序，单击【结束任务】按钮；如需要重新启动某个已终止运行的应用程序，可单击【新任务】按钮，在打开的对话框中，输入应用程序名，便可以重新启动它。同时也可以使用【切换至】按钮，将某个应用程序切换为当前窗口。

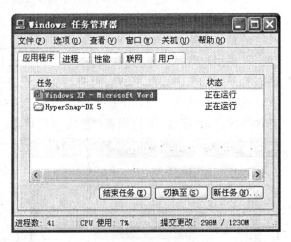

图 2-39　【Windows 任务管理器】窗口

(2)【进程】选项卡为用户提供查看当前运行程序进程的情况，包括程序名、使用该程序的对象、进程占用 CPU 比率以及占用内存空间等。若用户想改进应用程序进程的优先级，则可以在某个进程上单击鼠标右键，在弹出的快捷菜单中，选择【改变进程的优先级】命令，这样系统可以为指定的进程分配额外的 CPU。

(3)【性能】选项卡为用户提供查看操作系统和应用程序对 CPU 和内存的实时占用情况、正在处理的事务总数等关键数据。从这里可以看到，当 CPU 使用率比较高时，表明系统资源被占用得太多。这样，其他程序所分配的 CPU 资源势必减少，其运行将受到影响。利用【查看】菜单，可以调整任务管理器采集数据的速度和显示方式。

(4)【联网】选项卡为用户提供查看计算机网络资源的情况，包括网络传输速度和传输记录等。

(5)【用户】选项卡可以查看用户的情况。列表框内列出了当前连接的所有用户，以及这些用户的标识号、状态和客户端名等。该选项卡中有 3 个命令按钮：【断开】按钮用于断开该用户的连接，【注销】按钮用于注销该用户，【发送消息】按钮可以实现各用户之间的通话。

2.4.3　控制面板

控制面板是用来调整计算机系统硬件设置和配置系统软件环境的系统工具。控制面板可以对窗口、鼠标、计算机时间、打印机、网卡等硬件设备的工作环境和配套的工作参数进行设置和修改，也可以添加和删除应用程序。

1. 控制面板的启动

启动控制面板可以使用两种方法：一种是通过【我的电脑】启动，另一种是通过【开始】菜单启动。第二种方法是最常用的方法：单击【开始】按钮，在弹出的【开始】菜单中，选择【控制面板】命令，打开【控制面板】窗口。【控制面板】有两种视图，一种是分类视图，另一种是经典视图，如图 2-40 所示。这两者可以通过左侧窗格中的【切换到经典视图】或【切换到分类视图】选项进行切换。

(a) 分类视图窗口

(b) 经典视图窗口

图 2-40　【控制面板】窗口

在分类视图下，要打开某个项目，可以单击该项目图表或类别名，某些项目还会打开可执行的项目列表和选择的单个控制面板项目。在经典视图下，要打开某个项目，直接双击它的图标即可。

2. 创建用户账户

用户在登录计算机时，需要提供用户姓名和密码，即用户账户。双击控制面板中的【用户账户】图标，就可打开【用户账户】窗口，如图 2-41 所示。

图 2-41 【用户账户】窗口

在【用户账户】窗口中，可以创建用户、在已有组中添加或删除用户，并更改用户密码。具体的操作步骤如下。

① 在该窗口的【挑选一项任务】选项组中，可选择"更改账户""创建一个新账户"或"更改用户登录或注销的方式"三个选项；在"或挑一个账户做更改"选项组中，可选择"计算机管理员"账户或"来宾"账户。

② 在该窗口中，单击任务列表中的【创建一个新账户】命令，打开【为新账户起名】窗口，如图 2-42 所示。

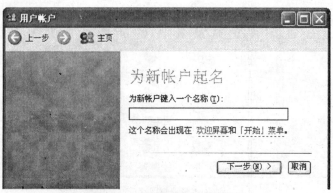

图 2-42 【为新账户起名】窗口

③ 在该窗口中，添入新用户账户的名称，再单击【下一步】按钮，弹出【挑选一个账户类型】窗口，如图 2-43 所示。

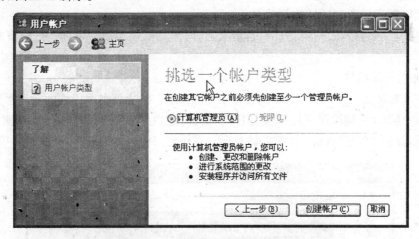

图 2-43 【挑选一个账户类型】窗口

④ 在该窗口中选中【计算机管理员】单选按钮，然后单击【创建账户】按钮，即可创建登录该用户账户。

完成用户账户的创建后，在【用户账户】窗口中，将显示新建的用户图标。若用户要更改其他用户账户选项或更改用户账户等，可单击相应的命令选项，按照提示信息操作即可。

3. 任务栏的设置

设置任务栏的属性，可选择【开始】菜单中的【设置】子菜单，然后选择【任务栏和「开始」菜单】命令，屏幕上就会出现【任务栏和「开始」菜单属性】对话框，如图 2-44 所示。

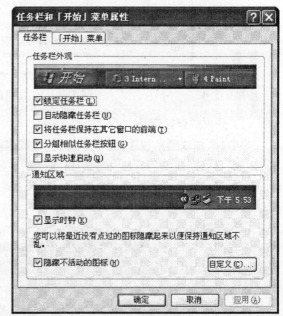

在该对话框中，选择【任务栏】选项卡，在"任务栏外观"选项组中，用户可以通过对复选框的选择来设置任务栏的外观。

①【锁定任务栏】复选框。选定此项后，任务栏不能被随意移动或改变大小。

②【自动隐藏任务栏】复选框。选定此项后，当用户不对任务栏进行操作时，它将自动消失；当用户需要使用时，可以把鼠标放在任务栏的位置上，它会自动出现。

③【将任务栏保持在其他窗口的前端】复选框。选定此项后，若用户打开很多窗口，则任务栏总是在最前端，而不会被其他窗口盖住。

图 2-44 【任务栏和「开始」菜单属性】对话框

④【分组相似任务栏按钮】复选框。选定此项后，系统自动把相同的程序或相似的文件归类分组，以使用同一个按钮，这样不至于在用户打开很多窗口时，使按钮变得很小而不容易被辨认，使用时，只要找到相应的按钮组，就可以找到要操作的窗口名称。

⑤【显示快速启动】复选框。选择后，将显示快速启动工具栏。

在【通知区域】选项组中，用户可以选择是否显示时钟，也可以把最近没有单击过的图标隐藏起来，以便保持通知区域的简洁明了。

单击【自定义…】按钮，在打开的【自定义通知】对话框中，用户可以进行隐藏或显示图标的设置。

4. 添加和删除程序

当用户需要将某个程序从计算机的硬盘中删除，或者向硬盘中添加新的应用程序时，可用控制面板中的【添加或删除程序】，只要在【控制面板】窗口中，单击【添加或删除程序】图标，即可打开【添加或删除程序】窗口，如图 2-45 所示。在该窗口中有 4 个按钮，可完成 4 项不同任务。

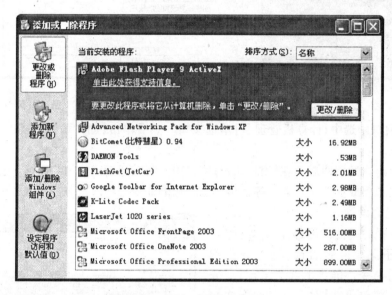

图 2-45 【添加或删除程序】窗口

（1）更改或删除程序。

单击【添加或删除程序】窗口中的【更改或删除程序】按钮，就可以在"当前安装的程序"列表框中显示已安装的所有应用程序和部分驱动程序，如图 2-46 所示。如果要更改或删除某个应用程序，就选择列表框中相应的应用程序名，然后单击【更改/删除】按钮，对程序进行修改或删除操作。

（2）添加新程序。

要安装应用程序，就在【添加或删除程序】窗口中单击【添加新程序】按钮，弹出【添加新程序】窗口，如图 2-47 所示。单击【从 CD 或软盘】按钮，系统将自动搜寻光驱或软驱上的安装程序。用户还可以在弹出的界面中手动查找，并指定安装程序的路径。单击【完成】按钮，就可以启动应用程序的安装程序，系统将自动进行程序的安装。

（3）添加/删除 Windows 组件。

用户在安装 Windows XP 时，可能有一些硬件没有安装或因硬盘空间有限而没有安装所有的组件。在需要使用时，可以使用【添加或删除程序】窗口中的【添加/删除 Windows 组件】按钮进行操作，以将组件添加到系统中。

安装和删除 Windows 组件的操作步骤如下。

单击【添加或删除程序】窗口中的【添加/删除 Windows 组件】按钮后，系统先检查已安装的

图 2-46　【更改或删除程序】窗口

图 2-47　【添加新程序】窗口

Windows 组件，然后弹出【Windows 组件向导】窗口，如图 2-48 所示。在【组件】列表框中选择添加或删除的项目，也可选择某个组件后，单击下方的【详细信息】按钮来查看具体的子项。如果用户选择了添加组件，那么在更新过程中，向导可能会要求用户提供安装盘，以完成文件复制。

　　（4）设定程序访问和默认值。

　　用户在使用 Windows XP 时，可能需要设定程序配置来指定某些动作的默认程序在【开始】菜单、桌面和其他地方显示哪些程序可以被访问。

　　设定程序访问和默认值的操作步骤如下。

　　单击【添加或删除程序】窗口中的【设定程序访问和默认值】按钮后，系统将显示【选择配置】窗口，如图 2-49 所示。有"计算机制造商""Microsoft Windows""非 Microsoft 程序""自定义" 4 个选项可供选择使用。选中后，点击【确定】按钮即可。

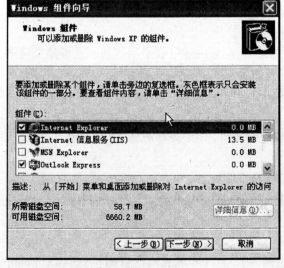

图 2-48　【Windows 组件向导】窗口

图 2-49　【设定程序访问和默认值】窗口

5. 添加新硬件

硬件包含任何连接到计算机并由计算机的微处理器控制的设备，这些设备分为即插即用设备和非即插即用设备两大类。在 Windows XP 中，对于即插即用设备，安装到计算机相应的端口或插槽中，系统会自动添加此设备的驱动程序；对于非即插即用设备，可以通过 Windows XP 的硬件安装向导进行安装。

安装即插即用设备的方法如下。

① 在经典视图的【控制面板】窗口中，双击【添加硬件】图标，打开【添加硬件向导】对话框。

② 单击【下一步】按钮，在【硬件是否连接好】对话框中选择硬件连接状态。

③ 单击【下一步】按钮，选择如图 2-50 所示的"已安装的硬件"列表框中的"添加新的硬件设备"选项。

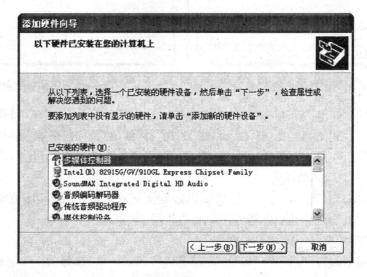

图 2-50 【添加硬件向导】对话框

④ 单击【下一步】按钮，根据需要进行操作。若知道要安装硬件的类型和型号，并想从设备列表中选择此设备，则选中【安装我手动从列表选择的硬件】单选项。

⑤ 单击【下一步】按钮，按照安装向导进行操作。

有相当一部分设备为即插即用设备，如 USB，Fire Wire 和 PC 卡所连接的设备都支持热插拔，用户可以在 Windows XP 运行时插入或者拔出，而不会有负面影响，Windows XP 会根据需要，自动为此设备加载和卸载驱动程序。

6. 打印机

打印机是计算机的重要外部设备之一，编辑好的文档、图形等都需要靠打印机打印出来。

(1) 安装打印机。

在使用打印机前，需要先安装打印机，其操作步骤如下。

① 在【控制面板】中双击【打印机和传真】图标，打开【打印机和传真】窗口，如图 2-51 所示。

② 在该窗口中单击【添加打印机】超链接，弹出【添加打印机向导】对话框，如图 2-52 所示。

③ 单击【下一步】按钮，弹出【添加打印机向导】之二【本地或网络打印机】选择对话框，如图 2-53 所示。

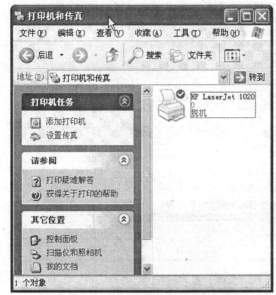

图 2-51 【打印机和传真】对话框

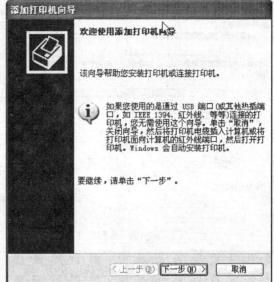

图 2-52 【添加打印机向导】对话框

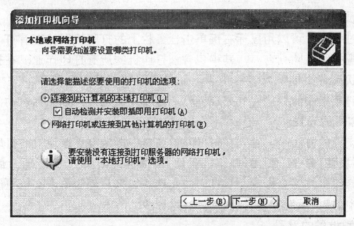

图 2-53 【本地或网络打印机】选择对话框

④ 如果是安装本地打印机，在该对话框中选中【连接到此计算机的本地打印机】单选项，然后单击【下一步】按钮，然后在图 2-54 所示打印机端口选择窗口和厂商选择窗口中分别进行设置，即可完成本地打印机的驱动程序安装，按照提示操作，即可完成本地打印机的添加。

⑤ 如果是安装网络打印机，在图 2-53 所示【本地或网络打印机选择】对话框窗口中选中【网络打印机或连接到其他计算机的打印机】单选项，然后单击【下一步】按钮，弹出【添加打印机向导】之三对话框。在该对话框中选中【浏览打印机】单选按钮，单击【下一步】按钮，在当前对话框中的【共享打印机】列表框中选择需要添加的打印机名称，单击【下一步】按钮。在当前的对话框中设置该打印机是否为默认打印机，然后单击【下一步】按钮。在当前的对话框中单击【完成】按钮，即可完成网络打印机的添加。

（2）查看打印机的状态。

中文 Windows XP 的应用程序几乎都使用打印机文件夹和默认的打印机设置来打印，因

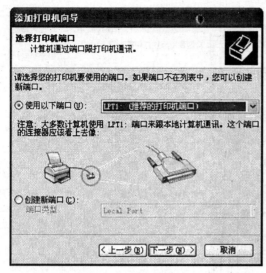 

（a）端口选择窗口　　　　　　　　（b）厂商选择窗口

图 2-54　【本地打印机设置】窗口

此检查设置十分重要。

在文档打印过程中，可以用鼠标右键单击任务栏上的打印机图标查看打印机状态。双击这个图标，则出现打印机队列窗口，其中包含该打印机的所有打印作业。在打印队列中，可以查看打印作业状态和文档所有者等信息。如果要取消或暂停要打印的文档，就选定该文档，然后用【文档】菜单中的相应命令完成操作。打印完文档后，该图标自动消失。

（3）更改打印机的设置。

更改打印机设置的方法是：首先在【打印机】窗口中选定要更改设置的打印机，然后选择【文件】菜单中的【属性】命令，弹出【打印机属性】对话框，如图 2-55 所示，最后选择选项卡进行设置。更改打印机设置会影响所有打印的文档。如果只想为单个文档更改这些设置，应使用【文件】菜单中的【页面设置】或【打印机设置】命令。

7. 声音和音频设备的设置

在控制面板中双击【声音和音频设备】图标，打开【声音和音频设备属性】对话框，如图 2-56 所示。

在该对话框中，有 5 个选项卡。其中，【音量】选项卡主要用来调节扬声器音量，并对扬声器的性能和音频设备进行优化，使输出效果达到最佳。【声音】选项卡主要用于选择和设置系统事件与声音文件之间的关联。Windows XP 自带了两种声音方案，分别是 Windows 默认和无声。在【程序事件】列表框中显示了所有的系统事件，选择一个事件后，与【声音和音频设备属性】对话框之相关联的声音文件会显示在下方的【声音】列表框中。单击声音文件旁的播放按钮，可以试听声音效果。除了系统自带的声音文件外，用户还可以单击【浏览】按钮来指定一个特定的声音文件。完成对声音方案的修改以后，可以使用【另存为】按钮，将它保存为一个新的声音方案。【音频】选项卡主要用来选择播放声音文件的设备、用于录音的设备和用于播放 MIDI 文件的设备，如图 2-57 所示。

2.4.4　汉字输入法的安装、选择及属性设置

汉字输入法的安装是在 Windows XP 中进行中文输入的必要前提。中文 Windows XP 提

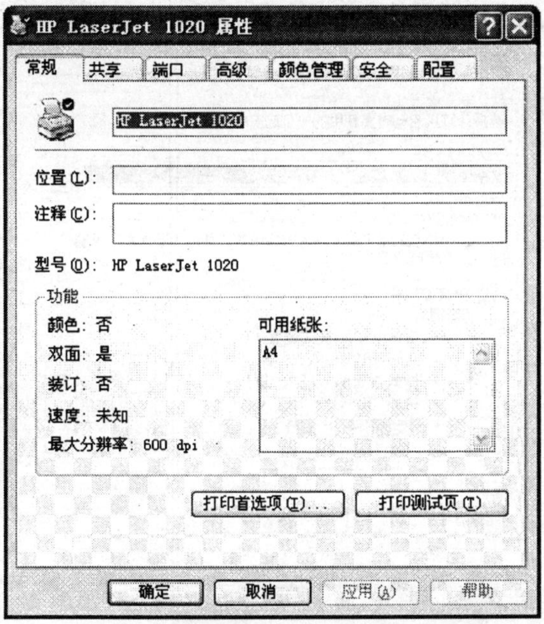

图 2-55　【打印机属性】对话框

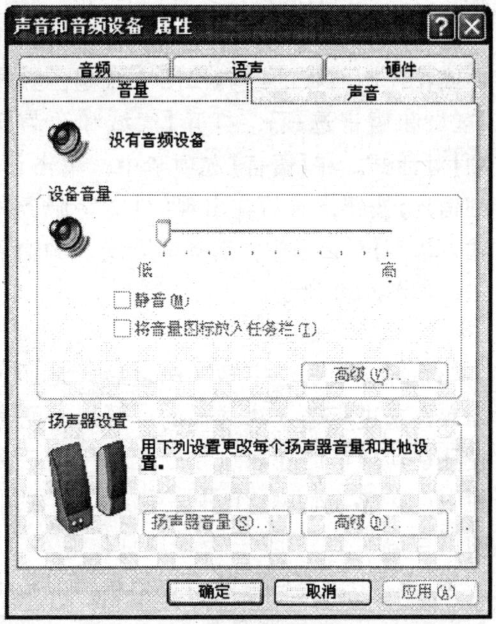

图 2-56　【声音和音频设备属性】对话框

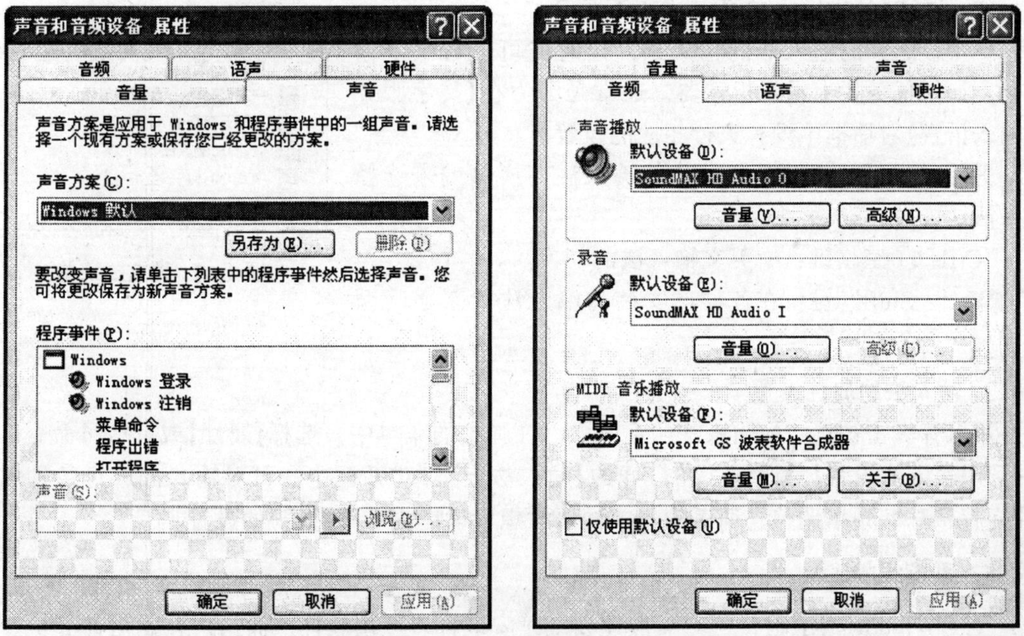

(a) 声音设置窗口

(b)音频设置窗口

图 2-57　声音和音频设置窗口

供了多种汉字输入法，系统在默认状态下已安装了全拼、智能ABC、微软拼音和郑码 4 种汉字输入法。用户除了可以直接使用这些输入法外，还可以根据需要，安装新的输入法或删除这些输入法。

1．输入法的安装

对于 Windows XP 系统提供的汉字输入法，用户可在控制面板的分类视图中，单击【日

期、时间、语言和区域设置】超链接，在打
开的【日期、时间、语言和区域设置】窗口
中或在控制面板的经典视图方式里，选择
【区域和语言选项】，打开【区域和语言选
项】对话框。在【语言】选项卡中，单击【详
细信息】按钮，然后在出现的【文字服务和
输入语言】对话框中，选择需要安装的输入
法，如图2-58所示。

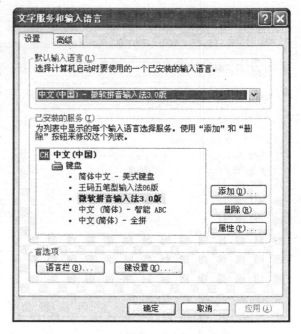

2. 输入法的选择

系统安装了汉字输入法之后，是通过
语言栏来进行输入法选择的，可以将语言
栏移动到屏幕的任何地方或最小化到任务
栏中。在 Windows XP 中，利用语言栏上
的语言指示器，可以很方便地选择输入法。

① 单击语言栏上的语言指示器，在出
现的菜单中选择所需要的输入法，如图
2-59所示。

图 2-58　【文字服务和输入语言】对话框

② 选择输入法后，在窗口的左下角会
出现一个被选择的输入法的输入条，这时就可进行汉字输
入了。如果任务栏上没有指示器，通常是因为在【文字服务
和输入语言】对话框中没有进行相应的设置。

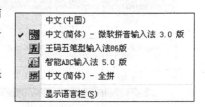

另外，还可以通过系统默认的输入法切换热键来选择
输入法。

"Ctrl" + 空格键：中英文输入法的切换。

"Ctrl + Shift" 键：在各种已安装的输入法状态之间循
环切换。

图 2-59　语言栏菜单

3. 输入法的属性设置

用鼠标右击被选中的输入法的输入条，在弹出的菜单中，选择【属性】或【设置】命令，即
可打开【输入法设置】对话框。在打开的【输入法设置】对话框中，可对输入法进行各种属性
(即光标跟踪、频率调整、词语输入、词语联想、逐键提示等内容)的设置。

2.4.5　系统维护工具

安装 Windows XP 后，用户一般还要继续安装许多应用软件，而用户在使用计算机过程
中的日常操作和一些非正常操作，均有可能使系统偏离最佳状态，因此，要经常性地对系统
进行维护，以加快程序运行，保证系统处于最佳状态。Windows XP 自身提供了多种系统维
护工具，例如磁盘碎片整理、磁盘清理工具，还有系统数据备份、系统还原等工具。其中，
前两项在 2.3.5 节中已经介绍过，这里只介绍后几项一般用户常用的维护工具。

1. 系统备份

Windows XP 提供的备份功能可以备份文件和文件夹，备份"启动文件""注册表"等
系统重要信息，还可以备份用户的有关设置(如收藏夹和桌面等)。这种备份操作对系统维护

和用户信息安全有时是十分重要的。

具体操作步骤如下。

① 选择【开始】|【所有程序】|【附件】|【系统工具】|【备份】命令，打开【备份或还原向导】对话框，如图 2-60 所示。

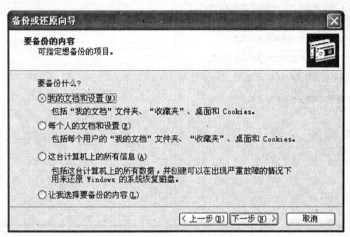

图 2-60 【备份或还原向导】对话框

② 单击【下一步】按钮，选择【备份文件和设置】。

③ 单击【下一步】按钮，再选择准备备份的项目，可选择的项目有【我的文档和设置】、【每个人的文档和设置】、【这台计算机上的所有信息】、【让我选择要备份的内容】等。

④ 如选择【让我选择要备份的内容】，将出现选择对话框，可在其中选择要备份的驱动器、文件夹或文件旁边的复选框，单击【下一步】按钮，选择保存备份的位置后，单击【完成】按钮，开始备份操作。如选择备份位置为 3.5 英寸软盘，则需要按照提示，依序插入若干张准备用于备份的软盘。

2. 系统还原

Windows XP 中最具特色的系统维护功能就是新增加的系统还原功能，其主要特点是可以监视系统以及某些应用程序文件的改变，并自动创建易于识别的还原点。使用这个工具，可以取消有损计算机系统的设置，并还原其正确的设置和性能，将计算机返回到先前时间（称为还原点），而不会导致用户丢失当前工作。

（1）启动系统还原。

选择【开始】|【所有程序】|【附件】|【系统工具】|【系统还原】命令，即可打开【系统还原】对话框，如图 2-61 所示。

（2）创建还原点。

用户既可以使用计算机自动创建的还原点，也可以使用系统还原创建自己的还原点。在【系统还原】对话框右侧的【要开始，选择您想要执行的任务】选项组中，选中【创建一个还原点】单选项，然后按照系统的提示逐步实现。

（3）系统还原的步骤。

① 在【系统还原】对话框中，选中【恢复我的计算机到一个较早的时间】，然后单击【下一步】按钮，便会出现【选择一个还原点】对话框，如图 2-62 所示。

② 在该对话框的日历中，用粗体显示的日历中有可用还原点，选择要还原的日期，并

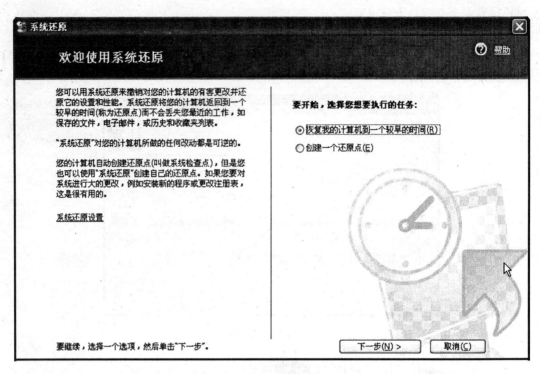

图 2-61　【系统还原】对话框

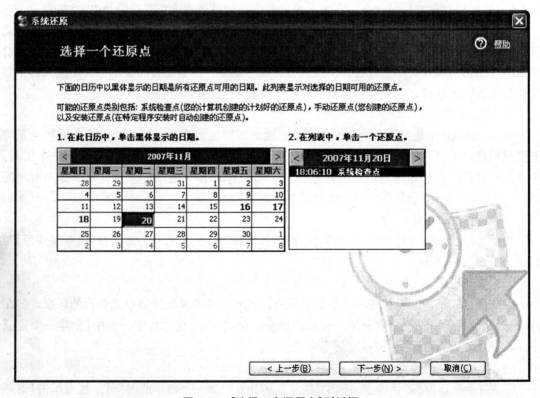

图 2-62　【选择一个还原点】对话框

在右侧列表框中选择该日期的可用还原点，单击【下一步】按钮，打开【确认还原点选择】对话框。

　　③ 在该对话框中，系统提示用户在进行系统还原以前先保存改动，并关闭所有的应用程序。用户关闭当前使用的应用程序后，单击【下一步】按钮。这时系统将关闭 Windows，并开始系统还原及重新启动计算机。

　　④ 当还原完成并自动重新启动 Windows 后，系统将打开【恢复完成】对话框，提示用户已经完成还原操作。

2.4.6　Windows XP 中的安全管理

　　随着计算机应用的普及和深入，信息交流和资源共享的范围不断扩大，计算机应用环境日益复杂，计算机安全问题越来越重要。为此，Windows XP 不但为用户提供了事件查看器、注册表，特别是在 Windows XP SP2 中还增加了新的应用程序安全中心。用户可以通过事件查看器和注册表，及时地查看自己的计算机，获取各种软、硬件信息。通过安全中心检查计算机的安全状态，以保证计算机能够正常、安全地运行。

　　1．Windows 安全中心

　　Windows 安全中心（Windows Security Center）是 Microsoft 自 Windows XP SP2（Service Pack 2，是 Microsoft 针对已经发现的问题进行修补的程序）才开始提供的一个新型计算机安全管理工具，它负责检查计算机的安全状态，包括防火墙、病毒防护软件、自动更新三个安全要素，支持一些世界著名防病毒软件产品之间的通信合作，提高计算机的安全防护能力。当没有安装防毒软件或防毒软件被关闭时，就会提醒用户，从而降低计算机受病毒攻击的机会和风险。

　　(1) 启动 Windows 安全中心。

　　选择【开始】|【控制面板】命令，打开【控制面板】窗口，双击其中的【安全中心】图标，可打开【Windows 安全中心】窗口，如图 2-63 所示。从图中可以看出，安全中心主要由三个部分组成：资源、安全基础和管理安全设置。

　　若计算机安装了 Windows 可识别的防火墙，则在该对话框中会有显示。若计算机没安装防火墙或者安装了无法识别的防火墙，则单击【建议】按钮，Windows 将建议为所有网络连接启用 Windows 防火墙。

　　(2) Windows 防火墙。

　　防火墙有助于提高计算机的安全性，阻止未经授权的用户通过网络或 Internet 获得对计算机的访问，可以将其视为计算机(或计算机网络)和外部世界的保护性边界，以防御未经邀请而尝试连接到本地计算机的用户或程序。

　　SP2 用内置的 Windows 防火墙取代了 Windows XP(SP1)中的 Internet 连接防火墙(ICF)，而且在默认状态下 Windows 防火墙将自动启用，这样可以阻止计算机病毒和蠕虫侵入系统，而且未经允许的应用程序和服务将无法连接网络，存在诸多安全隐患的 Alerter 和 Messenger 服务也已被自动禁止，用户甚至可以设置某个端口仅提供给本地子网用户使用，大大地提高了安全性能。

　　在默认情况下，Windows XP SP2 操作系统中的 Windows 防火墙处于打开状态。如果用户对其他防火墙软件更熟悉，而准备选择安装和运行另一个防火墙软件时，就需要首先关闭 Windows 防火墙，否则两个防火墙软件将会引起系统冲突。

　　要想打开或关闭 Windows 防火墙，必须以管理员身份登录计算机，才能完成该过程。

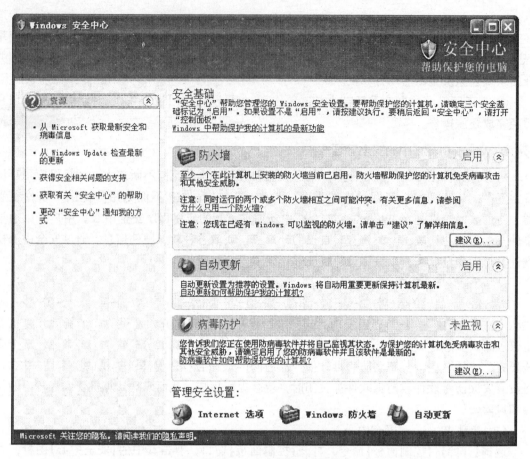

图 2-63　【Windows 安全中心】窗口

选择【开始】|【控制面板】命令，打开【控制面板】窗口，双击【Windows 防火墙】。打开【Windows 防火墙】对话框，如图 2-64 所示，其中有 3 个选项卡。

① 防火墙的常规设置。当选择启用 Windows 防火墙时，将阻止所有外部源连接到计算机，除了在【例外】选项卡中选择的以外；当选中【不允许例外】复选框时，防火墙会阻止所有主动连接到计算机的请求，包括在【例外】选项卡中选择的程序或服务；关闭 Windows 防火墙可能会使计算机以及网络更容易受到病毒或未知入侵者的破坏，所以不建议使用该项。

② 设置允许访问网络的应用程序。在【Windows 防火墙】对话框中，单击【例外】选项卡，在该选项卡中，可以看到允

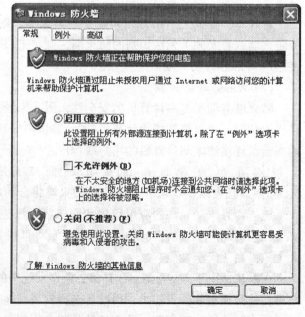

图 2-64　【Windows 防火墙】对话框

许连接网络的程序和服务。当程序被阻止后，在它需要访问网络时，系统会询问用户。若选择解除阻止，则该程序会被添加到例外列表中。也可将程序添加到例外列表中或删除例外列表中的程序。单击【添加程序】按钮，弹出【添加程序】对话框，然后用户可以选定需要添加的程序，如图 2-65 所示。

 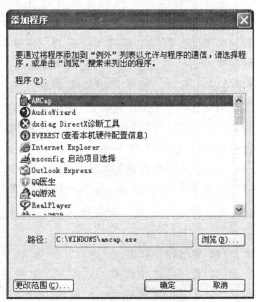

(a)【例外】选项卡　　　　　　　　　　(b)【添加程序】窗口

图 2-65　【Windows 防火墙】对话框【例外】选项卡

③ 防火墙的高级设置。在【Windows 防火墙】对话框中，选择【高级】选项卡，如图 2-66 所示。在该选项卡内，可以对选定的一个或多个网络连接进行设置，也可以制定安全日志，以记录被丢弃数据和成功的连接。【还原为默认值】按钮可以方便用户快速设置为默认的安全状态。

(3) 自动更新。

保持 Windows 系统和安全性处于最新的状态是靠 Windows XP 安全中心项目下的【自动更新】功能完成的。实践表明，开启 Windows 自动更新，可以避免几乎所有利用系统漏洞的恶意攻击，因此 Windows 自动更新被认为是保证系统安全最重要的三个步骤之一。

图 2-66　【Windows 防火墙】对话框【高级】选项卡

Windows XP SP2 默认开启了 Windows 自动更新，该功能包括支持安全修补程序、关键更新、积累更新包、服务软件包等多种类型。如果用户更改了自动更新的设置，将会被系统提醒或警告。

在【Windows 安全中心】窗口中，单击【自动更新】超链接，将弹出【自动更新】对话框，在该对话框中，有 4 个单选按钮，用户可以根据自己的需要，确定一个选项进行更新。

2．事件查看器

事件查看器允许用户监视在应用程序、安全性和系统日志里记录的事件。查看这些事件，可以了解到关于硬件、软件和系统方面的信息，还可以监视 Windows XP 的安全事件。要使用事件查看器，首先要用鼠标右击【我的电脑】，在弹出的快捷菜单中选择【管理】命令，打开【计算机管理】窗口，如图 2-67 所示。

单击【事件查看器】选项左侧的 "＋"号，即可看到在运行 Windows XP 的计算机上有应用程序日志、安全日志和系统日志。

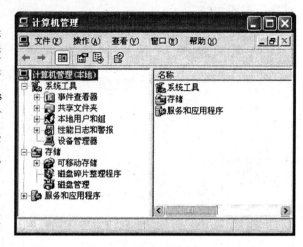

图 2-67　【计算机管理】窗口

（1）应用程序日志。

应用程序日志中存放应用程序产生的信息、警告或错误。通过查看这些信息、警告或错误，可以了解到哪些应用程序成功运行、产生了哪些错误或者潜在错误。程序开发人员可以利用这些资源来改善应用程序。应用程序日志包含由应用程序或系统程序记录的事件。要查看应用程序日志，可以通过下面两种方法。

单击【计算机管理】窗口左侧的【应用程序】选项或双击窗口右侧的【应用程序】选项，出现如图 2-68 所示的【应用程序】选项窗口。

图 2-68　【应用程序】选项窗口

可以看到记录的日志有警告、错误和信息三种，并详细地记录了每条日志的类型、日期、时间、来源等。

警告：提醒用户可能出现的潜在问题。

错误：对程序运行过程中出现的服务执行错误给出报告信息。

信息：描述程序和服务成功运行的操作。

（2）安全日志。

安全日志中存放了审核事件是否成功的信息。通过查看这些信息，可以了解到这些安全审核结果是成功还是失败。查看安全日志的操作是：单击【计算机管理】窗口左侧的【安全性】选项，或双击窗口右侧的【安全性】选项，出现如图 2-69 所示的【安全性】选项窗口。

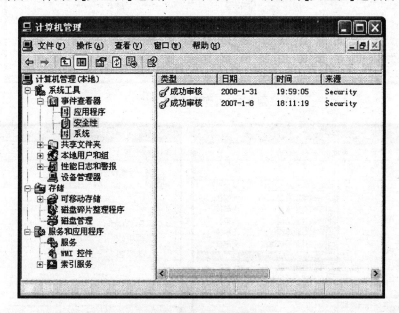

图 2-69　【安全性】选项窗口

此时，如果用户没有设置本地安全策略，那么当用户进行上面的操作时，会发现【计算机管理】窗口中没有任何日志。

要设置本地安全策略，操作步骤如下。

① 在【控制面板】窗口中双击【性能和维护】选项，打开【性能和维护】窗口。

② 在【性能和维护】窗口中双击【管理工具】图标，打开【管理工具】窗口，如图 2-70 所示。

③ 在【管理工具】窗口中双击【本地安全策略】选项，打开【本地安全策略】窗口，如图 2-71 所示。

④ 双击要审核的安全策略，打开【审核特权使用属性】对话框，如图 2-72 所示。

⑤ 要审核该操作的成功或失败，需选中【成功】或【失败】复选框；若只希望审核该事件的失败操作，则选中【失败】复选框，同时取消选中【成功】复选框。

⑥ 选中要审核的操作后，单击【确定】按钮。重新开启【计算机管理】，会看到如图 2-73 所示的【安全性】审核结果。

（3）系统日志。

系统日志中存放了 Windows 操作系统产生的信息、警告或错误。通过查看这些信息、

图 2-70 【管理工具】窗口

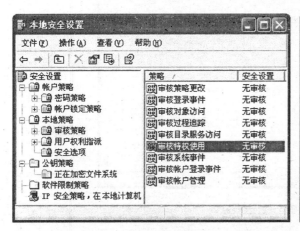

图 2-71 【本地安全策略】窗口

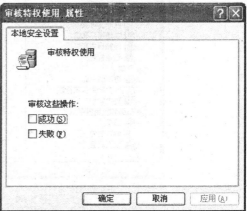

图 2-72 【审核特权使用属性】对话框

图 2-73 【系统】选项窗口

警告或错误，不但可以了解到某项功能配置或运行成功的信息，还可以了解到系统的某些功能运行失败或变得不稳定的原因。

查看系统日志的操作为：单击【计算机管理】窗口左侧的【系统】选项，或双击窗口右侧的【系统】选项，即可查看系统日志，也可以双击该日志，打开【日志属性】对话框，查看某条日志的详细内容。

3．注册表

注册表是 Windows 系统中存储关于计算机配置信息的数据库，包含了 Windows 所有的内部数据。包含的信息有应用程序和计算机系统的全部配置信息，系统和应用程序的初始信息，应用程序和文档文件的关联关系，硬件设备的说明、状态和属性以及各种状态信息和数据等。注册表中的各种参数直接控制着 Windows 的启动、硬件驱动程序的装载以及一些Windows 应用程序的运行，从而在整个 Windows 系统中发挥核心作用。

（1）打开注册表编辑器。

运行注册表编辑器，可以单击【开始】按钮，在弹出的【开始】菜单中选择【运行】命令，在【运行】对话框中输入"regedit"，然后单击【确定】按钮，即可打开【注册表编辑器】窗口，如图 2-74 所示。

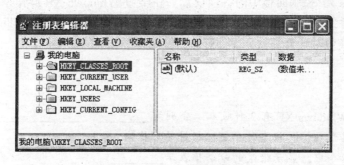

图 2-74　【注册表编辑器】窗口

（2）注册表的结构类型。

在【注册表编辑器】窗口中可以看到，所有 Windows 配件信息都以树状结构被分类组织存放在注册表中。编辑器窗口左侧为树状文件夹列表，列表中的每一个文件夹表示注册表的一个主键。这些主键被分成五大类。

① HKEY_CLASSES_ROOT。此处存储的信息可以确保当使用 Windows 资源管理器打开文件时打开正确的程序。

② HKEY_CURRENT_USER。包含当前登录用户的配置信息的根目录，用户文件夹、屏幕颜色和控制面板的设置存储在此处。该信息被称为用户配置文件。

③ HKEY_LOCAL_MACHINE。包含针对该计算机的配置信息。

④ HKEY_USERS。包含计算机上所有用户的配置文件的根目录。

⑤ HKEY_CURRENT_CONFIG。包含本地计算机在系统启动时所用的硬件配置文件信息。

（3）注册表的修改。

在编辑器中的主键前面都带有一个"＋"号，单击"＋"号，便可打开主键，并显示其下面的子键和键值，如图 2-75 所示。

窗口右侧是主题区域，其中显示各主键或子键中的键值。双击键值时，将打开【编辑字

符串】对话框，键入修改的值后，单击
【确定】按钮，即可完成修改。

本章小结

　　本章详细地介绍了 Windows XP 的
基本概念和基本操作方法。关于文件和
文件夹的创建、复制、更名、删除和移
动等基本操作是必须掌握的。本章关于
Windows XP 的窗口操作、菜单使用、
对话框操作等部分既是学习掌握 Win-
dows XP 的必备知识，又能对今后学习
Windows XP 平台下的其他软件(如 Of-
fice 系列)有很大的帮助。

　　本章重点介绍了文件和文件夹的基

图 2-75 【注册表编辑器】编辑窗口

本概念，以及用 Windows 资源管理器管理文件和文件夹的操作方法，并系统地介绍了磁盘
的管理、Windows XP 控制面板中的各项设置。在学习 Windows XP 操作系统的过程中，应
该注意掌握操作系统的一般性概念，探讨操作系统的工作原理，为进一步学习其他操作系
统，从而更好地实现对计算机软、硬件资源的管理打下扎实的基础。

习　　题

　　1. 填空题

　　(1) 中文版 Windows XP 有 3 种版本，分别为_____、_____、_____。

　　(2) 当系统处于"忙"状态时，鼠标指针的形状为_____。

　　(3) 在菜单命令中，显示暗淡的命令项表示_____。

　　(4) 在菜单命令中，命令后面有黑色的向右的小三角按钮符号表示_____。

　　(5) 在菜单命令中，命令后面有符号"√"表示_____。

　　(6) 在菜单命令中，命令后面有符号"…"表示_____。

　　(7) 用鼠标单击前台运行的应用程序窗口的"最小化"按钮，该程序将缩小为_____上
的一个按钮。

　　(8) 在 Windows XP 中，用鼠标左键把一个文件拖动到同一磁盘的一个文件夹中，实现
的功能是_____。

　　(9) Windows XP 为文件夹窗口提供了 5 种显示文件或文件夹的方式，它们分别为
_____、_____、_____、_____、_____。

　　(10) 格式化磁盘后，将_____磁盘上的所有信息。

　　2. 简答题

　　(1) 文件夹的作用是什么，它有哪些特点？

　　(2) 在 Windows XP 的资源管理器中，要一次选取多个不连续的文件或文件夹，应该如
何操作？

　　(3) 任务管理器的任务是什么？

　　(4) 在 Windows XP 中启动一个应用程序有哪几种方法？

　　(5) 简述软盘格式化的操作过程。

第3章 Word 排版知识

Word 2003 是 Microsoft 公司开发的 Office 2003 办公软件的组件之一，其主要功能是方便、快捷地进行文字处理和排版。Word 具有十分广泛的用户群，公司企业的各种技术文档、国家机关的文件编辑、学校学生论文的排版等，凡是涉及文字处理的场合，基本都会用到 Word。因此学会并且能够用好 Word，对于工作和学习是十分有帮助的。

本章由浅入深地讲述了简单文档编辑、格式设置、Word 中常用工具的使用以及长篇文档编辑的技巧，其内容可以满足日常工作、学习的使用要求。

3.1 Word 2003 入门

本节将介绍 Word 2003 的新增功能、Word 2003 的启动与退出、Word 2003 的使用环境等内容，是学习后面各节的基础。

3.1.1 Word 2003 的新增功能

Word 2003 安装运行于 Windows 操作系统下，相对于 Word 以前的版本，Word 2003 新增了以下重要功能。

（1）增强的可读性。Word 2003 可以根据屏幕的尺寸和分辨率优化显示。同时，新增了"阅读版式视图"，提高了文档可读性。

（2）支持手写设备。如果安装了手写设备，Word 2003 的手写输入功能支持将手写内容写入 Word 文档，而且可以手写批注和注释标记文档。

（3）改进的文档保护。Word 2003 不再需要将相同的限制应用于每一名用户和整篇文档，文档编写者可以有选择地允许某些用户编辑文档中的特定部分。

（4）并排比较文档。通常，要查看多名用户对同一篇文档的更改是非常困难的，Word 2003 比较文档有了一种新方法——并排比较文档，可以简单地判断出两篇文档间的差异。

（5）文档工作区。利用文档工作区，可以简化实时的共同写作、编辑和审阅文档的过程。用户可以有选择地使用保存在工作区中的副本，来更新自己的文档。

3.1.2 Word 2003 的启动

启动 Word 2003 可以通过以下任意一种方法。

（1）利用开始菜单启动。单击【开始】|【程序】|【Microsoft Office】|【Microsoft Office Word 2003】命令。

（2）利用快捷方式启动。如果在桌面上创建了快捷方式，双击桌面上的 Word 2003 图标。

（3）利用已有文档启动，双击任意一个已经建好的 Word 2003 文档。

3.1.3 Word 2003 的主界面

Word 2003 的主窗口界面如图 3-1 所示。包括标题栏、菜单栏、工具栏、标尺、滚动条、状态栏以及工作区等几个部分。

（1）标题栏。和其他软件类似，标题栏位于 Word 2003 窗口的顶端，包括左端的控制菜

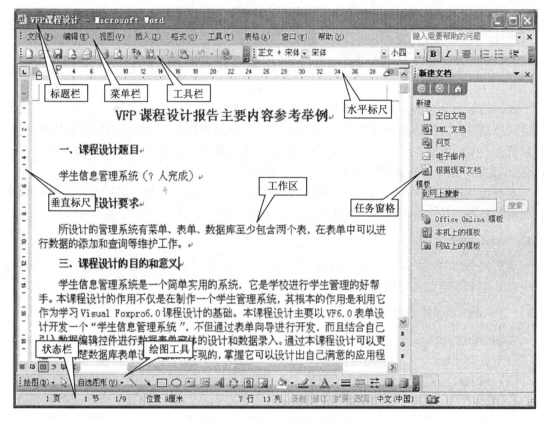

图 3-1　Word 2003 的主窗口界面

单按钮、文档名称、程序名称和右端的窗口控制按钮。

（2）菜单栏。它位于标题栏的下面，包括【文件】、【编辑】、【视图】、【插入】、【格式】、【工具】、【表格】、【窗口】以及【帮助】菜单。在以后的各节内容中，将逐步涉及这些菜单的详细内容。

（3）工具栏。它一般位于菜单栏的下面，在默认情况下，只显示【常用】工具栏、【格式】工具栏以及【绘图】工具栏。要添加其他工具栏，可以在菜单或工具栏的空白区域右击，在弹出的快捷菜单中，选择显示或隐藏工具栏，如图 3-2 中所显示的有【常用】、【格式】、【绘图】、【任务窗格】几个工具栏。当然也可以单击菜单栏的【视图】|【工具栏】命令，在级联菜单中，选择显示或隐藏工具栏。如果对 Word 已设定的工具栏不满意，还可以自定义工具栏。

（4）标尺。它位于文档窗口的左边和上边，分别为垂直标尺和水平标尺。标尺的设定可以方便用户查看正文的宽度，设定左右界限、首行缩进位置以及制表符的位置。

（5）状态栏。它位于窗口底部，用于显示文档编辑状态和位置信息。其中包括当前页、节，当前页/总页数，插入点所在位置、行和列信息。状态栏的右端有 4 个方框，显示当前的编辑状态。分别是"录制""修订""扩展"和"改写"。暗灰色字体表示未启用状态。双击可改变其状态。

（6）工作区。它位于窗口中央，是文档编辑、排版和进行各种处理的场所。

（7）任务窗格。它位于主窗口右侧，主要有新建文档、剪贴板、搜索、插入剪贴画、样式和格式、显示格式、邮件合并等任务窗格。以任务的形式将编辑文档可能用到的命令组织起来，方便用户找到并使用。

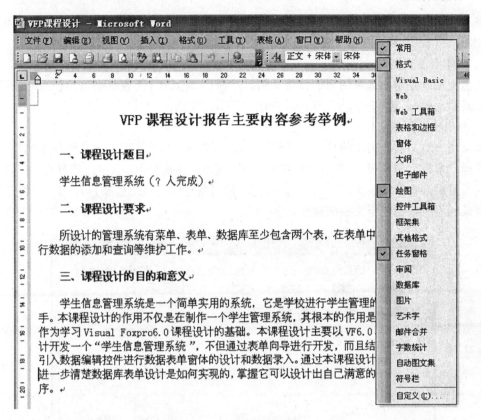

图 3-2　显示隐藏工具栏

3.1.4　Word 2003 的退出

与其他应用程序类似，退出 Word 2003 有以下几种方法。

（1）双击窗口标题栏左侧的 Word 图标。

（2）单击【文件】|【退出】命令。

（3）单击窗口标题栏右上角的红色关闭按钮。

（4）按键盘上的快捷键"Alt + F4"。

退出 Word 2003 时，如果更改过的文档没有保存，系统会给出保存文档的提示，让用户确定是否保存所编辑的文档。如果不想退出 Word，而只是想关闭当前文档，可以采用下面的方式。

（1）单击【文件】|【关闭】命令。

（2）单击窗口标题栏右上角的红色关闭按钮下面的黑色关闭按钮。

3.2　编辑文档

Word 2003 是最常用的文字处理软件，它的主要工作就是对文档的操作和管理。本节将详细地介绍，在 Word 2003 中如何创建新文档，打开、保存、查看文档以及如何进行基本文本的编辑操作，是本章的重点内容之一。

3.2.1　创建新文档

在 Word 2003 中，用户可以创建多种类型的文档，如空白文档、网页文档、电子邮件文档、XML 文档以及通过现有文档创建新的文档等。

1．新建空白文档

空白文档就是用户最常使用的传统文档。选择【新建文档】任务窗格上的【空白文档】或者单击工具栏上的"新建"按钮，都可以新建一个空白文档。

2．利用模板创建文档

如果用户对某些应用文的格式不了解，或者需要一些参考，可以从"新建文档"任务窗格上选择"本机上的模板"，在弹出的如图 3-3 所示的【模板】对话框中，选择合适的文档模板，这里可供选择的模板类型有【常用】、【报告】、【备忘录】、【出版物】等，单击【确定】按钮后，完成利用模板创建新文档的操作。

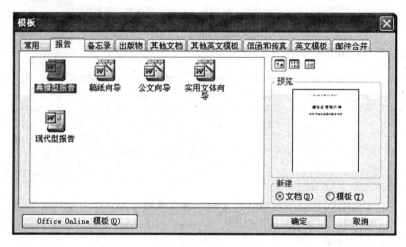

图 3-3　【模板】对话框

3.2.2　打开文档

在 Word 2003 中打开一个文档，具体的操作步骤如下。

（1）执行【文件】|【打开】命令或单击【常用】工具栏中的"打开"按钮，弹出【打开】对话框，如图 3-4 所示。

（2）在"查找范围"列表框中选择文件所在的驱动器和文件夹位置，在文件名列表框中选择所需的文件，或者直接在"文件名"框中输入需要打开文件的路径和文件名。

（3）单击【打开】按钮，即可打开所需的文档；也可双击文件名，直接打开文档。

另外，在 Word 2003 的"开始工作"任务窗格或者【文件】菜单中，也可以快速地执行打开最近使用过的文档的任务，如图 3-5 所示。在"开始工作"任务窗格的"打开"区域以及【文件】菜单的后几项均列出了最近使用过的文档，单击其中的一个，即可将其打开。如果单击任务窗格的"其他"选项，将会弹出【打开】对话框。

3.2.3　保存文档

文档的编辑完成后，需要将其保存到硬盘上，以备日后使用。随时保存文档，可以减少死机、断电等意外情况带来的损失。在保存文档时，经常会遇到两种情况：保存新建文档或

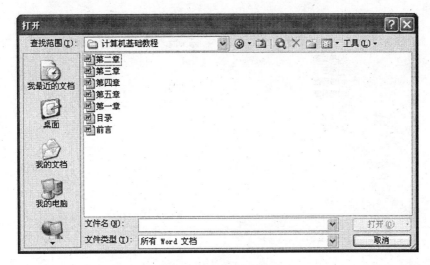

图 3-4　【打开】对话框

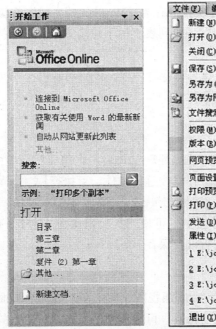 

图 3-5　【开始工作】任务窗格和文件菜单

者保存已有的文档。

1. 保存新建文档

Word 虽然在建立新文档时，赋予它了临时的名称，但是没有为它分配在磁盘上的文件名。因此，在保存新文档时，需要给新文档指定一个文件名。

保存新建文档的操作步骤如下。

(1) 执行【文件】|【保存】命令或单击常用工具栏上的【保存】按钮，弹出【另存为】对话框，如图 3-6 所示。

(2) 在"文件名"文本框中，Word 会根据文档第一行的内容，自动给出默认的文件名。如果不想用这个文件名，可以直接输入一个新的文件名。

图 3-6 【另存为】对话框

（3）在默认情况下，Word 会自动将文件保存为"Word 文档"的文件类型，若要以其他文件类型保存文件，则单击"保存类型"下拉列表框的下拉箭头，在显示的列表中选择文件类型。

（4）在"保存位置"下拉列表中选择驱动器的名称，该驱动器内所有文件夹会显示在下面的列表框中，然后选择具体的保存位置。

（5）单击【保存】按钮。

2．保存已有文档

当打开一个已命名的文档并完成对文档的处理工作后，也需要将所做的工作保存起来。如果要以原有文件的名字、文件类型来保存修改过的文件，可执行【文件】菜单的【保存】命令或单击常用工具栏上的【保存】按钮。

如果要改变现有文件的名字或文件类型，可使用【文件】菜单中的【另存为】命令，弹出【另存为】对话框，在【另存为】对话框进行设置保存。

3.2.4 查看文档

Word 2003 中提供了多种视图模式，如普通视图、Web 版式视图、页面视图、大纲视图及阅读版式视图等。根据不同视图模式的特点，可为不同的文档选择适当的视图模式，以更方便地浏览及编辑文档。如图 3-7 所示，用户可以通过【视图】菜单的各个菜单项完成视图的切换。

（1）普通视图。它可显示文本的格式，但简化了页面的布局，诸如页边距、页眉和页脚、背景、图形对象及没有设置为"嵌入型"环绕方式的图片，都不会在普通视图中显示。

（2）页面视图。它可以显示与实际打印效果完全相同的文件式样，文档中的页眉、页脚、页边距、图片及其他元素均会显示在正确的位置。

（3）大纲视图。它可以非常方便地查看文档的结构，并可以通过拖动标题来移动、复制和重新组织文本。在大纲视图中，可以通过双击标题左侧的"＋"号和"－"号标记展开或折叠文档，使其显示或隐藏各级标题及内容。

（4）Web 版式视图。在该视图中，用户可以创建能在屏幕上显示的 Web 页或文档。在

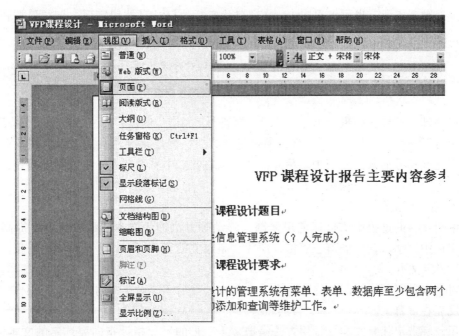

图 3-7　【视图】菜单

该视图中，可以看到背景和为适应窗口而换行显示的文本，并且图形位置与在 Web 浏览器中的位置一致。

（5）阅读版式视图。它是 Word 2003 中的新增版式，是为了方便用户在 Word 中进行文档的阅览而设计的。在阅读版式下，将显示文档的背景、页边距，并可进行文本输入、编辑等，但不显示文档的页眉和页脚。

3.2.5　在文档中编辑文本

在默认情况下，启动 Word 2003 时，会自动生成一个名为"文档 1"的新的文档，可以在新生成的文档中进行文本的输入、设置文本格式等编辑工作。

1．输入文本

在空白文档中有一个闪烁的竖条，这是插入点，表示文本键入时插入的位置。在插入点处直接输入文本是最常用的方法，可以在文档中直接输入中文、英文、标点符号及数字等。系统本身提供了多种中英文输入法，可以通过鼠标点击任务栏右端的语言栏来进行输入法的设置与选择，也可以通过按快捷键"Ctrl + Shift"进行输入法切换，或者通过按快捷键"Ctrl + 空格键"进行中英文切换。一般安装操作系统后，语言栏默认的输入法有智能 ABC、微软拼音输入法、中文全拼等中文输入法，可以选择使用熟悉的输入法，当然也可以自己另外安装其他功能更强大、使用更方便的输入法。

在输入文本的过程中，可以通过上下左右方向键在已有的文本中进行插入点的移动。如果有输入错误的情况，可以使用"BackSpace"退格键或者"Delete"键向前或向后删除文本。在默认状态下，文本的编辑方式为插入状态，插入状态时插入点后面的字符会随着插入内容的增加向后移动；在文档中输入文本时，还有一种改写状态，在改写状态下，输入的文字将依次替代其后面的字符。它的优点在于即时覆盖无用文字，节省文本的空间，尤其对一些格式已经固定的文档，这种功能不会破坏已有格式，且节省时间。改写与插入的切换可以通过 Insert 键来实现，也可以双击 Word 窗口状态栏的【改写】按钮实现。【改写】按钮呈现为灰色时，为插入状态，如图 3-8 所示，当【改写】按钮呈现为黑色时，为改写状态。

录制 修订 扩展 改写 中文(中国)

图 3-8　Word 状态栏的按钮组

一些特殊的符号，如重点号"※"、数学符号"∞"、单位符号"‰"，一些特殊字符，如长破折号"——"、不间断连字符、半角空格不能从键盘直接输入，可以使用菜单中的插入命令将这些符号插入到文档中。另外，还可以在文档中直接插入一些常用的词语，如问候语、签名等。具体操作步骤见 3.6 节。

2. 使用编辑工具

在编辑文档的过程中，可以使用复制、移动等方法加快文本的编辑速度，提高工作效率。在文档中，字、词、段落、表格、图片、整篇文档等都可以作为被编辑的对象。

(1) 选定文本。

在对文本进行编辑时，首先应学会选定文本，然后才能对选中的文本进行操作。被选定的文本反显在屏幕上。

使用鼠标选定任意文本的常用方法是把"I"形的鼠标指针指向要选定的文本开始处，按住左键拖动到选定文本的末尾，然后松开鼠标左键。如图 3-9 所示，选定的文本呈现反显状态。另外，使用鼠标选择特定的文本还有下面几种简便的方法。

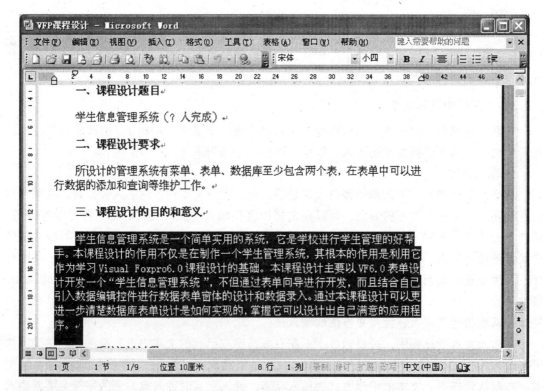

图 3-9　文档的反显状态

选定一个单词：用鼠标双击该单词。

选定一句：这里的一句是以句号为标记的。按住"Ctrl"键，再单击句中的任意位置。

选定大块文本：先把插入点移到要选定文本的开始处，按住 "Shift" 键，单击要选定文本的末尾。这种方法适合那些跨页内容的选定。

选定一行文本：在选择条(选择条是位于文档窗口左边界的空白区域，当鼠标停留在选择条上时，呈向右的箭头状态)上单击，箭头所指的行被选中。

选定一段：在选择条上双击，箭头所指的段被选中。也可连续三击该段中的任意部分。

选定多段：将鼠标移到第一段左侧的选择条中，左键双击选择条并拖动。

选定整篇文档：按住 "Ctrl" 键，并单击文档中任意位置的选择条。或在选择条处单击三次。当然也可以使用快捷键 "Ctrl + A"。

(2) 移动文本。

在文本的编辑过程中，可以用鼠标拖动的方式来实现文本的移动。首先，选定要移动的文本。然后将鼠标指针指向选定文本，当鼠标指针呈箭头状时，按住鼠标左键，指针将变成箭头下带一个矩形的形状，同时会出现一条虚线插入点。拖动鼠标，虚线插入点会随着移动，将虚线插入点移动到要移动的目标位置，松开鼠标左键，被选定的文本就从原来的位置移动到了新的位置。通过按住鼠标的右键拖动也可以实现文本的移动，不过在松开鼠标右键时，会弹出一个菜单，如图 3-10 所示。通过该菜单，可自由选择具体操作。

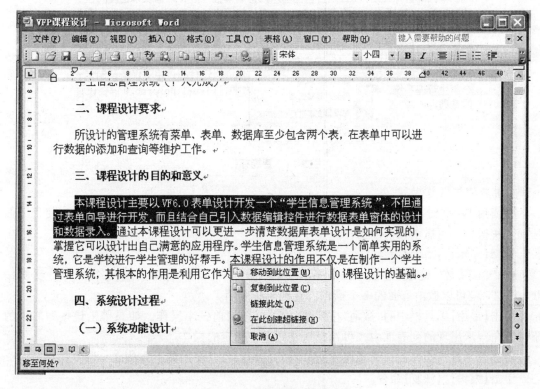

图 3-10　右键拖动移动文本

(3) 复制文本。

复制文本就是把选定的文本复制到文档的其他位置。在文本的编辑过程中，熟练地运用复制与粘贴功能，可以节省编辑文档的时间。

使用鼠标键拖放的方法可以复制文本。它适用于复制短距离的文本，具体操作步骤如下。

首先，选定要复制的文本。

然后，将鼠标指针指向选定文本，按住"Ctrl"键，再按鼠标左键，指针将变成箭头下带一个加号矩形的形状，同时会出现一条虚线插入点。

最后，拖动鼠标，将虚线插入点移动粘贴的位置，松开鼠标左键，再松开"Ctrl"键，被选定的文本就复制到了新的位置。

如果要长距离地复制文本，使用拖放的方法不太方便，此时可以使用剪贴板来复制。具体操作步骤如下。

首先，选定要复制的文本。

然后，单击【常用】工具栏中的【复制】按钮，或者使用快捷键"Ctrl + C"。选定文本的副本暂时被存放到剪贴板中。

最后，把插入点移动到想粘贴的位置，单击【常用】工具栏中的【粘贴】按钮，或者使用快捷键"Ctrl + V"。

在执行复制或移动文本的操作后，总会出现一个智能标记 📋 ，把鼠标指向它并单击，出现一个下拉菜单，如图 3-11 所示，可以在菜单中选择保留复制或移动后的格式。

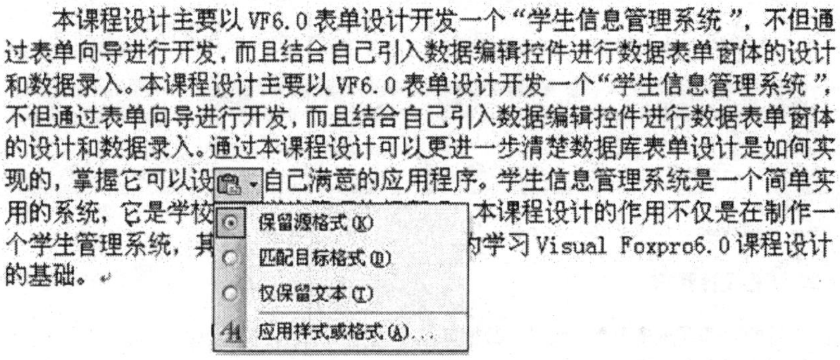

图 3-11　智能标记

(4) 撤消与恢复。

在使用 Word 时，误操作是难免的，因此撤消和恢复以前的操作非常有必要。使用下面任何一种操作，可撤消以前的操作。

选择【编辑】|【撤消】命令。

按"Ctrl + Z"键或"Alt + BackSpace"键，一次可以撤消以前的一个操作，反复按"Ctrl + Z"键可以撤消前面的多个操作，直到无法撤消。

单击【常用】工具栏中的"撤消"按钮 ↺ ，可以撤消前一个操作，如果单击该按钮右边的下拉三角，从出现的列表框中，可选择恢复到某个指定的操作。

若进行了撤消操作后，又想使用所撤消的操作。可以使用如下方法之一恢复操作。

单击【编辑】|【恢复】命令。

按"Ctrl + Y"键一次可以恢复前一个操作，反复按"Ctrl + Y"键可以恢复前面的多个操作，直到无法恢复。

单击【常用】工具栏中的"恢复"按钮 ↻ ，可以恢复前一个操作，如果单击该按钮右边的下拉三角，从出现的列表框中，可选择重复到某个指定操作。

3.2.6　查找和替换

若文档中的内容较多，则查找某些字词就会变得非常困难，系统提供的查找功能可以帮助快速查找所需内容。如果需要对多处相同的文本进行改动，可以利用替换功能来同时对文档中的内容进行改动。Word 2003 中查找和替换的对象不但可以是文字、标点，还可以是段落标记、分页符和其他项目，甚至可以使用通配符和代码来进行扩展搜索。

1．一般查找和替换

一般查找和替换只能根据内容进行，要查找的对象不带有格式。使用一般查找和替换的具体步骤如下。

（1）单击【编辑】|【替换】命令或【编辑】|【查找】命令，打开【查找和替换】对话框，如图 3-12 所示。

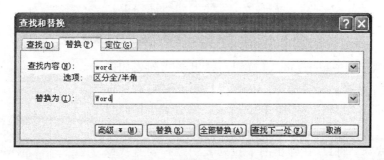

图 3-12　【查找和替换】对话框

（2）在"查找内容"下拉列表框内输入要搜索的文字，如"word"。

（3）在"替换为"下拉列表框内输入替换文字，如"Word"。

（4）根据不同的需要，替换时，可以使用下面两种不同方法。

• 单击【查找下一处】按钮，查找下一个符合的内容，然后单击【替换】按钮，可以一个个有选择地替换文档中的内容。

• 单击【全部替换】按钮，不用经过选择，直接替换文档中符合搜索条件的所有内容，这种方式最好在对文档内容十分有把握的情况下使用。

（5）替换结束后，若是逐个替换结束，则出现图 3-13(a)所示的提示框；若是全部替换结束，则会出现图 3.13(b)所示的提示框，提示查找并替换结束。单击【确定】按钮，可以返回查找和替换对话框，继续其他查找和替换工作。

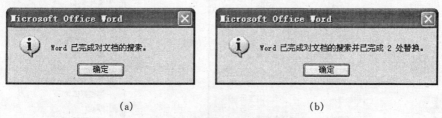

(a)　　　　　　　　　　　　　　(b)

图 3-13　查找和替换结束提示

2．高级查找和替换

所谓高级查找功能，就是为查找对象附加一些筛选条件。例如，对中文进行查找和替换时，可以查找和替换包括中文字符的格式、字体格式、段落格式甚至样式等内容。而对西文进行查找和替换时，要注意区分字母的大小写和全角半角等，特别是还可以使用通配符进行查找和替换。

例如，使用高级查找与替换功能，将文档中加粗的部分替换成为非加粗的，操作步骤如下。

（1）单击【编辑】|【替换】命令，打开【查找和替换】对话框。

（2）单击【高级】按钮，打开搜索选项，如图 3-14 所示，然后把光标定位在"查找内容"下拉列表框中，输入需要查找的文字，若不输入任何内容，则表示查找的只是格式。

图 3-14 【查找和替换】对话框的搜索选项组

（3）在搜索选项中单击【格式】按钮，弹出格式列表如图 3-15 所示，从中选择【字体】命令，在弹出【查找字体】对话框中"字形"一栏选择"加粗"，如图 3-16 所示。然后单击【确定】按钮，返回到【查找和替换】对话框。如果查找的内容为特殊字符，单击【特殊字符】，在弹出的下拉列表中选择要查找或替换的特殊字符，如图 3-17 所示，主要包括段落标记、制表符、分节符等。

（4）将光标定位在【替换为】下拉列表框中，按照同样的方法单击【格式】按钮，从中选择【字体】命令，在弹出【查找字体】对话框中"字形"一栏选择"非加粗"。然后单击【确定】按钮，返回到【查找和替换】对话框。

图 3-15 【查找和替换】对话框的格式下拉列表

图 3-16 【查找字体】对话框　　　**图 3-17 【查找和替换】对话框的特殊字符下拉列表**

（5）设置好的查找和替换对话框如图 3-18 所示，在查找内容和替换内容下面会显示查找和替换的格式信息。单击【查找下一处】按钮和【替换】按钮，一个个地完成查找和替换工作，当然也可以直接按【全部替换】。

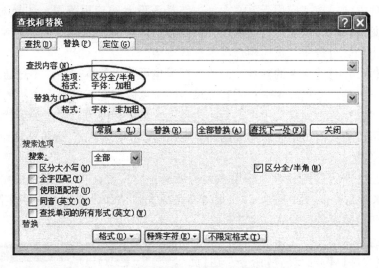

图 3-18　设置好的【查找和替换】对话框

如果对设置的查找和替换格式不满意，可以单击图 3-18 上的【不限定格式】按钮，清除所设定的格式。

3.3　页面设置与打印

文档编辑好之后，有时候需要进行打印输出。本节将就打印之前的页面设置以及打印设置进行详细介绍。

3.3.1　页面设置

Word 2003 在建立新文档时，已经默认了纸张、纸的方向、页边距等选项，但根据文档应用的实际情况，往往需要重新进行页面设置。

1．页边距的设置

页边距是正文和页面边缘之间的距离。为文档设置合适的页边距可以使打印出的文档美观，在页边距中还存在页眉、页脚和页码等图形或文字。

只有在页面视图中，才可以见到页边距的效果，因此页边距设置应在页面视图中进行。具体操作步骤如下。

首先，执行【文件】|【页面设置】命令，弹出【页面设置】对话框，在对话框中选择【页边距】选项卡，如图 3-19 所示。

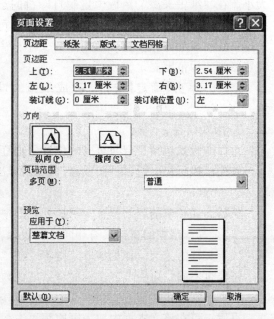

图 3-19　【页边距】选项卡

　　然后在"页边距"区域的"上""下""左""右"文本框中分别输入页边距的数值，图3-19中显示的是默认值。如果打印后需要装订，在"装订线"框中输入装订线的宽度，在"装订线位置"文本框中选择装订线的位置。在"方向"区域选择"纵向"或"横向"可以决定文档页面的方向。在"应用于"文本框中选择该设置的应用范围。如果对设置不满意，可以单击左下角的【默认】按钮，将当前设置恢复为默认的设置。

　　最后，单击【确定】按钮，页边距选项卡设置完毕。

　　除了调整【页边距】选项卡的参数外，使用标尺也可以设置页边距，不过通过标尺设置的页边距会被应用于整篇文档。水平和垂直标尺中的灰色区域宽度就是页边距的宽度。要改变页边距，只需将鼠标移动到标尺中页边距的边界上，当鼠标变为双向箭头形状时，按住鼠标左键拖动，即可改变页面边距。若需要精确设定，可以按住"Alt"键再拖动鼠标。

　　2. 纸张的设置

　　在打印文档之前。首先要考虑好用多大的纸来打印文档，Word 默认的纸张大小是 A4（宽度：21 厘米，高度：29.7 厘米），页面方向是纵向。假如设置的纸张和实际的打印纸大小不一样，打印就需要特殊设置。

　　纸张设置的具体操作步骤如下。

　　首先执行【文件】|【页面设置】命令，在【页面设置】对话框中选择【纸张】选项卡，如图 3-20 所示。

　　然后在"纸张大小"区域的下拉列表框中选择打印纸型，如选择了"A4""B5""16 开"等标准纸型，"高度"和"宽度"文本框中会显示纸张的大小。如选择了"自定义大小"，可以在"高度"和"宽度"文本栏中输入纸张大小。在"纸张来源"区域内定制打印机的送纸方式。其中文档的"首页"和"其他页"可采用不同的送纸方式。在"应用于"文本框中设置纸张应用范围。

　　最后，单击【确定】按钮，完成纸张的设置。

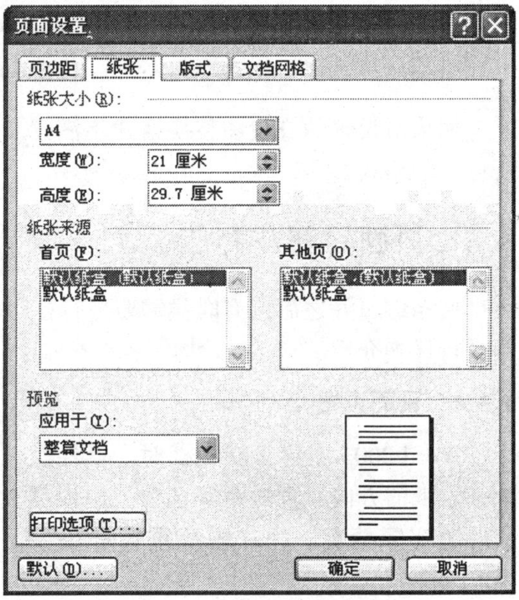

图 3-20　【纸张】选项卡

　　3. 版式设置

　　页面的版式包括页眉与页脚的位置、垂直对齐方式等设置，具体步骤如下。

　　首先，执行【文件】|【页面设置】命令，弹出【页面设置】对话框，选择【版式】选项卡，如图 3-21 所示。

　　然后，在"节的起始位置"下拉列表框中选择当前节的起始位置。文档版式的作用单位是"节"，每一节中的文档具有相同的页边距、页码格式、页眉和页脚、列的数目等版式设置。关于文档的分节，详见 3.6 节内容。在"页眉和页脚"区域可进行如下设置。

　　奇偶页不同：可在节或文档的奇数或偶数页上设置不同的页眉或页脚。

　　首页不同：可在节或文档首页上设置与其他页不同的页眉或页脚。

　　页眉：可在该文本框中输入页眉距页边距的距离。

　　页脚：可在该文本框中输入页脚距页边距的距离。

最后，单击【确定】按钮，完成版式的设置。

4．文档网格

如果文档中需要每行固定字符数或者每页固定行数，可以使用文档网格实现。可以在文档中设置每页的行网格数和每行的字符网格数，具体操作步骤如下。

首先，执行【文件】|【页面设置】命令，弹出【页面设置】对话框，选择【文档网格】选项卡，如图 3-22 所示。

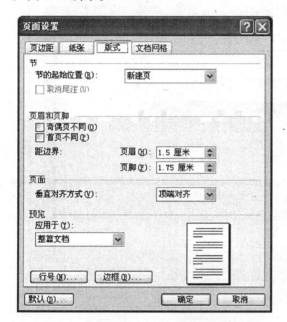

图 3-21　【版式】选项卡

图 3-22　【文档网格】选项卡

然后，在"文字排列"区域选择文字的排列方向，在"网格"区域选择一种网格。若选用"只指定行网格"，则可在"每页"文本框中输入行数，或在它右面的"跨度"档中输入跨度的值，也可以设定每页中的行数。如果选用"指定行和字符网格"，那么除了设定每页的行数外，还要在"每行"文本框中输入每行的字符数。如果选用"文字对齐字符网格"，那么输入每页的行数和每行的字符数后，Word 严格按照输入的值设定页面。

最后，单击【确定】按钮，完成文档网格的设置。

3.3.2　页眉页脚设置

所谓页眉和页脚，就是指文档中每个页边距的顶部和底部区域。在页眉和页脚中，用户可以插入可打印的文字或图形，例如页码、日期、文档标题等。在普通视图方式下，无法看到页眉和页脚；在页面视图中，可以看到变淡的页眉和页脚。

在文档中创建页眉和页脚的操作步骤如下。

（1）将鼠标定位在文档中的任意位置。

（2）执行【视图】|【页眉和页脚】命令，这时屏幕出现用虚线标明的"页眉"区和"页脚"区。同时显示【页眉和页脚】工具栏，如图 3-23 所示。

（3）可以在"页眉区"或"页脚区"进行编辑，在编辑时可以进行插入图片，绘制自选图形等操作。

（4）如果要在页眉或页脚区插入页码、作者、文件名、日期或时间，单击【页眉和页脚】

工具栏上的【插入自动图文集】按钮，在下拉菜单中选择希望插入的图文集内容即可。当然插入页码也可以单击【插入页码】按钮。

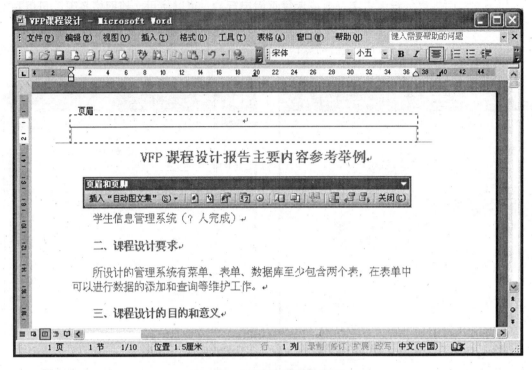

图 3-23 【页眉和页脚】工具栏

(5) 单击【页眉和页脚】工具栏上的【在页眉和页脚间转换】按钮，可以使插入点在页眉区或页脚区转换。

(6) 单击【关闭】按钮，退出【页眉和页脚】工具栏。

在文档中，可自始至终用同一个页眉或页脚，也可在文档的不同页用不同的页眉或页脚。例如，可以对一个文档的奇数页和偶数页使用不同的页眉和页脚，也可以对首页和其他页使用不同的页眉和页脚。具体的操作主要是通过进行文档的分节设置以及 3.3.1 节所提到的"页面设置"下的版式设置实现的。

3.3.3 文档打印

用户在完成当前文档的编辑后，就可以打印该文档了。在打印前，应先使用打印预览功能浏览一下文档效果。在打印时，如果要打印的文档较长，还应先打印一页看一下效果，确认无误，再开始正式打印。

1. 打印预览

打印预览用于显示打印效果的预览，实际上也是 Word 文档视图方式中的一种。它在页面视图方式显示文档完整打印效果的基础上，增加了同时显示文档多个页面内容的功能，这就有助于用户检查文档的布局。在打印预览中，可以通过缩小尺寸显示多页文档；可以看到分页符，隐藏文字以及水印；还可以在打印前编辑和改变格式。

要切换到打印预览模式，可执行【文档】菜单中的【打印预览】命令，打印预览的效果如图3-24 所示。

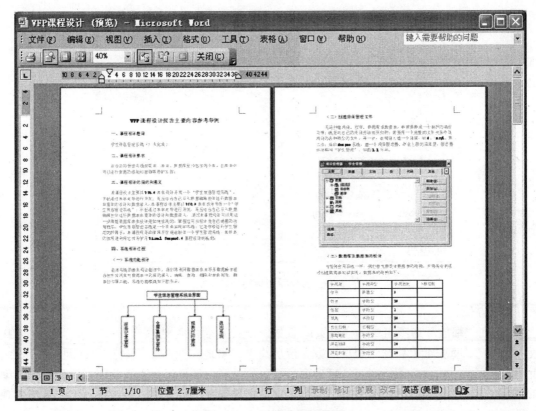

图 3-24　【打印预览】窗口

2．打印文档

　　Word 打印输出的效果与打印环境有关，如安装的打印字库、打印机等。因而在打印文档之前，首先要确认打印机处于联机状态，然后有必要根据实际情况，对打印的属性进行设置。具体的设置步骤如下。

　　（1）可以选择【文件】|【打印】命令或按"Ctrl＋P"组合键，打开【打印】对话框。如图 3-25 所示。

　　（2）如果安装有多台打印机，可在打印对话框中，单击"名称"框右边的下拉三角，在弹出的下拉列表中，选择一台合适的打印机。

　　（3）在"页面范围"选项组中，可以选择打印的指定范围，选择"全部"打印整篇文档；选择"当前页"打印插入点所在页；选择"所选内容"只打印当前所选内容。当然，若未选定内容，则无法使用该项。选择"页码范围"并在文本框中按照提示格式输入页码，可以实现指定页、一个或多个节、多个节若干页的打印。

　　（4）在"打印内容"下拉列表框中，选择要打印的内容。例如，如果只需打印文档的属性信息，可选择"文档属性"选项。默认的打印内容为"文档"，一般不需要更改。

　　（5）如果只打印奇数页或偶数页，可在"打印"下拉列表框中选择文档中需要打印的部分，有"范围中所有页面""偶数页""奇数页"三个选项。若在"打印内容"下拉列表中单击了除文档以外的其他内容，则无法使用此列表。

　　（6）"副本"选项组的"份数"微调框用于设置每页打印多少份。若要在一份副本打印完毕后再开始打印下一份副本的第一页，可选中"逐份打印"复选框，这可以给多份文档的

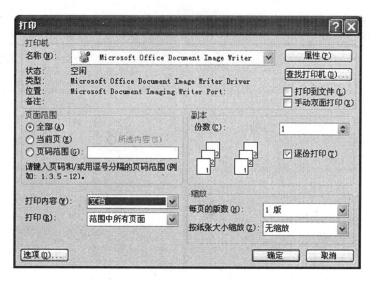

图 3-25 【打印】对话框的默认状态

装订带来方便。

(7) 在"缩放"选项组中，"每页的版数"下拉列表的可选项有 1、2、4、6、8 或 16 版，它决定了每张纸上要打印的页面数。该功能可容易地实现多个页面打印到同一张纸上。而"按纸张大小缩放"下拉列表的可选项是纸张的类型，如果用户文档页面设置的纸张类型和实际打印机中提供的纸张类型不同，可在这里选择和打印机中相同的纸张类型，从而实现按照打印机中纸张的缩放打印，而不会影响页面文字、图像的效果。

(8) 所有的各项根据实际需要设置好之后，单击【确定】按钮，就进入打印了。

如果用户对打印机的状态以及文档的打印效果十分有把握，也可以单击工具栏上的"打印"图标🖨，不进行打印属性的设置而直接进入打印。进入打印后，屏幕上会出现一个正在打印的提示框，之后在任务栏中会出现一个打印机的图标，表示打印机正在打印，双击该图标，可以查看所有打印任务的状态。

3.4 设置文本格式

Word 中文本可以是字母、汉字，也可能是数字或单独的特殊符号，设置文本的格式就是设置文本的字体、字型、颜色、大小、字符间距、动态效果等。通过文本格式的设置，可使文档的效果更突出、结构更清晰。本节将就文本格式的设置方法进行详细的介绍，是本章的重点内容之一。

3.4.1 使用格式工具栏

打开 Word 2003，默认的工具栏就包含格式工具栏。如图 3-26 所示，就是 Word 2003 的格式工具栏。可以通过在【视图】|【工具栏】菜单列表中选择【格式】，将格式工具栏显示在菜单栏下；也可以在工具栏上单击右键，在出现的列表中选中【格式】，实现同样的操作。

图 3-26 格式工具栏

使用【格式】工具栏，无论进行何种格式的设置，都要先选中设置格式的文本，否则设置的将是插入点之后的文本格式。下面分组介绍格式工具栏的使用方法。

1. 文本样式、字体、字号的设置

单击【格式】工具栏上"样式"下拉列表框，出现一个样式下拉列表，如图 3-27 所示。在该列表中可以设置文本的样式，默认状态下的样式是"正文"，为文本选择样式，便于自动生成目录和文档结构图(见 3.9 节)。

单击【格式】工具栏上"字体"下拉列表框，出现一个字体下拉列表，如图 3-28 所示。字体列表中列出了常用的中文、英文字体，可以根据需要进行选择。

单击【格式】工具栏上"字号"下拉列表框，出现一个字号下拉列表，如图 3-29 所示。一般情况下，字号有两种表示方法——号和磅值，在字号列表中列出了系统提供的这两种表示方法的所有字号。

图 3-27　样式工具　　　　　　图 3-28　字体工具　　　　　　图 3-29　字号工具

2. 字符加粗、倾斜、加下划线、加边框底纹以及缩放的控制

单击"加粗"按钮 **B**，可以实现选中字符的加粗效果。

单击"倾斜"按钮 *I*，可以实现选中字符的倾斜效果。

单击【格式】工具栏上的"下划线"按钮 **U** ▾ 的下拉箭头，出现一个下拉列表，在列表中可以选择下划线的线型和颜色，如图 3-30 所示。在下拉列表中设置完毕，单击"下划线"按钮，即可为文本添加下划线，下划线的线型和颜色就是在下拉列表中设置的线型和颜色。

单击"字符边框"按钮 **A**，可以为选中字符添加单线边框。

单击"字符底纹"按钮 **A**，可以为选中字符添加底纹。

单击【格式】工具栏上的"字符缩放"按钮 **↔** ▾ 的下拉箭头，出现字符缩放比例下拉列表，如图 3-31 所示。在列表中选择一种比例，即可扩展或压缩文本，这种调整是相对于基线进行的。

3. 字体美化按钮

单击"突出显示"按钮 ✎ ▾，选定的文本将变成带有背景色的文本。若没有选定文本，则鼠标变为 ✑ 状，这时按住左键用它拖过的文本都会带上背景色，再次单击"突出显示"按钮，鼠标恢复到文本编辑状态。单击"突出显示"按钮右边的下拉箭头，出现颜色下拉列表，如图 3-32 所示，在这里设置背景色。

单击"字体颜色"按钮 **A** ▾，可以改变选定文本字体的颜色。单击该按钮右侧的下拉箭头，如图 3-33 所示，可以在颜色下拉列表中设置要改变的颜色。

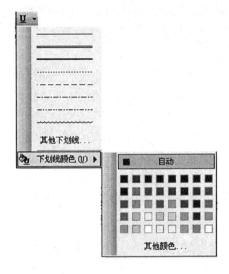

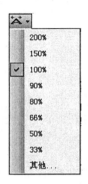

图 3-30　下划线工具　　　　　　　　图 3-31　字符缩放工具

图 3-32　突出显示工具　　　　　　　图 3-33　字体颜色工具

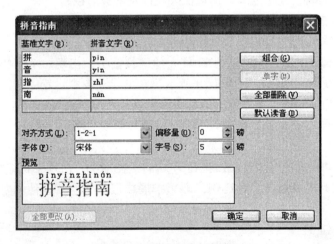

图 3-34　【拼音指南】对话框

　　单击"拼音指南"按钮，弹出【拼音指南】对话框，如图 3-34 所示。通过该对话框，可以实现选定的基准文字和其对应的拼音文字的组合预览，调整拼音的对齐方式、字体、字号，通过【偏移量】微调按钮，可以调整拼音与汉字的距离。Word 2003 的拼音指南功能为编辑儿童读物、拼写教材、普通话教材提供了方便。

　　单击"带圈字符"按钮 ，弹出【带圈字符】对话框，通过该对话框，可以给选中的单个字符加"圈"。这里的圈可以是正方形、圆形、三角形以及菱形，用户可以根据需要选择圈的样式和形状。图 3-35 所示是设置带圈字符的效果。

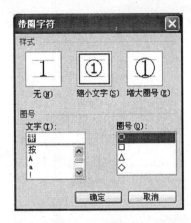

图 3-35　【带圈字符】对话框及带圈字符效果图

3.4.2　使用字体对话框

　　使用工具栏可以快速设置字体常用格式，但如果要设置比较复杂的字体格式，还得在【字体】对话框中进行。使用【字体】对话框设置字体格式的操作步骤如下。

　　(1) 选定要设置字体的文本，或者将插入点定位在新格式开始的位置。

　　(2) 执行【格式】|【字体】命令或者在单击鼠标右键弹出的快捷菜单中选择"字体…"选项，弹出【字体】对话框，如图 3-36 所示。

　　在【字体】对话框中可以进行下述设置：

　　(1) 可以在"中文字体"或"西文字体"下拉列表框中设置一种字体。

　　(2) 在"字形"列表框中，可以设置文本的字形；在"字号"列表框中，可以设置文本的字号。

　　(3) 在"字体颜色"下拉列表框中，可以设置文本的字符颜色。如果选择下拉列表中的"自动设置"，通常将文字的颜色设置为黑色；但若选定文字所在的段落带有底纹，则选择"自动设置"选项会将所选择的文字颜色设置为白色。

　　(4) 在"着重号"下拉列表框中，可以选择是否在文字下方添加圆点着重号。

　　(5) 在"下划线线型"下拉列表框中，可以选择一种下划线的线型，选择下划线线型后，可以在"下划线颜色"下拉列表框中选择下划线的颜色。

　　(6) 在"效果"复选按钮组中提供了 11 个复选项，用来设置文档文本的各种显示效果。另外，在本对话框的"文字效果"选项卡上，还可以设置字体的动态效果，如图 3-37 所示，可供选择的有"礼花绽放""七彩霓虹""闪烁背景"等。

　　(7) 在"预览"区域可以看到进行设置之后的效果。

　　(8) 设置完毕后，单击【确定】按钮。

　　若要将在【字体】选项卡中所作的设置作为系统默认的设置效果，则在做好设置后单击【默认】按钮，在弹出对话框中进行确认。

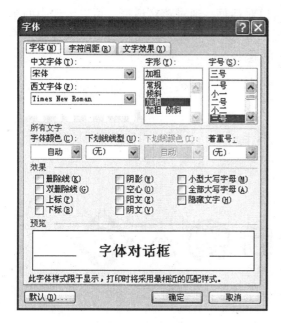

图 3-36　【字体】对话框【字体】选项卡

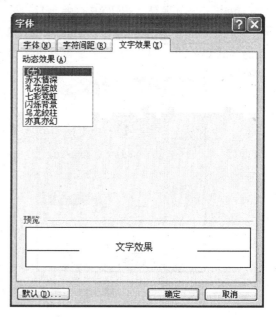

图 3-37　【字体】对话框【文字效果】选项卡

3.4.3　设置字符间距

　　字符间距指的是文档中两个相邻字符之间的距离。通常情况下采用单位"磅"来度量字符间距。调整字符间距操作指的是按照规定的值均等地增大或缩小所选本文中字符之间的距离。调整字符间距的操作可以改善文档的显示和打印效果，特别是中英文混排的文本中，设置字符间距可以使文档更整齐美观。

　　下面是设置字符间距的操作步骤：

　　（1）选定要设置字符间距的文本，或者将插入点定位在新格式开始的位置。

　　（2）执行【格式】|【字体】命令，弹出【字体】对话框，在对话框中选择【字符间距】选项卡，如图 3-38 所示。在该对话框中可以进行下述设置。

　　① 可以在"缩放"下拉列表框中扩展或压缩所选文本，它和工具栏中"字符缩放"按钮的功能相同，可以选择 Word 中已经设定的比例，也可以直接单击文本框输入所需的百分比。

　　② 可以在"间距"下拉列表框中选择字符间距的类型是"标准""加宽"或"紧缩"，如果为字符间距设置了"加宽"或"紧缩"选项，

图 3-38　【字体】对话框【字符间距】选项卡

还可以在右侧的"磅值"文本框中设置"加宽"或"紧缩"的值。

　　③ 可以在"位置"下拉列表框中选择字符位置的类型是"标准""提升"或"降低"，如果为字符间距设置了"提升"或"降低"选项，还可以在右侧的"磅值"文本框中设置

"提升"或"降低"的值。

④ 选中"为字体调整字间距"复选框，可以让 Word 自动调整字距或某些字符组合之间的距离。

⑤ 在"预览"区域可以看到进行设置之后的效果。

(3) 设置完毕，单击【确定】按钮。

若要将在【字符间距】选项卡中所作的设置作为系统默认的设置效果，则在作好设置后单击【默认】按钮，在弹出对话框中进行确认。

3.4.4 设置上下标

在处理文字的过程中，经常会遇到需要使用上、下标的时候，比如，输入氧气符号"O_2"需要使用下标，参考文献的引用编号需要使用上标。下面介绍 Word 中设置上下标的方法。

1．添加上、下标工具按钮

在 Word 中，上、下标工具按钮默认并不是在格式工具栏中的，需要手动添加，手动添加工具按钮的方法如下。

首先，在工具栏上点击右键，在弹出的快捷菜单中选择【自定义】弹出【自定义】，对话框如图 3-39 所示。

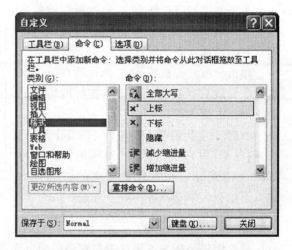

然后，找到要添加的工具按钮，如："上标"工具按钮 x^2，它是"格式"工具之一，应先在"类别"列表中选择格式，之后在"命令"列表中选择"上标"。

最后，用鼠标左键按住 x^2，将其拖到工具栏上放开，上标工具按钮添加成功。

图3-39　【自定义】对话框

在工具栏上添加"下标"工具按钮 x_2 或其他工具按钮，也是同样的处理。如果要添加的工具按钮不知道类别，可以在类别一栏中选"全部"，这样"命令"一栏就会列出所有可选按钮以供查找。

2．给字符添加上、下标

首先，将光标停留在要添加上、下标的字符的右面，然后点击上、下标按钮，发现光标向上或向下缩短了，这时可以输入上、下标字符，最后再按一次上、下标按钮，光标又恢复正常状态，可以继续后面文字的输入。

3.5 设置段落格式

段落是独立的信息单位，是以"Enter"键结束的一段内容，这些内容可以包括文字、图片、特殊字符等。如果说字符格式表现的是文档中局部文本的格式化效果，那么段落格式的设置则将帮助设计文档的整体外观。一般一篇文章由很多段落组成，每个段落都可以有它的格式。这种格式包括段落的对齐方式、段落缩进、段落间距等。本节将就段落格式的设置进行详细的介绍，这是本章的重点内容之一。

3.5.1　段落的对齐方式

段落的对齐方法一般包括左对齐、居中对齐、右对齐、两端对齐和分散对齐，设置时，选中要设置的段落或将光标定位在要设置段落格式的段落中，最快的设置方法是使用格式工具栏中的对齐按钮▉、▉、▉、▉、▉。

单击左对齐按钮▉，光标所在段的文本处于左对齐状态，即文本靠向左边。

单击居中对齐按钮▉，光标所在段的文本处于居中对齐状态。该对齐按钮也适用于Word的其他元素，如图片，文本框等。

单击右对齐按钮▉，光标所在段的文本处于右对齐状态，即文本靠向右边。

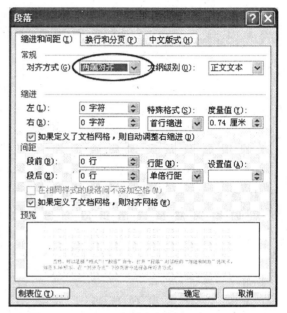

单击两端对齐按钮▉，光标所在段的文本处于两端对齐状态，即在左右页边距内两端对齐。两端对齐是默认状态的对齐方式。

单击分散对齐按钮▉，光标所在段的文本处于分散对齐状态，即文本在行内均匀分散排列，占满该行。

当然，可以选择【格式】|【段落】命令，打开【段落】对话框的【缩进和间距】选项卡，如图3-40所示。在常规选项组的"对齐方式"下拉列表中选择各种对齐方式。

图3-40　【段落】对话框【缩进和间距】选项卡

3.5.2　段落的缩进

段落缩进是指文本相对于左右边距向页面内缩进的距离，它区别于页边距的设置。页边距的设置确定的是正文的宽度。而缩进可以相对于一个段落或一组段落的设置。段落缩进包括以下几种类型。

(1) 首行缩进，这是最常用的一种，从一个段落首行第一个字符开始向右缩进，使之区别于前面的段落，符合日常行文习惯。

(2) 左(右)缩进，整个段落中所有行的左(右)边界向右(左)缩进，左(右)缩进可以产生段落的嵌套效果，通常用于引用的文字。

(3) 悬挂缩进，将整个段落中除了首行外的所有行向右缩进，通常用于参考条目、词汇表项目、简历和项目及编号列表中。

(4) 反向缩进，指某行相对于其他行向左突出，这种情况用于比较特殊的场合。

关于设置段落的缩进，可以在输入段落前设置，也可以输入段落后，再对所选的段落进行格式设置。在Word 2003中分别可以使用【格式】工具栏、【段落】对话框、标尺进行设置。

1. 使用【格式】工具栏设置缩进

在【格式】工具栏中，为用户提供了"减少缩进量"按钮▉和"增加缩进量"按钮▉，它们用于增加或减少整个段落的缩进量。

将光标放置在需要修改段落的任意位置，单击"减少缩进量"按钮或"增加缩进量"按钮，可以使段落中的所有行减少或增加一个汉字的缩进量。

2. 使用【段落】对话框设置缩进

使用【段落】对话框可以对缩进距离进行精确的设置。在【段落】对话框的【缩进与间距】选项卡的 "缩进" 选项组中，提供了设置段落缩进的选项，如图 3-40 所示。

其中 "左" 和 "右" 微调框用于设置整个段落相对于左右页边距的距离。在微调框内输入相应的数值。或者单击微调框右侧的箭头都可进行设置。若输入的是正值，则文本在页边界以内；若输入的是负值，则文本在页边界以外。图 3-41 所示为左缩进为 "－3" 个字符、右缩进为 "3" 个字符的情况。

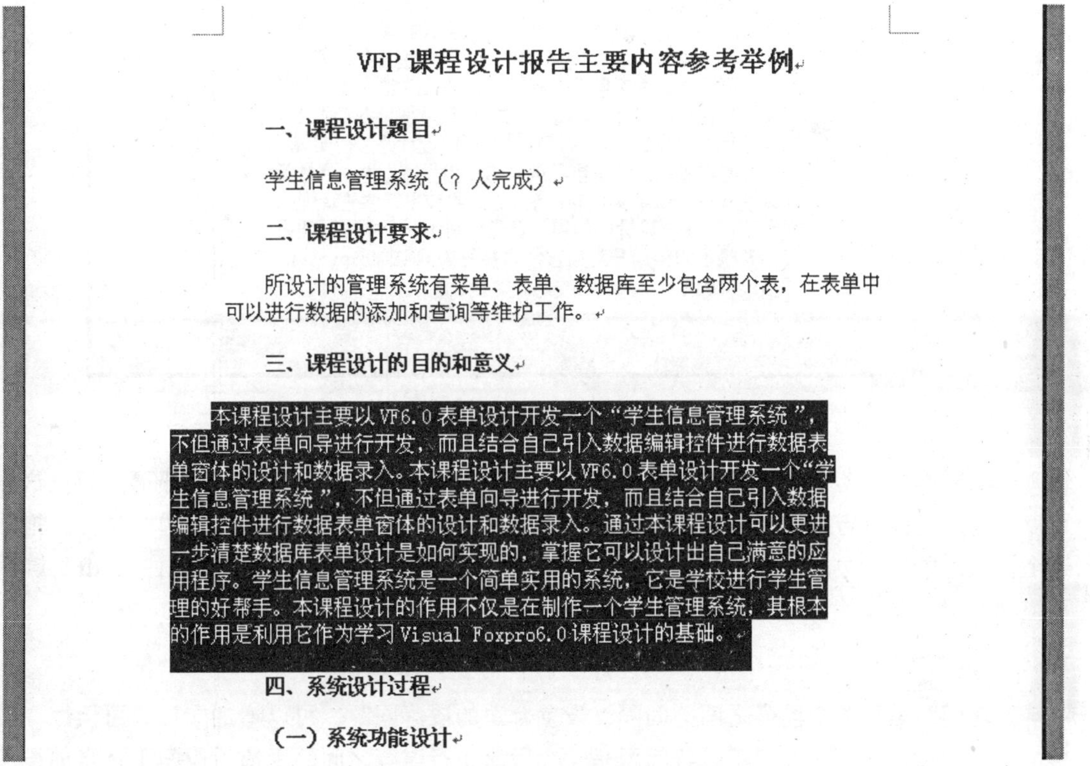

VFP 课程设计报告主要内容参考举例

一、课程设计题目

学生信息管理系统（？人完成）

二、课程设计要求

所设计的管理系统有菜单、表单、数据库至少包含两个表，在表单中可以进行数据的添加和查询等维护工作。

三、课程设计的目的和意义

本课程设计主要以 VF6.0 表单设计开发一个 "学生信息管理系统"，不但通过表单向导进行开发，而且结合自己引入数据编辑控件进行数据表单窗体的设计和数据录入。本课程设计主要以 VF6.0 表单设计开发一个 "学生信息管理系统"，不但通过表单向导进行开发，而且结合自己引入数据编辑控件进行数据表单窗体的设计和数据录入。通过本课程设计可以更进一步清楚数据库表单设计是如何实现的，掌握它可以设计出自己满意的应用程序。学生信息管理系统是一个简单实用的系统，它是学校进行学生管理的好帮手。本课程设计的作用不仅是在制作一个学生管理系统，其根本的作用是利用它作为学习 Visual Foxpro6.0 课程设计的基础。

四、系统设计过程

（一）系统功能设计

图 3-41 段落的左右缩进

另外，在 "特殊格式" 下拉列表中，可以进行 "（无）" "首行缩进" "悬挂缩进" 选择，如图 3-42 所示。如果选择了后两项之一，还可以在 "度量值" 微调框中对缩进的距离进行调整，度量值的单位既可以是字符，也可以是厘米。

3. 使用标尺进行缩进

在默认状态下，水平和垂直标尺都会出现在窗口中。使用标尺可以方便地进行首行缩进、左缩进、右缩进、悬挂缩进等设置，一般情况下，只要拖动水平标尺上的缩进标记，即可设置缩进，但如果文本是竖排，那么需要使用垂直标尺进行缩进调整。图 3-43 显示了利用水平标尺缩进标记缩进的效果。

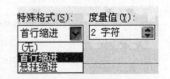

图 3-42 设置段落首行缩进 2 字符

这几个标记分别代表了段落不同部分的位置：首行缩进标记控制的是段落的第一行开始的位置。标尺中左缩进和悬挂缩进两个标记是不能分开的，但是拖动不同的标记会有不同的效果，拖动左缩进标记，可以看到首行缩进标记也在跟着移动，也就是说，悬挂缩进标记只影响段落中除第一行以外的其他行左边的开始位置，而左缩进标

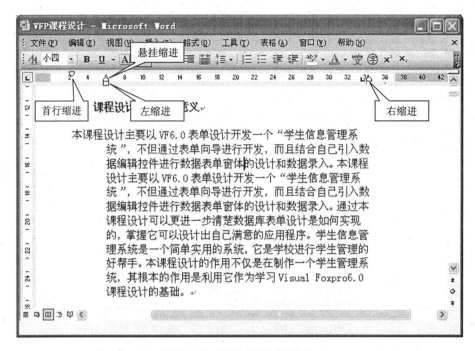

图 3-43　水平标尺控制缩进

记则影响到整个段落。如果要把整个段的左边右移，直接拖这个左缩进标记即可，而且这样可以保持段落的首行缩进或悬挂缩进的量不变。右缩进标记表示的是段落右边的位置，拖动这个标记，段落右边的位置发生了变化。如果需要比较精确地定位，可以按住"Alt"键后再拖动标记，这样就可以平滑地拖动了。

3.5.3　段落的间距

段落间距是指两个段落之间的间隔，设置合适的段落间距，可以增加文档的可读性。段落的间距包括行间距和段间距。行间距是一个段落中行与行之间的距离，段间距是当前段落与下一个段落或上一个段落之间的距离。行间距和段间距的大小直接影响整个版面的排版效果。

1. 设置行间距

在默认状态下，Word 2003 段落中的文本行之间采用的是单倍行距。用户可通过下列操作改变其段内的行间距。

首先，选中要设置行间距的段落。

然后，选择【格式】|【段落】命令，打开【段落】对话框，选择【缩进和间距】选项卡。在"间距"选项组中的"行距"下拉列表中选择需要的行间距，如图 3-44 所示。

(1) 单倍行距：将行距设置为该行最大字体的高度加上一小段额外间距。额外间距的大小取决于采用的字体。

(2) 1.5 倍行距：为单倍行距的 1.5 倍。

(3) 2 倍行距：为单倍行的 2 倍。

(4) 最小值：最小行距，同所在的行最大字体或图形相适应。

(5) 固定值：该选项使所有行的间距相等，其数值可在"设置值"微调框中自定义。

（6）多倍行距：行距是单倍行距的倍数，具体倍数由"设置值"微调框的值决定。

最后，单击【确定】按钮，设置完毕。

用户也可以单击【格式】工具栏上的"行距"按钮 旁的下拉三角，在列表中选择行距，或选择"其他"选项，打开【缩进和间距】选项卡进行行距的设置。

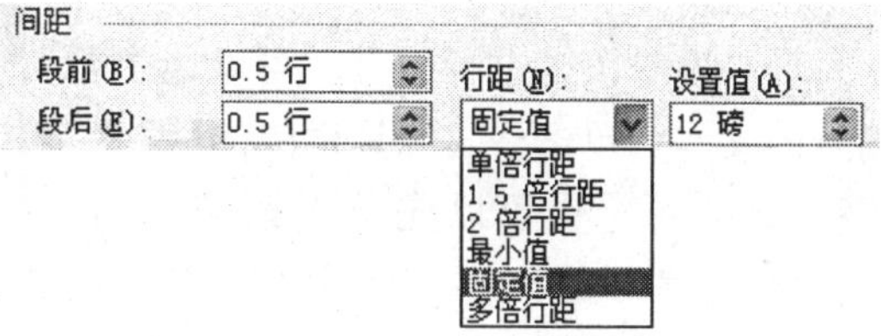

图 3-44　"间距"选项组

2. 设置段间距

改变段落间距可以通过下面的方法进行。

首先选定需要进行设置的段落或将光标放置在需要设置的段落内（所选段落可以是一个或多个）。

然后打开【段落】|【缩进和间距】选项卡，在"间距"选项组中分别提供了"段前"和"段后"两个微调框用来设置所需的段间距，微调框中数值的单位既可以是"行"也可以是"磅"，如图 3-44 所示。

最后单击【确定】按钮，即可应用设置。

3.5.4　项目符号和编号

在制作文档的过程中，经常需要各种列表来使文档更加有条理。Word 文档中的列表一般可以分为两种：一种是项目符号（无序列表），一种是编号（有序列表）。

1. 创建项目符号

文档中使用项目符号的作用是为了使列举论点、说明问题更清晰，采用下列方法可以创建项目符号：

单击【格式】工具栏中"项目符号"按钮 ，即可在该段落实现项目符号列表，并在按"Enter"键后下一段落自动实现项目符号列表。如果要取消项目符号列表，可按两次"Enter"键或按"BackSpace"键删去项目符号。

如果要对已经输入的文本进行项目符号列表，只需选中该文本，然后单击【格式】工具栏中"项目符号"按钮 ，即可添加最近使用过的项目符号，或当前默认的项目符号（黑色原点），若再次单击"项目符号"按钮 ，可以取消当前段落的项目符号。

如果对默认的项目符号（黑色原点）不满意，还可以改变项目符号的形式。单击【格式】|【项目符号和编号】命令，打开【项目符号和编号】对话框，然后选中相应的符号，单击【确定】按钮，即可添加其他形式的项目符号，如图 3-45 所示。

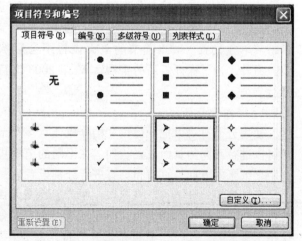

图 3-45　【项目符号和编号】对话框【项目符号】选项卡

2. 创建编号

在文档中使用编号主要是为了方便地表达段落之间的逻辑层次关系，采用下列方法可以创建编号。

如果要对段落进行编号，可以选中要编号的文本，单击格式工具栏中的"编号"按钮 ☰ 即可。也可以先单击该按钮后，再输入要编号的文字，然后按"Enter"键，在下一行段落开头就会出现相同形式、按顺序的编号列表。如果要取消自动编号，再次单击该按钮即可。

用户有时为了符合习惯，根据层次的不同，需要更改编号的形式，此时可以选择编号的段落，单击【格式】|【项目符号和编号】命令，并切换到如图 3-46 所示的【编号】选项卡，从中选择合适的编号方式，然后单击【确定】按钮。

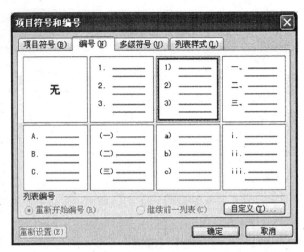

图 3-46　【项目符号和编号】对话框【编号】选项卡

Word 会把添加的项目符号和编号当做段落格式的一部分记录下来，不能把这些符号作为普通的字符进行诸如剪切、修改等操作，对它们的编辑只能在【项目符号和编号】对话框中或使用相应的快捷方式进行，而且这种编辑将影响所有进行编号的段落。另外，项目符号和编号还可以自定义，用户可根据自己的喜好和文档的风格选择项目符号和编号。

3.6　插入菜单的使用

Word 2003 的【插入】菜单是编辑和组织一篇图文并茂的文档的常用菜单之一。【插入】菜单的各项内容如图 3-47 所示，主要有插入分隔符、页码、符号、特殊符号、图片、艺术字等。插入菜单的使用是本章的重点内容之一。

3.6.1　插入分隔符

分隔符的主要应用是分页符和分节符。在处理格式复杂的长文档时，为了方便，可以把文档分成若干节，然后对每节单独设置，对当前节的页面设置不会影响到其他节。另外，为了保证版面的美观，Word 2003 支持对文档强行分页。

1. 插入分节符

使用分节符可以把一篇长文档分成任意多个节，每节都可以进行不同的页面设置。如：在不同的节中可以对页边距、纸张的方向、页眉和页脚进行分别设置。

节通常用"分节符"来标识，在普通视图方式下，分节符是两条水平平行的虚线，而在页面视图下，分节符默认是不显示的，这时如果想显示分节符，需要在【工具】|

图 3-47　Word 2003 的【插入】菜单

【选项】对话框的【视图】选项卡中进行设置。Word 会自动把当前节的页边距、页眉和页脚等被格式化了的信息保存在分节符中。

在文档中插入分节符，首先应把插入点定位到要创建新节的开始处，然后执行【插入】|

【分隔符】命令，弹出【分隔符】对话框，如图 3-48 所示，在"分节符类型"区域选择一种分节符类型。可选的分节符类型有下面几种。

图 3-48　【分隔符】对话框

（1）下一页：表示在当前插入点处插入一个分节符，新的一节从下一页开始。

（2）连续：表示在当前插入点处插入一个分节符，新的一节从下一行开始。

（3）偶数页：表示在当前插入点插入一个分节符，新的一节从偶数页开始。如果这个分节符已经在偶数页上，那么下面的奇数页是一个空页。

（4）奇数页：表示在当前插入点插入一个分节符，新的一节从奇数页开始。如果这个分节符已经在奇数页上，那么下面的偶数页是一个空页。

最后单击【确定】按钮，分节符就被插入到文档中。

2．插入分页符

当输入文本或其他对象满一页时，Word 会自动进行换页，并在文档中插入一个分页符，在普通视图方式下看到的是一条水平的虚线。而在有些情况下，需要对文档进行强行分页，此时就要手动插入一个分页符，在普通视图方式下，它也是以一条水平的虚线存在，并在中间标上"分页符"字样。

在页面视图方式下，Word 把分页符前后的内容分别放置在不同的页面中。另外，系统自动插入的分页符不能被人为地删除，而强行插入的分页符可以被任意删除。

要在文档中插入分页符，首先要将插入点定位在要插入分页符的位置；然后执行【插入】|【分隔符】命令，弹出【分隔符】对话框，在"分隔符类型"区域，选择"分页符"单选项；最后单击【确定】按钮即可。

3.6.2　插入页码

在 3.3.2 节页眉和页脚的设置中，已经介绍了文档中插入页码的简单方法，本节使用【插入】|【页码】命令，可以更进一步地设计插入页码的位置和格式。具体的设置步骤如下。

（1）单击【插入】|【页码】命令，出现如图 3-49 所示【页码】对话框。

（2）如图 3-50 所示，在对话框的"位置"列表中可以有以下几种选择。

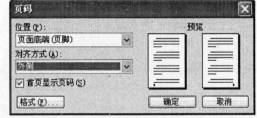

图 3-49　【页码】对话框

① 页面顶端（页眉）：页码显示在页眉中。

② 页面底端（页脚）：页码显示在页脚中。

③ 页面纵向中心：页码显示在页面纵向的中心位置。

④ 纵向内侧：奇数页页码显示在页眉之上，偶数页页码显示在页脚之下。

⑤ 纵向外侧：奇数页页码显示在页脚之下，偶数页页码显示在页眉之上。

（3）如图 3-51 所示，在对话框的"对齐方式"列表中，可以有以下几种选择。

① 左侧：奇偶页页码都在页面左侧显示。

② 右侧：奇偶页页码都在页面右侧显示。

③ 居中：奇偶页页码居中显示。

④ 内侧：奇数页页码在右侧显示，偶数页页码在左侧显示。

⑤ 外侧：奇数页页码在左侧显示，偶数页页码在右侧显示。

（4）在预览区域可以看到设置好的页码显示位置。另外，文档首页是否显示页码，可以由"首页显示页码"复选框决定，一般文档封面是不显示页码的。

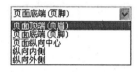

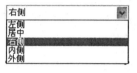

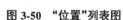

图 3-50 "位置"列表图　　　　　　　　　　　　图 3-51 "对齐方式"列表

（5）如果要更进一步设置页码的显示格式，可以在【页码】对话框中单击【格式】按钮。在出现如图 3-52 所示【页码格式】对话框中进行设置。

① 在"数字格式"下拉列表中可以选择一种页码数字格式，默认为阿拉伯数字"1，2，3，…"。

② 如果想在页码中包含章节号，选中"包含章节号"复选框，这时"章节起始样式"和"使用分隔符"下拉列表就会处于可用状态。

③ 如果文档章标题样式设置为"标题 1"，在"章节起始样式"中就选择"标题 1"，否则选择章标题的对应样式。

图 3-52 【页码格式】对话框

④ "使用分隔符"下拉列表中的选项决定了章标题和页码之间的间隔符号，默认为连字符"—"。

⑤ "页码编排"选项组决定了文档中页码的编排方式，可以按照节单独编页码，也可以"续前节"。

3.6.3　插入符号和特殊符号

在编辑文档过程中，有些符号无法通过键盘录入，这时候就需要使用【插入】菜单的【符号】和【特殊符号】命令进行字符的输入。

1．符号和特殊字符的插入

在文档中插入符号和特殊字符，首先将光标定位在要插入符号或特殊字符的位置。然后执行【插入】|【符号】命令，弹出【符号】对话框，如图 3-53 所示。在对话框中选择【符号】选项卡，在下拉列表框中选择一种字体，如果该字体有子集，则在"子集"下拉列表框中选择符号所在的"子集"。最后，在"字体"符号列表框中选中要插入的符号，单击【插入】按钮即可。当然也可在符号列表框中直接双击要插入的符号，将其插入到文档中。插入完毕，单击【关闭】按钮。

如果要在文档中插入特殊字符，在【符号】对话框中选择【特殊字符】选项卡，如图 3-54 所示。在字符列表框中选择要插入的字符，单击【插入】按钮，将选中的符号插入到文档中。插入完毕后，单击【关闭】按钮。

2．特殊符号的插入

在输入标点时，在键盘上存在的标点可以从键盘直接输入，但大部分标点在键盘上不存在。还有一些比较特殊的符号，无法使用键盘输入，例如，数学符号和单位符号等，可以使

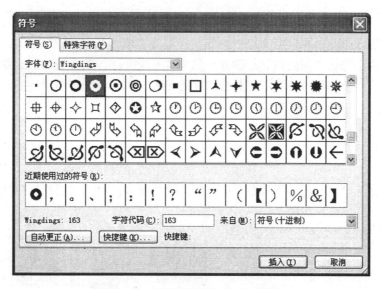

图 3-53　【符号】对话框【符号】选项卡

图 3-54　【符号】对话框【特殊字符】选项卡

用【插入特殊符号】来实现。

　　插入特殊符号和上面介绍的插入符号相类
似。首先，将光标定位在要插入特殊符号的位
置。然后，执行【插入】|【特殊符号】命令，弹
出【插入特殊符号】对话框，如图 3-55 所示，
在该对话框中选择一个选项卡，选择需要插入
的特殊符号，所选的符号在对话框右下角有放
大的预览。最后单击【确定】按钮。

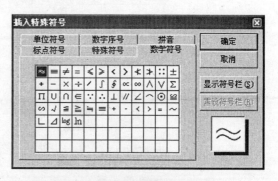

图 3-55　【插入特殊符号】对话框

3.6.4　插入和编辑图片

在文档中插入图片，可以使文档的内容更加丰富多彩，更具表现力。在 Word 2003 中，图片和图形是两个完全不同的概念。图片一般来自一个文件，或者是 Word 2003 自带的一个剪贴画，而图形指的是用户用绘图工具绘制成的元素。本小节介绍图片的插入和使用，关于图形的内容，将在 3.7 节详细介绍。

1. 插入剪贴画

Word 2003 提供的图片管理器功能十分强大，可以通过"剪贴画"任务窗格来打开图片剪辑库，从而在文档中插入图片。具体可以按照以下步骤操作。

首先，将光标定位于要插入剪贴画的位置，然后单击【插入】|【图片】|【剪贴画】命令。打开"剪贴画"任务窗格，如图 3-56(a)所示。

然后，在"搜索文字"文本框中输入所需图片的关键字，或在"搜索范围"下拉列表框设置搜索的范围，比如搜索范围设置为"地点"。在"结果类型"下拉列表框设置搜索结果的类型，"结果类型"的可选项有"剪贴画""照片""影片"和"声音"，比如，这里设置为"剪贴画"，设置过程如图 3-56(b)所示。

单击【搜索】按钮，将对以上两个组合条件进行搜索。当整个搜索结束后，所有符合搜索条件的剪贴画的缩略图都显示在"剪贴画"任务窗格中。

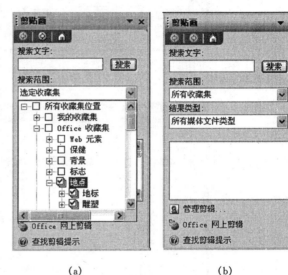

(a)　　　　　　(b)

图 3-56　【剪贴画】任务窗格

最后，将鼠标移到所需的图片缩略图上，会出现一个黄色背景的图片说明，并在缩略图右侧出现一个下拉箭头，直接单击该缩略图，或者单击缩略图右侧的下拉箭头，然后选择【插入】命令，即可插入剪贴画，如图 3-57 所示。

图 3-57　搜索并插入剪贴画

在 Word 中插入其他剪辑(如照片、影片、声音)的方法与上面叙述过程相同, 不再赘述。

2. 插入来自文件的图片

在多数情况下, Word 2003 自带的图片剪辑库并不能够完全满足文档编辑的需要, 文档中还可以插入以文件形式存储在计算机中的图片, 这些图片可以来自网络、扫描仪、数码相机等各种渠道。在文档中插入来自文件的图片非常简单, 可以参考下面的步骤。

首先, 将光标定位于要插入图形文件的位置。然后, 单击菜单栏的【插入】|【图片】|【来自文件】命令, 打开【插入图片】对话框, 如图 3-58 所示。为了看到图片的效果, 可以通过该对话框上的【视图】按钮选择以 "缩略图" 的形式显示图片。最后, 在该对话框中找到所需图片, 单击【插入】按钮, 即可完成图片的插入。

图 3-58 【插入图片】对话框

3. 编辑图片

在文档中插入图片或剪贴画后, 未必完全符合排版的需要, 用户可以对图片进行必要的编辑和修改, 以提高文档的质量。比如调整图片尺寸、亮度, 对图片进行裁剪, 设置图片版式等。图片的编辑可以通过图 3-59 所示【图片】工具栏来完成, 也可以通过【设置图片格式】对话框来完成。

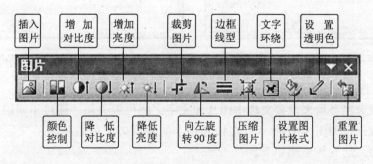

图 3-59 【图片】工具栏

在【设置图片格式】对话框中进行设置, 可以对图片进行精确的编辑。双击图片, 或者单

击【格式】|【图片】命令，可以打开【设置图片格式】对话框。该对话框中共有六个选项卡，其中，【颜色与线条】和【文本框】选项卡多在绘图时使用，而【网站】选项卡主要是为了给图片添加说明文字使用的。这里主要介绍其他三个选项卡的设置。

(1)【大小】选项卡。

【大小】选项卡主要用来调整图片的尺寸。如图 3-60 所示，"尺寸和旋转"选项区域的"高度"和"宽度"文本框内分别显示了图片的具体尺寸。若选中了"锁定纵横比"复选框，则图片的高度与宽度成比例缩放，如果改变了"高度"栏中的数值，"宽度"栏中的数值也会相应地按比例改变。若不选中该复选框，则可以分别设置图片的高度和宽度。

若选中了"相对于图片的原始尺寸"复选框，则缩放的比例是相对于原始图片的，否则缩放的尺寸是相对于当前图片的。对话框下部的"原始尺寸"区域中列出了图片的原始尺寸。如果对图片尺寸的调整不满意，需要恢复原始图片的尺寸，单击"重新设置"按钮，此时图片的"宽度"和"高度"恢复为原始图片的大小。

如果不必精确地设置图片的尺寸，还可以采用更简单的方法：单击图片的任意位置，以选中该图片。图片被选中后，在四周会出现八个控制点。移动鼠标到所选图片的某个控制点上。当鼠标指针变为双向箭头状时，拖动鼠标，可以改变图片的形状和大小，特别注意的是，在四个角的控制点上调整大小可以保证原始图片的纵横比例，使图片不变形。

另外，"旋转"微调框，在图 3-60 中是灰色的不可用状态，如果编辑图片的时候，先单击【图片】工具栏上的"旋转"按钮，再打开【设置图片格式】对话框，就会发现"旋转"微调框可用了，可以在这里精确地调整旋转角度。

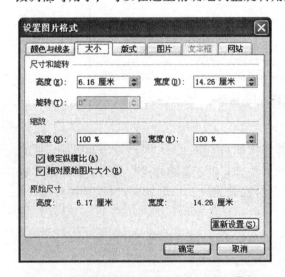

图 3-60　【设置图片格式】对话框【大小】选项卡

图 3-61　【设置图片格式】对话框【版式】选项卡

(2)【版式】选项卡。

【版式】选项卡主要用来设置文档中图片和文字之间位置关系。通过不同位置关系，来表现不同的版面效果。如图 3-61 所示，在该选项卡的环绕方式区域列出了文字和图片的位置关系主要有五种，这五种功能如下。

- 嵌入型：是图片的默认插入方式，把图片嵌入文本中，此时可将图片作为普通文字处理。

- 四周型：文本排列在图片的四周。把鼠标放到图片上，鼠标呈现指向四个方向的箭头状，按住鼠标左键不放，拖动鼠标可以把图片放到任何位置。

　　• 浮于文字上方：图片浮在文本上方，被图片覆盖的文字是不可视的，用鼠标拖动图片可以把图片放在任意位置。

　　• 衬于文字下方：图片衬于文本的底部，把鼠标放在文本空白处，显示图片的地方也可拖动鼠标移动图片位置。

　　• 紧密型：和四周型类似。若图片的边界是不规则的，则文字会紧密地排列在图片的周围，这种情况下使用四周型，则文字会按照一个规则的矩形边界排列在图片的四周。

　　若在"环绕方式"中选择了除"嵌入型"以外的任一个类型，则"水平对齐方式"选项组的内容处于可选状态，在这里可以设置图片在文档中的对齐方式。

　　单击该选项卡中的【高级】按钮，弹出【高级版式】对话框如图 3-62 所示。可以通过【图片位置】和【文字环绕】两个选项卡对图片的版式进行更多的设置。值得一提的是，通过【文字环绕】选项卡的"环绕文字"选项组，可以设定文字相对于图片的分布。

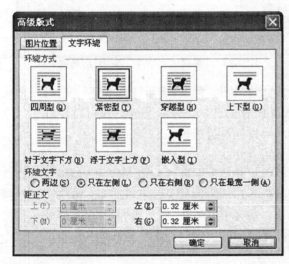

图 3-62　【高级版式】对话框　　　　图 3-63　【设置图片格式】对话框【图片】选项卡

　　(3)【图片】选项卡。

　　【图片】选项卡主要用来对图片进行裁剪以及控制图像的颜色、亮度、对比度。如图 3-63 所示，裁剪区域的上、下、左、右四个微调框中数值决定了图片四个方向裁剪的宽度。"图像控制"区域的颜色下拉列表和【图片】工具栏上的 ▦ 按钮功能相同，用来设置图片的灰度、黑白、冲蚀效果。"亮度"和"对比度"滚动条以及后面的微调框，与【图片】工具栏上的 ◐◑ 按钮以及 ◑◐ 按钮功能相同，用来调整图片的亮度和对比度。

　　单击右下角的【重新设置】按钮，此时图片恢复为原始状态。

3.6.5　插入和编辑艺术字

　　在编辑文档时，为了使标题更加突出，可以使用具有一定艺术效果的文字来书写，Word 2003 提供了插入、编辑艺术字的功能，用户可以发挥自己的创造力来构建各种效果的艺术字。

　　1. 插入艺术字

　　在文档中插入艺术字，首先，把插入点定位到要插入艺术字的位置。然后，单击【绘图】

工具栏中的【插入艺术字】按钮，当然，也可以执行【插入】|【图片】|【艺术字】命令，弹出【艺术字库】对话框，如图 3-64 所示。

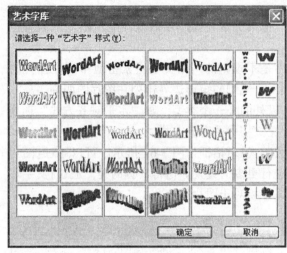

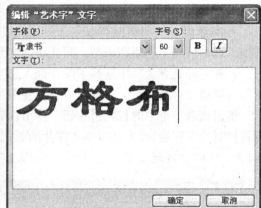

图 3-64 【艺术字库】对话框　　　　　　图 3-65 【编辑"艺术字"文字】对话框

在该对话框中选择一种艺术字样式，单击【确定】按钮，弹出【编辑"艺术字"文字】对话框，如图 3-65 所示。在"文字"文本框中输入要编辑的艺术文字。另外，还可以设置艺术文字的字体、字号、加粗和斜体等属性。最后，单击【确定】按钮。

2．编辑艺术字

插入艺术字后，如果发现插入的艺术字和要求相差甚远，可以对艺术字进行编辑，使其达到预期效果。对艺术字的编辑主要是线条和颜色及形状的调整，既可以使用艺术字工具栏进行编辑，执行【视图】|【工具栏】|【艺术字】命令，弹出【艺术字】工具栏如图 3-66 所示，也可在艺术字上单击右键，在弹出的快捷菜单上选择"设置艺术字格式"命令进行编辑。

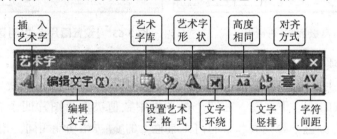

图 3-66 【艺术字】工具栏

（1）填充颜色和线条。

用户可以对艺术字的填充效果及线条进行设置。现以制造一种"方格布料"效果的艺术字为例，介绍设置艺术字颜色和线条的操作步骤。

首先，按照前面介绍的方法，在文档中插入内容为"方格布"的艺术字，并单击它，将其选中。然后，在艺术字工具栏上单击【设置艺术字格式】按钮，或在艺术字上单击右键，在弹出的快捷菜单中，选择【设置艺术字格式】命令，弹出【设置艺术字格式】对话框。在对话框中选择【颜色和线条】选项卡。在"填充"区域单击"颜色"文本框中的下拉箭头，如图 3-67 所示，选择【填充效果】选项，在弹出的【填充效果】对话框中选择"大棋盘"填充图案，如图 3-68 所示。单击【确定】返回【颜色和线条】选项卡对话框。

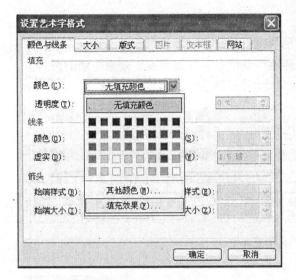
图 3-67　【设置艺术字格式】对话框

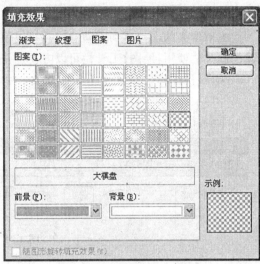
图 3-68　【填充效果】对话框

在"线条"区域的"颜色"下拉列表框中选择"蓝色","虚实"下拉列表框中选择"实线","粗细"下拉列表框设为 1.5 磅。

最后，单击【确定】按钮，可以看到设计好的艺术字效果如图 3-69 所示。

图 3-69　"方格布"艺术效果

(2) 调整艺术字形状。

艺术字进行旋转、改变形状的操作方法和图片的编辑相似。在文档中可以为艺术字设置不同的形状，达到一些特殊的效果，单击【艺术字】工具栏的【艺术字形状】按钮，弹出"艺术字形状"列表，在列表中可选择需要的艺术字形状，如图 3-70 所示，使用"细旋钮形"，可以制造出印章的效果。

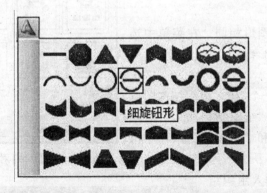

图 3-70　艺术字形状列表及"印章"艺术效果图

3.7　绘图工具使用

使用【绘图】工具栏可以在文档中绘制包括基本图形和自选图形在内的各种图形。还可以方便地绘制组织结构图，并可以为绘制的图形填充颜色或制作阴影等效果。本节详细介绍绘图工具栏的使用方法。

3.7.1　绘制图形

当对别人的图片感到不满意时，可以使用【绘图】工具栏中提供的绘图工具，在文档中创建的图片。使用【绘图】工具栏可以方便、快速地绘制出各种外观专业、效果生动的图形。

执行【视图】|【工具栏】|【绘图】命令，弹出【绘图】工具栏，如图 3-71 所示。

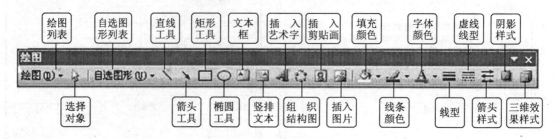

图 3-71　绘图工具栏

1. 绘制基本图形

使用【绘图】工具栏中的"直线""箭头""矩形"和"椭圆"按钮，可以绘制出这四种基本图形。单击按钮后，文档中出现"在此处创建图形"的绘图画布，在需要绘制图形的开始位置单击左键并拖动到结束位置，松开鼠标左键即可绘制出所选的基本图形。

在文档中若需要绘制对称图形，可以在拖动鼠标绘制同时按住"Shift"键。例如，在绘制矩形时，若按住"Shift"键，则绘制出的是正方形。

2. 绘制自选图形

单击【绘图】工具栏中的【自选图形】按钮，可以在弹出的菜单中选择包括"线条""连接符""基本形状""箭头总汇""流程图""星与旗帜"和"标注"在内的多种自选图形，如图3-72所示。

图 3-72　自选图形列表

绘制自选图形的方法和绘制基本图形相同，在菜单中选择一种自选图形，然后拖动鼠标绘制出合适大小的图形。

3. 绘制组织结构图

在 Word 2003 的【绘图】工具栏有一个"插入组织结构图或其他图示"按钮，可以轻松地绘制"组织结构图""循环图""射线图""棱锥图""维恩图"和"目标图"六种结构图，其中最常用的是"组织结构图"。

首先，单击【绘图】工具栏中的"插入组织结构图或其他图示"按钮，弹出【图示库】对话框，如图 3-73 所示。

图 3-73　【图示库】对话框

图 3-74　【组织结构图】工具栏

然后，选择【图示库】对话框中的"组织结构图"图标，单击【确定】按钮，在文档中出现了一个有四个节点的原始组织结构图，并弹出【组织结构图】工具栏，如图 3-74 所示。

如图 3-75 所示，图中的小方框被称为节点，只要用鼠标单击节点，即可在其中编辑文字并设置文字的各种格式。如果需要添加节点，选定一个节点后，再单击【插入形状】按钮，在弹出的子菜单中选择"同事""下属"或"助手"。其中"同事"为该节点的兄弟节点，"下属"为该节点的子节点，"助手"为在该节点和它的子节点之间的节点。这样就编辑好了基本的组织结构图，如果要进一步进行美化设计，可参考下列操作。

（1）单击【版式】按钮，在弹出的菜单中可以改变结构图的版式。如可以调整各节点的显示方式，包括"标准""两边悬挂""左悬挂"和"右悬挂"等。

（2）单击【选择】按钮，可以在弹出的菜单中快速地选择节点或连接线。其中的"级别"命令选择所有当前选定节点的同级节点；"分支"命令选择当前选定节点和所有从它分支出来的节点；"所有助手"选定结构图中所有的助手节点；"所有连接线"选择结构图中所有的连接线。

（3）单击【自动套用格式】按钮，弹出【组织结构图样式库】对话框，在其中可以选择一种定制好的格式。

（4）单击【文字环绕】按钮，可以设置图片的图文混排属性。

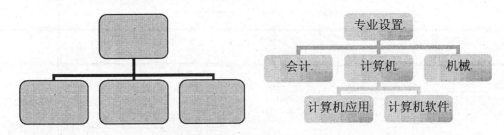

图 3-75 美化设计前后的组织结构图

3.7.2 编辑图形

编辑自己绘制的图形可以使它的实用性更强，外观更具吸引力。可以对它进行改变大小、设置版式、组合、添加文字等操作。

在编辑图形时，必须先选定图形。如果要选定一个图形，用鼠标左键单击图形即可。选定多个图形时，可以首先按住"Shift"或"Ctrl"键，然后用鼠标分别单击各个图形。还可以使用【绘图】工具栏中的【选择对象】按钮，单击该按钮，鼠标指针变为箭头状，在拖动箭头状的鼠标时，会出现一个虚线方框，当松开鼠标时，被虚线框圈住的图形都被选中。下面以月亮的绘制图形为例，来编辑和美化图形。

1．调整图形

如果对绘制出来的图形不满意，可以对图形进行调整，主要是对图形的形状、大小和旋转方向的调整。

在选中一个图形后，在图形四周会出现 8 个尺寸控制柄，把鼠标指针移动到图形对象的某个控制柄上，然后拖动图形控制柄改变大小。要按照长宽比例改变图形大小时，可以在按住"Shift"键的同时拖动控制柄；要以图形对象中心为基点进行缩放，可以在按住"Ctrl"键的同时拖动控制柄。

有时在选中图形后，可以发现在图形上会出现一个绿色的小控制柄，当把鼠标移到该控制柄上时，鼠标变为 ⬡ 状，此时按住鼠标左键不放，鼠标变为 ✥ 状，拖动鼠标可以将图形旋转。对于某些图形，在选中时在图形的周围会出现一个或多个黄色的菱形块，用鼠标拖动这样的菱形块，可将图形改变成为各种各样的形状，如图 3-76 变化中的月亮，就是通过旋转和改变形状控制块完成的。

2．在图形中添加文字

在各类自选图形中，除了直线、箭头等线条图形外，其他所有图形都允许向其中添加文字。有的自选图形在绘制好后，可以直接添加文字，如绘制的标注和前面介绍的组织结构图。有些图形在绘制好后，则不能直接添加文字，可以在图形上单击右键，在弹出的快捷菜单中选择"添加

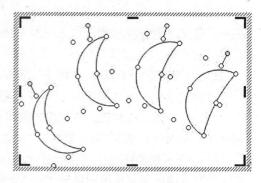

图 3-76　控制旋转和改变形状

文字"命令，如图 3-77 所示，会发现在图形的外部出现一个方框，在图形的中间会出现闪烁的插入点，此时在插入点处就可以编辑文字了。对于图形中的文字，也可以和正常文本一样，进行字体格式和段落格式的设置，还可以进行复制、粘贴等相关操作。

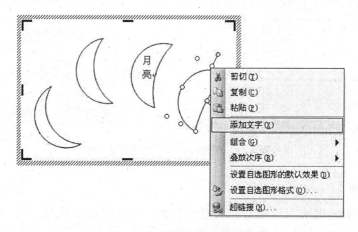

图 3-77　在图形中添加文字

3．图形填充颜色和效果

采用下面的方法可以为绘制的图形对象填充各种颜色和图案、纹理等效果。

选定需要进行填充的图形对象。如果只需要填充颜色，单击【绘图】工具栏中的【填充颜色】按钮，在弹出的颜色列表中直接选择需要填充的颜色，图 3-78 所示为填充了颜色后的效果；若需要图形为透明状态，则选择【填充颜色】菜单中的【无填充颜色】选项；若要填充纹理、图案、图片等效果，选择【填充颜色】菜单中的【填充效果】选项，在弹出的【填充效果】对话框中设置填充效果。

图 3-78　在图形中填充颜色

4．线条颜色和线型

采用下面的方法可以为绘制的图形对象设置线条颜色和线型。

选定需要进行设置的图形对象，单击【绘图】工具栏上的【线条颜色】按钮，在弹出的颜色列表中可以选择图形的线条颜色；单击【线形】按钮，在弹出的线型列表中可以设置线条的粗

细属性；单击【虚线线型】按钮，在弹出的列表中可以设置虚线的属性；单击【箭头样式】按钮，在弹出的列表中可以设置箭头样式。图 3-79 所示是设置了 4.5 磅黑色线条边框后的效果。

图 3-79　在图形中添加线型颜色

5. 组合图形

组合图形是指把绘制的多个图形对象组合在一起，同时当做一个整体使用，如一起进行翻转、调整大小和改变填充颜色等。

选中多个图形，在选中图形的任意位置上单击右键，弹出的快捷菜单上可以看到【组合】【取消组合】和【重新组合】命令。如果所选图形已组合过，那么【组合】命令将呈灰色，不可用。【取消组合】命令可用。没有组合的图形【组合】命令可用。单击【组合】命令，原来的几个图形被组合成为一个整体，如图3-80 所示。

把多个图形组合在一起后，如果还要对某个图形单独作修改，可以取消组合。在快捷菜单中选择【取消组合】命令即可。

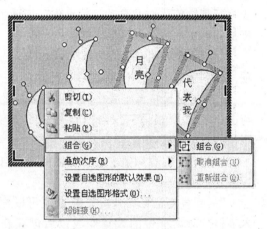

图 3-80　图形的组合过程

3.8　表格的使用

表格是一种简明、概要的表达方式，是文档中的一个重要组成部分，使用表格说明某些问题时，结构更严谨、效果更直观，能够表达一些文本所不能充分表达的信息。Word 2003 提供了强大、便捷的表格制作和编辑功能，可快速创建表格，方便地修改表格内容、移动表格位置或调整表格大小。在表格中可以输入文字、数据、图形，甚至进行公式计算。本节将介绍这些内容。表格的创建、编辑与调整是本章的重点内容。

3.8.1　创建表格

表格是由行和列组成的，行和列交叉的空间称为单元格。每一个单元格都可包含自己的内容。Word 提供了多种创建表格的方法，如使用"插入表格"按钮、【插入表格】命令或手工绘制表格等。

1. 利用工具栏按钮创建表格

创建表格最简单快速的方法就是使用【常用】工具栏中的"插入表格"按钮，但不能设置自动套用格式和表格列宽，需要在创建后重新调整。

首先，把插入点移动到插入表格的位置。然后单击【常用】工具栏中"插入表格"按钮，弹出网格。按住鼠标左键沿网格左上角向右拖动指定表格的列数，向下拖动指定表格的行数。如图 3-81 所示，指定插入 2 行 3 列的表格。松开鼠标，在光标插入点处出现 2 行 3 列的表格。

图 3-81　使用工具按钮插入表格

2. 利用菜单命令创建表格

用"插入表格"按钮创建行数或列数较少的表格很方便，表格行数或列数较多时，最好使用【表格】|【插入】|【表格】命令创建表格。采用这种方法创建表格的同时，还可以设置表格的列宽。

首先，把插入点移动到要插入表格的位置。然后执行【表格】|【插入】|【表格】命令，弹出【插入表格】对话框，如图 3-82 所示。

在"列数"文本框中选择或输入表格的列数值，在"行数"文本框中选择或输入行数值，设置表格行列数值。在"自动调整操作"区域中可以选择操作如下内容。

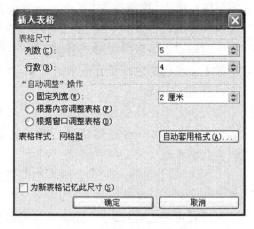

图 3-82 【插入表格】对话框

(1) 固定列宽：可以在数值框中输入或选择列的宽度。也可以使用默认的"自动"选项，让列宽等于正文区宽度除以列数。

(2) 根据窗口调整表格：可以使表格的宽度与窗口的宽度相适应，当窗口的宽度改变时，表格的宽度也跟随变化。

(3) 根据内容调整表格：可以使列宽自动适应在每一列中输入的内容。

"为新表格记忆此尺寸"复选框可以把"插入表格"对话框中的设置变成以后创建新表格时的默认值。

另外，如果要给表格自动套用格式，那么单击【自动套用格式】按钮，弹出【表格自动套用格式】对话框，如图 3-83 所示。在对话框的"表格样式"列表框中选择专业型，单击【确定】按钮，返回到插入表格对话框。最后，单击【确定】按钮，文档中出现所创建的专业型表格。

3. 手工绘制表格

Word 提供了用鼠标绘制任意不规则的自由表格的强大功能，利用【表格和边框】工具栏上的按钮，可以灵活、方便地绘制或修改表格，

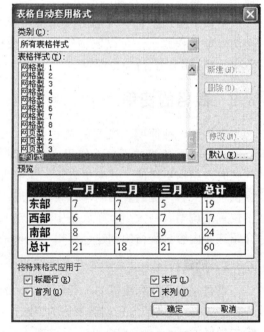

图 3-83 【表格自动套用格式】对话框

它适用于不规则表格的创建和带有斜线表头的复杂表格的创建。

创建任意不规则的自由表格的操作步骤如下。

单击【常用】工具栏中的"表格和边框"按钮，或者【表格】|【绘制表格】命令弹出【表格和边框】工具栏，如图 3-84 所示。

单击【表格和边框】工具栏中的【绘制表格】按钮，使之呈现按下状态。在文档窗口内移动鼠标到要绘制表格的位置，此时鼠标指针变成铅笔形状。按住鼠标左键不放拖动鼠标，在整个文档中画出一个矩形区域，到达所需要设定表格大小的地方时，松开鼠标，即可形成整个表格的外部轮廓。

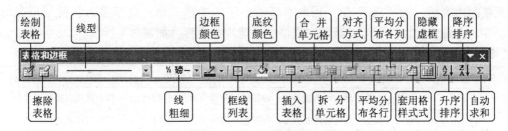

图 3-84　【表格和边框】工具栏

在形成表格外部轮廓的基础上，可以具体地划分表格内部的单元格。按住左键拖动鼠标，在表格中形成一条从左到右，或者从上到下的虚线，松开鼠标左键，形成一条表格中的划分线。按照这样的方法继续下去，就可以最终得到一个完整的表格。在绘制表格的时候，也可以绘制斜线，但这样的斜线必须是某个单元格的对角线，如图 3-85 所示。

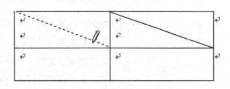

图 3-85　手动绘制带斜线的表格

有些时候可能要在表头单元格内绘制多条斜线，如绘制课程表的表头。这时可以使用【表格】|【绘制斜线表头】命令来完成设置。首先，将光标停留在要绘制表头的表格内。然后，点击该命令，弹出【插入斜线表头】对话框，如图 3-86 所示。在"表头样式"列表框中选择一种样式，样式的具体状态可在"预览"框内看到，绘制课程表的表头可以选择样式二。最后，在该对话框右侧分别填入"行标题""数据标题"和"列标题"，单击【确定】按钮，关闭该对话框，就得到了如图 3-87 所示的表头结果。

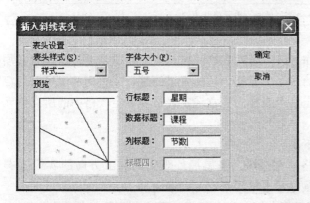

图 3-86　【插入斜线表头】对话框

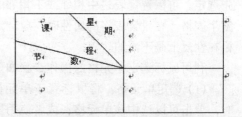

图 3-87　使用"插入斜线表头"样式二绘制的表格

在绘制表格的过程中，还可使用【表格和边框】工具栏中的【擦除】按钮擦除所绘制的线条。单击该按钮，鼠标指针变成橡皮状 ⌫。按住鼠标左键并拖动经过要删除的线，就可以删除表格的框线。

3.8.2　表格的基本编辑操作

文档编辑的基本操作方法一般均可用到表格中。但由于表格具有一些自己独特的性质，所以要想自如地对表格进行编辑，还应进一步掌握表格中光标的移动、选定等基本操作。

1. 表格中光标的移动

在单元格中单击即可将插入点定位在单元格中，然后可以在表格中输入数据。输完一个单元格的内容后,按"Tab"键,插入点移动到下一个单元格,继续输入。使用键盘的上、下、左、右键和快捷键也可以帮助在表格中快速定位光标,如表 3-1 所示。

表 3-1　　　　　　　　　　　　　利用键盘快速定位光标

按　键	功　　　　能
↑	若插入点位于单元格内顶行上,按该键可将插入点移到同列的上一格中或从表格顶行移出表格
↓	若插入点位于单元格内底行上,按该键可将插入点移到同列的下一格中或从表格底行移出表格
←	若插入点位于单元格正文或图形的开头,按该键可将插入点移到同行的左一格;若在该行第一格,按该键可将插入点移到上一行末尾或从表格顶行移出表格
→	若插入点位于单元格正文或图形的末尾,按该键可将插入点移到同行的右一格;若在该行末尾一格,按该键可将插入点移到下一行开头或从表格底行移出表格
Tab	按该键可选定下一格中内容。在行末尾按该键可选定下一行的第一个单元格内容;在末尾一行末尾一格按该键,可在表格底部加一新行
Shift + Tab	选定前一格内容,功能和 Tab 键相反
Ctrl + ↑	移动到本单元格的开头或前一个单元格的开头(插入点位于单元格开头时)。若插入点位于一行中的第一个单元格时,则移动到上一行结束标记的右边;再次按该组合键,则移动到该行的最后一个单元格开头
Ctrl + ↓	移动到下一个单元格的开头。若插入点位于一行中的最后一个单元格时,则移动到该行结束标记的右边;再次按该组合键,则移动到下一行的第一个单元格开头
Alt + Home	按组合键可将插入点移动到当前行第一个单元格开头处
Alt + End	按该组合键可将插入点移动到当前行最后一个单元格开头处
Alt + Pg Up	按该组合键可将插入点移动到当前列最顶行第一个单元格开头处
Alt + Pg Dn	按该组合键可将插入点移动到当前列最底行单元格开头处

2. 表格的选定及表格内容的选定

选定单元格是表格编辑的最基本操作之一。要对表格的单元格、行或列进行操作时必须先选定。可以选定表格中相邻或不相邻的多个单元格,选择表格的整行或整列,也可以选定整个表格。在设置表格的属性时,应选定整个表格,注意选定表格和选定表格中的所有单元格在性质上是不同的。

利用鼠标选定单元格的操作步骤如下。

(1) 选定单元格:将鼠标置于单元格的左边缘,当鼠标外观变为右上方向的实箭头 ↗ 时,单击可以选中该单元格;或者使用鼠标三击单元格也可以选定。

(2) 选定多个单元格:在表格中按下鼠标左键并拖动鼠标,可以选择多个连续的单元格。

(3) 选定行:将鼠标置于一行的左边缘,当鼠标变成箭头状 ↗ 时,单击可以选择该行。

(4) 选定列:将鼠标置于一列的上边缘,当鼠标外观变为向下的黑色实心箭头 ↓ 时,单击可以选择该列。

(5) 选定多行/列:先选定一行/列,按住"Shift"键,单击另外一行/列,可选中两行/列之间的所有行/列。

(6) 选定整个表格:将光标置于表格中的任意位置,当表格左上角出现十字标志 ⊞ 时,用鼠标单击,可选择整个表格。

使用菜单也可以进行上述操作,将光标置于要选定的表格、单元格、行或列中,执行【表格】|【选择】下的"表格""单元格""行""列"即可。

3. 插入单元格、行或列

在表格中可以插入单元格、行或列，甚至可以在表格中插入表格。在表格中插入单元格、行或列，应首先确定插入位置，将光标停留在插入点，或者选中某个单元格。具体操作步骤如下。

执行【表格】|【插入】命令，弹出子菜单，如图 3-88 所示。

选择"列(在左侧)"，在插入点所在列的左侧插入一列；选择"列(在右侧)"，在插入点所在列的右侧插入一列。

选择"行(在上方)"，在插入点所在行的上方插入一行；选择"行(在下方)"，在插入点所在行的下方插入一行。

选择"单元格"命令，弹出【插入单元格】对话框，如图 3-89 所示。各单选按钮的功能如下。

(1) 活动单元格右移：可以在选定单元格的位置插入新单元格，原单元格向右移动。

(2) 活动单元格下移：可以在选定单元格的位置插入新单元格，原单元格向下移动。

(3) 整行插入：可以在选定单元格的位置插入新行，原单元格所在的行下移。

(4) 整列插入：可以在选定单元格的位置插入新列，原单元格所在的列右移。

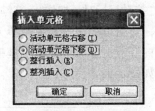

图 3-88　表格下的插入子菜单　　　　　图 3-89　插入单元格对话框

在插入之前，也可以选中多个连续单元格，这样最终插入的行数、列数或者单元格数，就由原来选中的单元格行数、列数或者单元格数决定。

4. 删除单元格、行或列

如果在插入表格时，对表格的行或列控制不好，出现多余的行或列，可以根据需要进行删除。删除单元格、行或列的方法与插入时正相反，执行的是【表格】|【删除】命令。值得注意的是，在删除单元格、行或列时，单元格、行或列中的内容也将同时被删除。

另外，插入和删除单元格、行或列也可以通过在表格上单击右键执行快捷菜单中的命令来完成。

3.8.3　表格的调整

采用前面提到的方法制作出来的表格都是比较简单的，不一定符合实际的需要。本小节介绍的内容，将使表格更实用。

1. 调整表格的行高和列宽

编辑表格的一个重要方面是更改列的宽度或行的高度，以适应放在单元格中的信息。改变行高和列宽的工作可以用鼠标来完成，也可以在表格属性对话框中为列的宽度和行的高度输入一个实际的数值。

使用鼠标改变行高的方法很简单，将鼠标指针移到要调整行高的行边框线上，当出现一个改变大小的行尺寸工具 ÷ 时，按住鼠标左键拖动鼠标。此时出现一条水平的虚线，显示行改变后的大小，如图 3-90 所示。移到合适位置释放鼠标，行的高度被改变。这种方法在改变当前行高的同时，整个表格的高度也随之改变。

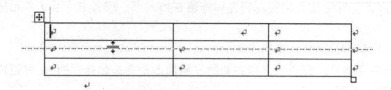

图 3-90　鼠标拖动改变行高

改变列宽的方法和改变行高的方法类似，将鼠标指针移到要调整列宽的列边框线上，当出现一个改变大小的列尺寸工具 ◀▌▶ 时，按住鼠标左键拖动鼠标，此时出现一条垂直的虚线，显示列宽改变后的大小。在拖动鼠标时，可以采取不同的方法改变列宽。

（1）在拖动鼠标时，不按其他任何键，可以改变相邻两个列的大小，而且两个列的总宽度不变，整个表格的大小也不变动。

（2）在拖动鼠标时，按住 "Shift" 键，将会改变边框左侧一列的宽度，其他各列的宽度不变，整个表格的宽度将发生变化。

（3）在拖动鼠标时，按住"Ctrl"键，则边框右侧的各列宽度发生均匀变化，整个表格宽度不变。

另外，还可以单独调整某个单元格的宽度。首先选定该单元格，然后将鼠标移动到该单元格右侧的竖线上，按下鼠标左键拖动，松开鼠标后可以发现，只有被选中单元格的列宽被改变了，如图 3-91 所示。

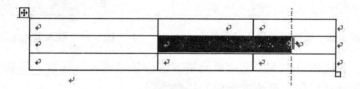

图 3-91　只改变某个单元格的宽度

除了可以用鼠标改变行高和列宽之外，还可以使用菜单命令对表格的行高和列宽进行精确的设置，使用菜单命令调整行高和列宽的方法相似。

这里以调整行高进行说明。首先，将插入点移动到要改变行高的单元格中，当然，也可以选定一行或者多行。然后，执行【表格】|【表格属性】命令，弹出【表格属性】对话框。在对话框中选择【行】选项卡，如图 3-92 所示。选中 "指定高度" 复选框，输入设置的行高度，在 "行高值是" 下拉框中选择 "最小值" 或者 "固定值"。如果选择 "最小值"，输入的行高度将作为该行的默认高度；如果在该行中输入的内容超过了行高，Word 会自动加大行高，以适应内容。如果

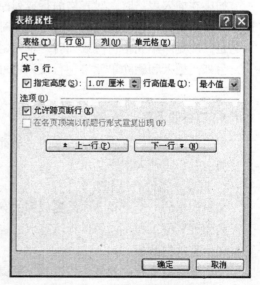

图 3-92　【表格属性】对话框

选择了"固定值",则输入的行高度不会改变;如果内容超过了行高,将不能完整地显示。另外,单击【上一行】或者【下一行】按钮,可以设置其他行的高度。所有内容调整好后,单击【确定】按钮。

2. 调整表格的大小

如果要对整个表格的大小进行调整,可以使用鼠标进行整体缩放。当把鼠标移至表格的右下角时,鼠标会变成↖状,此时拖动鼠标可以调整表格的大小。调整后表格的行高和列宽将被等比缩放,如图 3-93 所示。

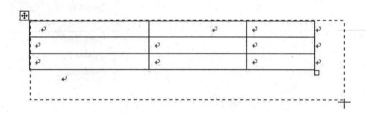

图 3-93 鼠标拖拽调整表格大小

3. 表格自动调整

可以使用表格的自动调整功能来调整表格,选择【表格】|【自动调整】命令,弹出子菜单,如图 3-94 所示,在子菜单中可以设置表格的自动调整功能。

(1) 选择"根据内容调整表格",则表格中的列宽会根据表格中内容的宽度改变。

(2) 选择"根据窗口调整表格",则表格的宽度自动变为页面的宽度。

(3) 选择"固定列宽",则列宽不变,如果内容的宽度超过了列宽,会自动换行。

图 3-94 表格的自动调整

(4) 选中要设置等行高的各行,选择"平均分布各行",则所选的各行变为相等行高。

(5) 选中要设置等列宽的各列,选择"平均分布各列",则所选的各列变为相等列宽。

4. 合并、拆分单元格

合并单元格就是把几个单元格合并成一个大的单元格,可以使用【表格和边框】工具栏中的"擦除"按钮,擦去相邻单元格的边线,将单元格合并,也可以使用【合并单元格】命令,将选中的单元格合并。拆分单元格就是将选中的单元格拆分成多个小的单元格,可以用【表格和边框】工具栏中的"绘制表格"按钮,在单元格中画出边线,将单元格拆分,也可使用【拆分单元格】命令,对单元格进行具体的拆分。

在合并多个单元格时,使用绘制表格工具比较麻烦,可以使用【合并单元格】命令来合并多个单元格。首先,选定要被合并的单元格,然后,执行【表格】|【合并单元格】命令。当然,也可以使用快捷菜单上的相应命令,如图 3-95 所示。这样选中的单元格被合并成一个单元格。

同样,在拆分单元格时,如果情况比较复杂,可以使用【拆分单元格】命令,对要拆分的单元格进行详细的设置。首先选中要拆分的单元格(可以是多个单元格),然后执行【表格】|【拆分单元格】命令,弹出【拆分单元格】对话框,在"列数"文本框中输入要拆分的列数;在

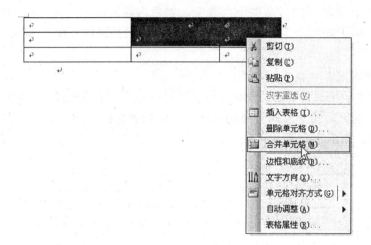

图 3-95　合并单元格

"行数"文本框中输入要拆分的行数。在拆分单元格时，如果选中
的是多个单元格，可在【拆分单元格】对话框中选择"拆分前合并
单元格"复选框，如图 3-96 所示。最后单击【确定】按钮，完成拆
分单元格的操作。

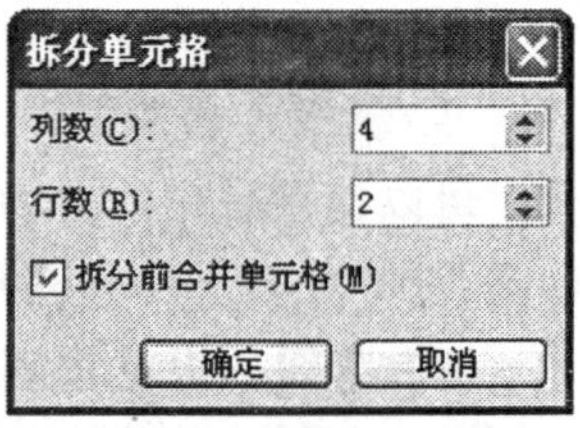

3.8.4　表格的排序和计算

在使用 Word 制作表格时，有时数据量较大，为了方便查看，
需要进行按列排序；有时需要对表格中的数据进行统计。Word
2003 的表格提供了类似于 Excel 的排序和计算功能。

图 3-96　拆分单元格

1. 表格的排序

Word 2003 可以使用【表格和边框】工具栏上的"升序排列"按钮 ⬆️、"降序排列"按钮
⬇️ 对表格的列进行简单的排序。首先将光标定位到表格中欲排序的列上，然后单击"升序"
按钮，可使光标所在行按升序排列，单击"降序"按钮，可使光标所在行按降序排列。另
外，使用表格菜单中的【排序】命令对表格进行复杂的排序，排序的关键字数最多可以达到三
个。首先将插入点置于要进行排序的表格中。然后单击【表格】|【排序】命令，弹出【排序】对
话框，在"主要关键字"下拉列表框中选择排序
的主要关键字；在"类型"下拉列表框中，选择
排序的方式，如"笔画""日期""数字"或"拼
音"；选择"升序"或"降序"单选按钮，对表格
的数据进行升序或降序排列。再根据需要，依次
设置"次要关键字""第三关键字"。

图 3-97 所示设置是关于学生成绩的排序，以
"语文"成绩为主；"语文"成绩相同时，按"数
学"成绩降序排；"数学"成绩也相同，再按"英
语"成绩降序排。设置好之后，单击【确定】按钮，
就会看到原表格中的顺序变化。

2. 表格计算

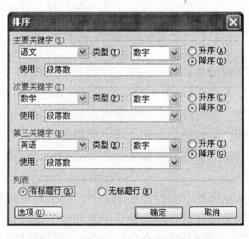

图 3-97　【排序】对话框的设置

在 Word 2003 中不仅可以对表格中数据进行加、减、乘、除运算，还可以进行其他类型的运算，如求平均值、求最大值或最小值等。

假设要计算表 3-2 中每个学生的总成绩和每门课程的平均分，可以进行如下操作实现。

表 3-2　　　　　　　　　　　　　　　"学生成绩表" 原始表

姓　名	语　文	数　学	英　语	总成绩
张三	80	85	75	
李四	77	82	89	
王五	90	70	84	
平均分				

（1）计算学生的 "总成绩"。

首先计算张三同学的总成绩。将光标停留在第 2 行第 5 列，然后单击【表格】|【公式】命令，弹出【公式】对话框，其中 "公式" 文本框中的默认内容为 "= SUM(LEFT)"，意思是对同一行左面所有的数值求和，"SUM()" 是公式中默认的求和函数。单击【确定】按钮，可以看到张三的总成绩计算完毕。按照同样的方法，再计算其他人的总成绩，不过要注意 "公式" 文本框都要改为 "= SUM(LEFT)"。最后的结果如图 3-98 所示。

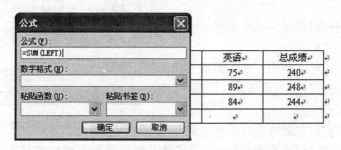

图 3-98　【公式】对话框及计算后的表格

（2）计算每门课程的 "平均分"。

首先计算所有学生"语文"成绩的平均分。将光标停留在第 5 行第 2 列。然后打开【公式】对话框，可以看到【公式】文本框中的默认内容为 "= SUM(ABOVE)"，单击 "粘贴函数" 下拉列表，如图 3-99 所示，选择 "AV-ERAGE"（意思是 "求平均数"），将 "公式" 文本框中的 "= SUM（ABOVE）" 修改为 "= AVERAGE（ABOVE）"，意思是求上面所有数值的平均数。最后单击【确定】按钮可以看到，"语文" 的平均成绩计算完毕。按照同样的方法，再计算 "数学" "外语" 的平均成绩，不过要注意 "公式" 文本框都要改为 "= AV-ERAGE(ABOVE)"。

图 3-99　【公式】对话框的粘贴函数列表

3.8.5　表格的排版与美化

对于制作的表格，Word 2003 也提供了和图片相似的排版与美化方法，以协调表格与文本之间的关系，突出表格中不同部分的内容。

1. 表格的排版

对于整个表格而言，可以设置它的对齐和缩进属性，如果希望文档中的文字环绕在表格周围，可以通过设定表格的文字环绕属性而实现。还可以设置单元格的边距和间距。

(1) 设置表格的对齐方式。

设置表格对齐方式最简单的方法是在选中整个表格后，单击【格式】工具栏上的"对齐方式"按钮进行设置。但是这种方法不能设置表格的缩进。还可以在表格属性对话框中设置表格的对齐和缩进，具体方法如下。

首先，将插入点定位在表格中的任意位置。

然后，执行【表格】|【表格属性】命令，在弹出的【表格属性】对话框中选择【表格】选项卡，如图 3-100 所示。在"对齐方式"区域可以选择"左对齐""居中"或"右对齐"中的一种对齐方式。在"左缩进"文本框中可以选择输入或表格左缩进距离的大小(只有当"对齐方式"为"左对齐""文字环绕"方式为"无"时，才可设置)。

最后，单击【确定】按钮，完成设置。

(2) 设置表格的文字环绕。

在一些特殊格式的文档中，可能需要表格的周围围绕文字，这也可以在【表格属性】对话框中进行设置。具体操作步骤如下。

首先，将光标定位在表格中的任意位置。

图 3-100 【表格属性】对话框

然后，执行【表格】|【表格属性】命令，当然，也可使用右键的快捷菜单，进入【表格属性】对话框的"表格"选项卡。在"文字环绕"区域中选择"环绕"，单击【定位】按钮，弹出【表格定位】对话框，如图 3-101 所示。

在该对话框中可以详细地设置表格水平、垂直的相对位置以及距正文的距离。

最后，单击【确定】按钮，返回【表格属性】对话框，在该对话框单击【确定】按钮，完成设置。

(3) 设单元格边距和间距。

单元格边距指的是单元格中正文与上、下、左、右边框线的距离。如果单元格边距设置为零，正文会紧挨着边框线。单元格的间距是指表格中单元格与单元格之间的距离，默认单元格间距等于零。

设置单元格边距和间距的操作步骤如下。

首先，将光标定位在表格中的任何位置。

然后，执行【表格】|【表格属性】命令，在弹出的【表

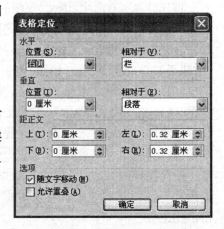

图 3-101 【表格定位】对话框

格属性】对话框中选择【表格】选项卡。单击【选项】按钮，弹出【表格选项】对话框，如图 3-102 所示。在其中的"上""下""左""右"框中分别输入要设置的单元格边距。

选中"允许调整单元格间距"复选框，在右边输入要设置的单元格间距 0.3 厘米。

单击【确定】按钮，完成设置如图 3-103 所示。

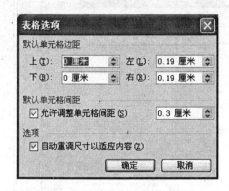

图 3-102 【表格选项】对话框

图 3-103 表格的边距与间距设置

（4）设置单元格中文本的对齐方式。

当单元格的高度较大，但单元格中的内容较少，不能填满单元格时，顶端对齐的方式会影响整个表格的美观，可以对单元格中文本的对齐方式进行设置。

图 3-104 单元格对齐方式

选中要设置文本对齐的单元格，单击右键，在快捷菜单中选择【单元格对齐方式】命令，当然，也可以在【表格和边框】工具栏上单击【对齐方式】按钮的下拉箭头，在下拉列表的 9 种对齐方式中选择一种，如图 3-104 所示。

2．表格的美化

在表格编辑完成后，可以对它进行美化工作。例如，为表格设置不同形式的边框、为表格中的一些重要的数据添加底色以突出显示等。

Word 2003 既可以为整个表格添加边框和底纹，也可以为表格中的单元格单独设置边框和底纹。为表格添加边框和底纹的操作步骤如下。

首先，选定要设置边框的表格。

然后，执行【格式】|【边框和底纹】命令，弹出【边框和底纹】对话框。在对话框中选择【边框】选项卡。如图 3-105 所示。在"设置"选项区域中选择一种方框样式，系统提供了 4 种边框样式供选择。

（1）方框：在表格的四周外框设置一个方框，线型可在线型处自定义。

（2）全部：在表格四周设置一个边框，同时也为表格中行列线条设置格栅线。格栅线的线型和表格边框的线型一致。

（3）网格：在表格四周设置一个边框，同时也为表格中行列线条设置格栅线。格栅线的型号是默认的，而边框线型是设置的线型。

（4）自定义：选择自定义时，可以在预览表格中设置任意的边框线和格栅线。

在"线型"列表框中选择线型样式，在"宽度"下拉列表框中选择线型的宽度值，在"颜色"下拉列表框中选择线条的颜色。在"应用于"下拉列表框中选择设置边框的应用范围是表格还是单元格。从右侧的预览区域可以看到边框的效果。

如果需要添加表格的底纹，切换到【底纹】选项卡，如图 3-106 所示，可以为表格或单元格选择一种底纹。底纹既可以是某种颜色也可以是图案，如果只填充颜色，在"填充"区域

图 3-105　【边框和底纹】对话框【边框】选项卡

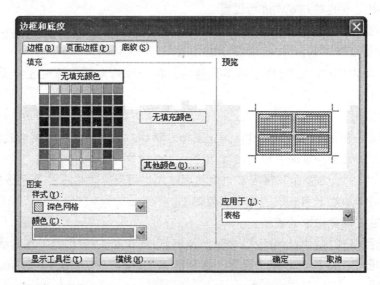

图 3-106　【边框和底纹】对话框【底纹】选项卡

选择一种颜色；如果是图案，在"图案"区域的样式列表中选择一种填充图案，在"颜色"列表中为该图案配置相应颜色。从右侧的预览区域可以看到底纹的填充效果。

最后，单击【确定】按钮，完成添加边框和底纹的设置。

3.9　长文档的编辑技巧

Word 2003 提供了大量的工具帮助创建一个标准而又规范的文档。比如，它提供了"样式"功能，可以帮助长篇文档快速统一地格式化；提供了脚注和尾注功能，帮助在文档中添加解释说明；提供了目录的自动生成功能，实现了对文档的管理。掌握这些知识，可以更有效、更专业地编排篇幅较长的文档，这也是本章学习的难点。

3.9.1　应用样式

在编排一篇长文档时，要对大量的文字或段落进行相同的格式化操作，如果在文档中重复设定这些格式，既机械又枯燥。Word 2003 提供了"样式"功能。样式就是指一组已经命名的字符格式或者段落格式。每个样式都有唯一确定的名称，可以将一种样式应用于一个段落，或在段落中选定的一部分字符之上。按照这种样式定义的格式，能够快速地完成段落或字符的格式编排，可以帮助快速实现文档的格式化工作，而不必逐个选择各种格式指令。

Word 2003 中的样式分为字符样式和段落样式。字符样式是指用样式名称来标识字符格式的组合，字符样式只作用于段落中选定的字符，如果要突出段落中的部分字符，那么可以定义和使用字符样式。段落样式指用某一个样式名称保存的一套字符格式，一旦创建了某个段落样式，就可以对文档中的一个或几个段落应用该样式。

1．使用样式

Word 2003 提供的"样式和格式"任务窗格提供了可以更方便地使用样式的界面。执行【格式】|【样式和格式】命令，或单击【格式】工具栏中的"样式和格式"按钮 ，将会在窗口的右侧弹出"样式和格式"任务窗格，如图 3-107 所示。

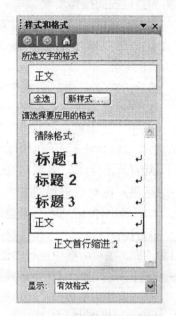

图 3-107　【样式和格式】任务窗格

在"所选文字的格式"区域内列出了当前选定的文字的样式。

单击【全选】按钮，可以选中所有使用当前样式的文本。

单击【新样式】按钮，可以新建自定义样式。

在"请选择要应用的格式"区域内显示了一系列的样式，其中高亮显示的为当前选中文字的样式，单击每一样式右端的下拉箭头，在下拉列表中可以选择全选、修改、删除、更新以匹配等操作，如图3-108 所示。

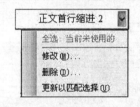

图 3-108　样式右端的下拉列表

在"显示"下拉列表中，可以定制"请选择要应用的格式"区内显示的内容。如图 3-109 所示，其中，"有效格式"为当前文档中已经使用过的样式，"所有样式"为 Word 2003 所提供的内置样式。

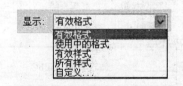

图 3-109　显示下拉列表

使用样式快速格式化文本的过程比较简单。若使用段落样式，将光标置于段落的任意位置，或选中要应用样式的段落。若使用字符样式，选定所有要应用样式的文本。然后，在【样式和格式】任务窗格中"请选择要应用的格式"区域内找到所需样式，单击该样式，即可应用。当然，也可以在【格式】工具栏的"样式"下拉框中选择所需样式。

2．创建样式

Word 2003 提供了许多常用的样式，比如"正文""标题 1"等。在编辑一篇较长的文档时，如果这些内置的样式不令人满意，可以自己定义新的样式。

下面以创建"首行缩进"样式为例，介绍样式的创建过程的操作步骤。

首先，在【样式和格式】任务窗格中单击【新样式】按钮，弹出【新建样式】对话框，如图 3-110 所示。

然后，在"名称"文本框中输入"首行缩进"；在"样式类型"文本框中选择"段落"；在"样式基于"文本框中选择"正文首行缩进 2"；在"后续段落样式"文本框中选择"首行缩进"。

单击【格式】按钮，选择【字体】命令，弹出【字体】对话框。在对话框中进行如图 3-111 所示设置，单击【确定】按钮，返回【新建样式】对话框。

单击【格式】按钮，选择【段落】命令，弹出【段落】对话框，在对话框中进行如图 3-112 所示的设置，单击【确定】，返回【新建样式】对话框。

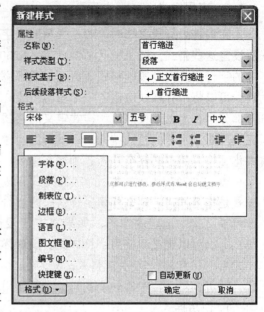

图 3-110　【新建样式】对话框

选中"添加到模板"和"自动更新"复选框，单击【确定】按钮。新的样式"首行缩进"创建成功，被添加到模板中。

图 3-111　【字体】对话框

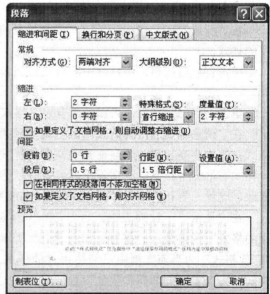

图 3-112　【段落】对话框

3. 修改样式

在 Word 2003 中，对于内置样式和自定义样式都可以进行修改，修改样式后，Word 会自动将文档中使用这一样式的文本格式都进行相应的改变。

若要对已有样式进行修改，首先在【样式和格式】任务窗格中"请选择要应用的格式"区

域内选中要修改的样式。然后单击该样式右侧
的下拉箭头，在下拉列表中选择"修改样式"
选项，弹出【修改样式】对话框，如图3-113所示。
在对话框中按照创建样式的方法进行修改。

4．删除样式

为了有效地对样式进行管理，可以删除无
用的样式。首先，在【样式和格式】任务窗格中
"请选择要应用的格式"区域内选中要删除的样
式。然后，单击该样式右侧的下拉箭头，在下
拉列表中选择"删除样式"选项，弹出图 3-114
所示警告框。最后，单击【是】按钮，删除样式。
删除样式后，文档中使用该样式的文本将恢复
无样式的状态。

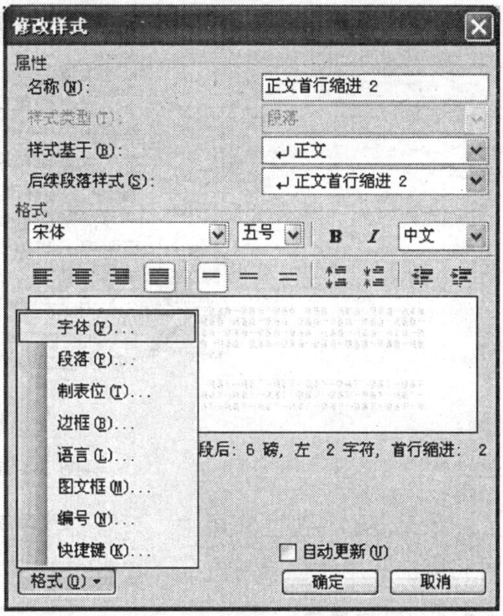

图 3-113　【修改样式】对话框

3.9.2　插入脚注和尾注

脚注和尾注主要用于在打印文档中为文档
中的文本提供解释、批注及相关的参考资料。
脚注出现在文档中每一页的底端，尾注一般位于整个文档
的结尾。

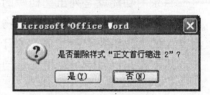

图 3-114　删除样式警告框

在一篇文档中可同时包含脚注和尾注。例如，可用脚
注对文档的内容进行注释说明，而用尾注说明引用的文
献。脚注和尾注均由两个相互链接的部分组成：注释引用
标记和对应的注释文本。

在文档中插入脚注和尾注的操作步骤如下。

首先，将鼠标定位在要插入脚注和尾注标记的位置。

然后，执行【插入】|【引用】|【脚注和尾注】命令，弹出
【脚注和尾注】对话框，如图 3-115 所示。在"位置"区域
选择是插入脚注还是尾注，在它们右边的文本框中选择插
入脚注或尾注的位置。在"格式"区域的"编号格式"文
本框中的下拉列表中选择一种编号的格式；在"起始编号"
文本框中选择起始编号的数值；在"编号方式"文本框中
选择编号是连续编号还是每页或每节重新编号；还可以单
击【符号】按钮，自定义编号标记。

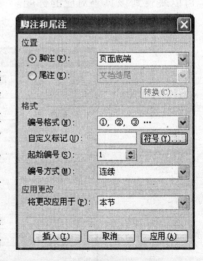

图 3-115　【脚注和尾注】对话框

最后，单击【插入】按钮，即可在插入点位置插入注释
标记，并且光标自动跳转至注释编辑区，可以在编辑区输
入注释内容。

要查看文档的注释，只需将指针停留在文档中的注释
引用标记上即可。这时注释文本会出现在标记上方。双击注释引用标记，可直接跳转到其对
应的注释文本，同样，双击注释文本中的注释编号，也可直接返回文中相应的注释引用标记
处，如图 3-116 所示。

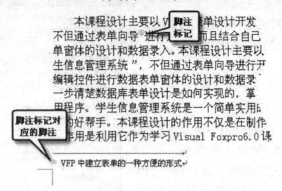

三、课程设计的目的和意义

图 3-116　文档中的脚注

　　如果要删除脚注和尾注，只需要选中要删除的脚注和尾注标记后，按"Delete"键，即可将脚注和尾注标记与内容同时删除。

3.9.3　建立目录

　　目录的功能就是列出文档中的各级标题以及各级标题所在的页码。一般情况下，出版物都有一个目录，目录中包含出版物中的章、节名称及各章节的页码位置等，通过目录，可以对文章的大致纲要有所了解。对于一篇章节标题规范的文档，可以从文档中把目录提取出来。提取出来的目录可以根据不同的需要插在不同的地方。

1. 提取目录

　　Word 2003 具有自动编制目录的功能，编制好目录后，只要单击目录中的某个页码，就可以跳转到该页码对应的标题。提取目录的具体的操作步骤如下。

　　首先，将插入点定位在插入目录位置。

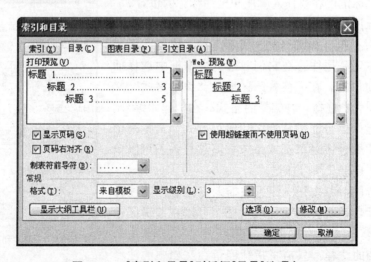

图 3-117　【索引和目录】对话框【目录】选项卡

　　然后，执行【插入】|【引用】|【索引和目录】命令，在弹出的【索引和目录】对话框中，单击【目录】选项卡，如图 3-117 所示。在"格式"下拉列表中选择一种目录的格式，可以在

"打印预览"框中看到该格式的目录效果；在"显示级别"文本框中，可以指定目录中显示的标题层数；选中"显示页码"复选框，将在目录每一个标题的后面显示页码；选中"页码右齐"复选框，则目录中的页码右对齐；在"制表符前导符"下拉列表框中可以指定标题与页码之间的分隔符，一般使用默认设置。

最后，单击【确定】按钮，目录将被提取出来，并插入到文档中。

目录是以域的形式插入文档的，目录中的页码与原文档有一定的联系，当把鼠标指向提取出的目录时，会出现提示，如图 3-118 所示，按照提示，按住 "Ctrl" 键，鼠标会变成手状，单击目录标题或页码，则会跳转至文档中的相应标题处。

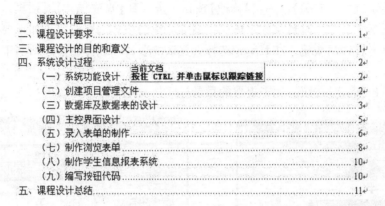

图 3-118　Word 中自动编制的目录

2. 更新目录

目录提取出来以后，如果在文档中增加了新的目录项或在文档中进行增加或删除文本操作引起了页码的变化，此时可以更新目录。

更新目录的操作步骤如下。

首先，选中需要更新的目录。被选中的目录发暗，如图 3-119 所示。

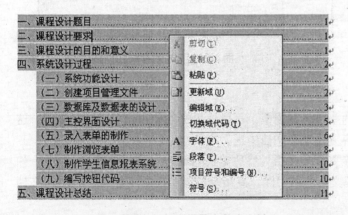

图 3-119　在目录上单击右键

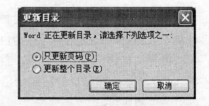

图 3-120　【更新目录】对话框

然后，在目录上单击右键，从弹出的快捷菜单中选择"更新域"命令，弹出【更新目录】对话框。如图 3-120 所示。在对话框中若选择"只更新页码"单选按钮，则只更新目录中的页码，保留原目录标题格式。若选择"更新整个目录"单选按钮，则标题、页码等均重新更新。

最后，单击【确定】按钮，系统将对目录进行更新。在更新过程中，系统将询问是否要替换目录，单击【是】按钮，则删除当前的目录并插入新的目录；单击【否】按钮，将在另外的位置插入新的目录。

3. 修改目录

在提取出目录后，如果对已有的目录格式不满意，可以根据实际情况，对目录的格式进行修改，具体的操作步骤如下。

首先，进入到图 3-117 所示的对话框后，单击【修改】按钮，弹出【样式】对话框，如图 3-121 所示。

然后，在"样式"列表中选择要修改的目录样式(一般修改至"目录 3"，这与图 3-117 中目录的"显示级别"有关)，单击【修改】按钮，进入到【修改样式】对话框，如图 3-122 所示。在该对话框中，可以对目录的字体、字型等简单的格式进行修改，如果要进行更高级的格式设置，单击【格式】按钮，在菜单中选择要更改的项目，在弹出的对话框中进行更进一步的设置。

最后，单击【确定】按钮，原来提取的目录样式将发生变化。

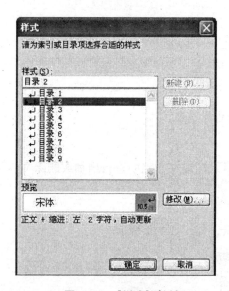

图 3-121 【样式】对话框

图 3-122 【修改样式】对话框

3.9.4 文档结构图

在 Word 2003 中，如果长文档的章节标题规范，可以使用文档结构图对其进行浏览，这种浏览方式可以根据文档的标题内容方便地在文档中进行定位。

使用文档结构图查看文档。首先要打开文档，然后单击【视图】|【文档结构图】命令，如图 3-123 所示，在窗口的左侧会出现文档的结构图，点击结构图中的章节标题，右侧的文档内容会跟随定位。

本章小结

本章由浅入深地介绍了文字处理、排版工具 Word 2003 的使用方法。包括文档创建、编辑与保存，文本和段落格式的设置，文档的页面设置与打印等基本的文档处理操作；在文档中编辑与使用特殊符号、图片、艺术字、图形、表格等进一步美化和丰富文档的操作；最后介绍了更深层次的长文档的编辑技巧，对灵活地使用 Word 2003 管理复杂的文档有很大的帮助。

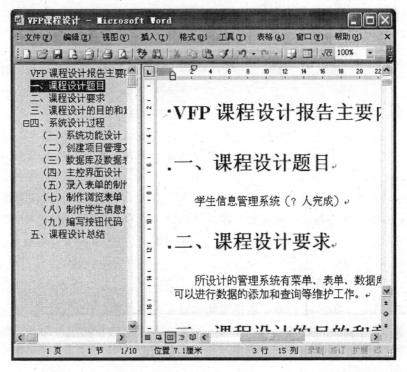

图 3-123　文档结构图

习　题

1. 填空题

(1) Word 2003 的主窗口包括＿＿＿＿、＿＿＿＿、＿＿＿＿、标尺、滚动条、状态栏以及工作区等几个部分。

(2) Word 2003 中提供了多种视图模式，如普通视图、＿＿＿＿、＿＿＿＿、＿＿＿＿、阅读版式视图等。

(3) 段落的对齐方法一般包括＿＿＿＿、＿＿＿＿、＿＿＿＿、两端对齐和分散对齐。

2. 简答题

(1) 如何启动 Word 2003？

(2) Word 2003 的窗口有哪些基本组成部分？

(3) Word 2003 的任务窗格有哪些？

(4) 如何在编辑文档时使用撤消与恢复命令？

(5) 在文档中进行查找和替换有什么好处，如何进行查找和替换操作？

(6) 在文档中插入页码有哪些方法，如何将页码删除？

(7) 创建表格的方法有几种？

第4章 Excel 电子表格

Excel 2003 是 Microsoft 公司开发的 Office 2003 办公软件的组件之一，无论是软件本身的易用性还是功能，都较以前的版本好。确切地说，Excel 2003 是一个电子表格软件。它可以用来制作多种电子表格，完成许多复杂的数据运算，进行数据的分析和预测，并且具有强大的制作图表的功能。

本章详细地介绍了功能强大的电子表格处理软件 Excel 2003 的使用方法和操作步骤。主要包括 Excel 2003 的入门知识，单元格的操作技巧，工作表的编辑、管理、打印，公式、函数、图表的使用方法，以及数据清单的管理等方面内容。

4.1 Excel 2003 入门

在学习使用 Excel 2003 进行电子表格编辑和数据处理之前，先对该软件有一个初步的了解。本节是学习好 Excel 2003 的前提，主要介绍 Excel 2003 的新功能，Excel 2003 的启动和退出，熟悉它的操作界面和基本组成对象。

4.1.1 Excel 2003 的新增功能

Excel 2003 安装运行于 Windows 操作系统下，相对于以前的 Excel 版本，Excel 2003 新增了许多功能，这里主要介绍下面五个重要的新功能。

1．列表功能

在 Excel 2003 中，可在工作表中创建列表以分组或操作相关数据。可在现有数据中创建列表或在空白区域中创建列表。将某一区域指定为列表后，就可以方便地管理和分析列表数据，而不必理会列表之外的其他数据。Excel 2003 为指定的列表区域采用新的用户界面和相应的功能，如图 4-1 所示。

2．改进的统计函数

Excel 2003 对一些统计函数的特性（包括

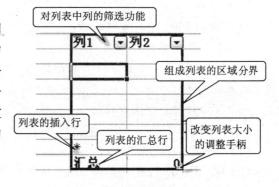

图 4-1　列表的界面和相应的功能

取整和精度）进行了改进，可能与以前的 Excel 版本中的计算结果不同。如 LOGEST，RAND，VAR 等。

3．文档工作区

Excel 2003 提供了文档工作区功能，可以方便与其他人员协同创作、编辑和审阅文档。用户在制作电子表格时，既可以定期将其保存到"文档工作区"上，也可以将"文档工作区"的副本更改、更新到本地副本中。

4．信息权限管理

电子表格文档的作者可以使用【权限】对话框【文件】|【权限】|【不能分发】，或者【常用】工具栏上的【权限】)赋予用户"读取"和"更改"的权限，并为内容设置到期日期。相反，文

档作者可通过单击【权限】子菜单上的【无限制的访问】，或者单击【常用】工具栏上的【权限】从工作簿中删除受限制的权限。

5．并排比较工作簿

使用一张工作簿查看多名用户所作的更改非常困难，Excel 2003 可使用并排比较工作簿（使用【窗口】|【并排比较】命令），更方便地查看两个工作簿之间的差异，而不必将所有更改合并到一张工作簿中。可在两个工作簿中同时滚动，以确定两个工作簿之间的差异。

4.1.2 Excel 2003 的启动

启动 Excel 2003 可以通过以下任意一种方法。

（1）利用开始菜单启动。单击【开始】|【程序】|【Microsoft Office】|【Microsoft Office Excel 2003】命令。

（2）利用快捷方式启动。如果在桌面上创建了快捷方式，双击桌面上的 Excel 2003 图标。

（3）利用已有文档启动。双击任意一个已经建好的 Excel 2003 文档。

4.1.3 Excel 2003 的主界面

第一次启动 Excel 2003 时，会打开一个空工作簿，如图 4-2 所示。其工作界面由标题栏、菜单栏、工具栏、编辑栏、任务窗格、状态栏、滚动条、工作表标签等组成。

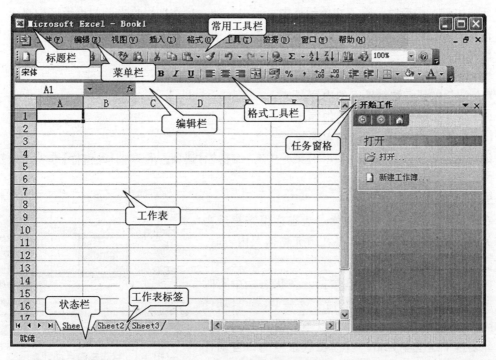

图 4-2 Excel 2003 的窗口界面

1．标题栏

标题栏位于窗口的最顶端。在标题栏中显示了应用程序名以及当前打开工作簿的名称。标题栏最右端有三个按钮，分别是最小化按钮、最大化按钮和关闭按钮，使用这些按钮可以实现窗口的最小化、最大化以及关闭程序。

2．菜单栏

菜单栏位于标题栏的下方，在菜单栏中共有 9 个菜单命令，使用菜单栏中的菜单命令可以完成 Excel 的所有操作。可以使用鼠标或键盘来选择菜单命令，在本章后面各节中将详细介绍各菜单的内容。

3．工具栏

Excel 2003 将一些常用的命令用图标按钮表示，并且将功能相近的图标集中到一起，形成工具栏。利用工具栏来进行操作非常便捷，可以提高工作效率。如果要执行某条命令，只要单击相应的按钮即可。Excel 2003 的工具栏有多种，默认情况下只有【常用】和【格式】工具栏在菜单栏下分两排显示。如果需要显示其他工具栏，执行【视图】|【工具栏】命令，弹出"工具栏"级联菜单，在级联菜单中选择"显示"或"隐藏"工具栏。如果对 Excel 已设定的工具栏不满意，还可以自定义工具栏。

4．编辑栏

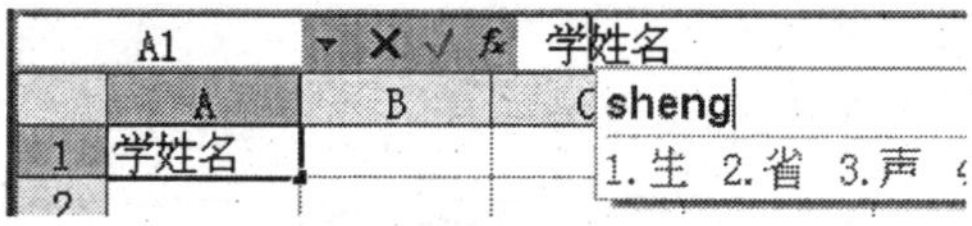

默认情况下，在【格式】工具栏下面显示编辑栏，用来显示活动单元格的数据或使用的公式。编辑栏的左侧是名称框，用来定义单元格或单元格区域的名字，还可以根据名字查找单元格或区

图 4-3　在编辑栏输入内容

域。如果单元格没有定义名字，在名称框中显示活动单元格的地址名称。如图 4-3 所示，当在单元格中键入内容时，除了在单元格中显示内容外，还在编辑栏右侧的编辑区中显示。把鼠标指针移到编辑区中，在需要编辑的地方单击，插入点就定位在该处，可以插入新的内容或者删除插入点左右的字符，该操作同样反映在单元格中。

当光标定位在编辑栏时，在编辑栏上会出现下面几个按钮：

(1) 取消按钮：取消输入的内容。

(2) 输入按钮：确认输入的内容。

(3) 插入函数按钮：用来插入函数。

编辑栏也可以被隐藏，在【视图】菜单中有【编辑栏】选项，若取消【编辑栏】选项前的复选框，则编辑栏隐藏。

5．状态栏

在窗口最底部一行为状态栏，状态栏用来显示当前有关的状态信息。例如，准备在单元格输入内容时，在状态栏中会显示"就绪"的字样。

如果在表格中选中了一些数据，在状态栏中有时会显示一栏的求和信息"求和＝?"这是 Excel 自动计算功能。当检查数据汇总时，可以不必输入公式或函数，只要选中这些单元格，就会在状态栏的"自动计数"区中显示求和结果。

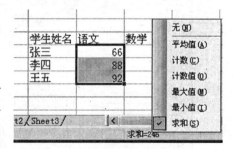

图 4-4　状态栏的自动计算区

当要计算的是选择数据的平均值、个数、最大值或最小值等时，只要在状态栏的"自动计算"区中单击右键，会弹出一个快捷菜单，如图 4-4 所示，选择所需的命令即可。

6．任务窗格

Excel 2003 的任务窗格显示在编辑区的右侧，包括"开始工作""帮助""搜索结果""剪贴画""信息检索""剪贴板""新建工作簿""模板帮助""共享工作区""文档更新"

"XML 源" 11 个任务窗格选项。Excel 2003 运行后默认的任务窗格选项为"开始工作"。任务窗格为新建任务时提供简洁的提示界面，可以在任务窗格中快捷地选择所要进行的部分操作，从而摆脱从菜单栏中进行操作的单一模式。

4.1.4　Excel 2003 的基本对象

Excel 2003 的基本对象包括单元格、工作表、工作簿。工作簿窗口位于窗口的 Excel 2003 中央工作区域，它由若干工作表组成，而工作表又由单元格组成。

1. 单元格

单元格是 Excel 工作簿组成的最小单位。在单元格中可以填写数据，是存储数据的基本单位。在工作表中白色长方格就是单元格，在工作表中单击某个单元格，此单元格边框加粗显示，它被称为活动单元格，并且活动单元格的行号和列标突出显示。可以在活动单元格内输入数据，这些数据可以是字符串、数字、公式、图形等。每一个单元格均有对应的列标和行号，行号的范围是 1～65536，列标的范围是 A～IV。单元格可以通过标识定位地址，如第一行、第一列的地址为 A1。

2. 工作表

工作表位于工作簿窗口的中央区域。由行号、列标以及网格线构成。工作表也称为电子表格，它由 65536 行和 256 列构成。是 Excel 完成一项工作的基本单位。

使用工作表可以对数据进行组织和分析，Excel 可以同时在多张工作表上输入并编辑数据，并且可以对来自不同工作表的数据进行汇总计算。

3. 工作簿

工作簿窗口位于 Excel 2003 窗口的中央区域，它由若干工作表组成。当启动 Excel 2003 时，系统自动打开名为 Book1 的工作簿。默认情况下，工作簿窗口处于最大化状态，与 Excel 窗口重合。

Excel 2003 工作簿是计算和储存数据的文件，每一个工作簿都可以包含一张或多张工作表。如图 4-5 所示，在系统默认情况下，由 Sheet1，Sheet2，Sheet3 三张工作表组成，因此可在单个文件中管理各种类型的相关信息。工作簿最多可以包括 255 张工作表和图表，在工作簿的底部是工作表标签，用来显示工作表的名字。在工作簿中，要切换到相应的工作表，只需要用鼠标单击工作表标签。并且可以通过工作表标签对工作表进行改名、添加、删除、移动或复制操作。

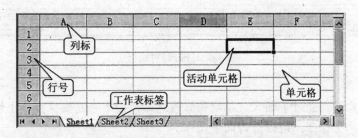

图 4-5　工作簿窗口

4.1.5　Excel 2003 的退出

Excel 2003 和其他应用程序类似，退出 Excel 2003 有以下几种方法。

（1）双击窗口标题栏左侧的 Excel 图标。

（2）单击【文件】|【退出】命令。

（3）单击窗口标题栏右上角的红色关闭按钮。

（4）按键盘上的快捷键"Alt + F4"。

退出 Excel 2003 时，如果更改过的文档没有保存，系统会给出保存文档的提示，让用户确定是否保存所编辑的文档。

4.1.6　工作簿的管理

工作簿是 Excel 用来运算和存储数据的文件，它的扩展名为".xls"，一个工作簿中可以存放多张与数据相关的工作表。本节将介绍工作簿的建立、保存、打开和关闭等管理操作。

1. 新建工作簿

在 Excel 2003 中新建工作簿，通常有以下几种方法。

（1）启动 Excel 2003，系统将自动打开一个新的名为"Book1"的工作簿。

（2）使用【文件】|【新建】命令，打开"新建工作簿"的任务窗格。在该"任务窗格"中选择"空白工作簿"选项，新建一个工作簿。该工作簿采用默认的工作簿模板。

（3）单击【格式】工具栏上的【新建】按钮，可以快速新建一个工作簿。

（4）使用已保存的工作簿作为模板来创建新工作簿。在如图 4-2 所示"新建工作簿"任务窗格中选择"根据现有工作簿…"选项，然后在弹出的对话框中选择一个已保存的工作簿即可。

（5）利用通用模板来新建工作簿。在"新建工作簿"任务窗格中选择"本机上的模板"选项，系统将打开【模板】对话框，如图 4-6 所示。在【常用】选项卡中选择"工作簿"选项，或者在【电子方案表格】选项卡上选中一种模板，单击【确定】按钮，即可建立一个新工作簿。

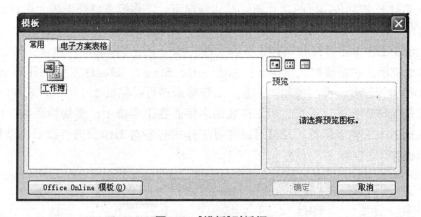

图 4-6　【模板】对话框

2. 保存工作簿

新建一个工作簿，经过了输入、编辑和修改之后，接下来就要保存该工作簿。要保存新建的从未保存过的工作簿，可以进行如下操作。

选择【文件】|【保存】命令，或者单击工具栏上的保存按钮，打开【另存为】对话框，如图 4-7 所示。

在"保存位置"下拉列表中选择保存位置，在"文件名"下拉列表中修改默认的工作簿名称，"保存类型"下拉列表中选择要保存的文件类型，默认为"Microsoft Office Excel 工作簿"类型，扩展名为".xls"。最后单击【保存】按钮，关闭对话框，即可将新的工作簿保存

图 4-7　【另存为】对话框

在指定位置。

　　另外，对于已经保存过的工作簿，可以单击【文件】|【另存为】命令，保存该工作簿另外的副本。

　　3．打开工作簿

　　在 Excel 2003 中打开已有工作簿，有下列几种常用方法。

　　(1) 在工作簿文件(.xls 结尾的文件)上双击。

　　(2) 选中【文件】|【打开】命令，弹出如图 4-8 所示对话框。在该对话框的【查找范围】下拉列表中选择文件存放的位置，选择要打开的文件后，单击右下角的【打开】按钮即可。若单击【打开】按钮右边的下拉三角，则可在弹出的下拉菜单中选择一种打开方式，如"只读方式""副本方式"等。

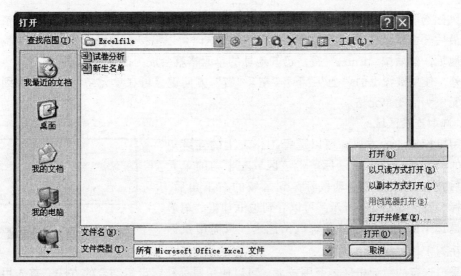

图 4-8　【打开】对话框

　　(3)【文件】菜单【退出】命令上方会显示近期使用过的 Excel 文档列表，如果要打开常用文件，可以从中选择一个打开。

（4）"开始工作"任务窗格的"打开"区域也会列出近期使用过的 Excel 文档的列表，可以选择一个打开。

4．关闭工作簿

在使用 Excel 2003 时，要关闭工作簿，有以下几种方法。

（1）单击工作簿右上角红色关闭按钮下面的黑色关闭按钮。

（2）选择【文件】|【关闭】命令。

（3）按键盘上的"Alt＋F4"组合键。

（4）单击工作簿左上角的控制菜单图标图，在弹出的下拉菜单中选择"关闭"。

（5）双击工作簿左上角的控制菜单图标图。

4.2 单元格操作技巧

Excel 2003 的操作都是建立在对单元格的操作基础之上的。本节介绍 Excel 最基本的操作——单元格的操作，包括单元格的选取，单元格的复制、剪切与移动，单元格的插入、删除与清除以及为单元格设置格式。本节内容的学习既是学习本章的基础，也是本章的重点内容。

4.2.1 单元格的选取

单元格的最基本操作是单元格的选取，对单元格进行任何操作之前，都必须选定单元格。本小节从四个方面介绍单元格的选取。

1．选取单个单元格

要在当前工作表中选取单个单元格，最方便、最常用的就是使用鼠标。首先将鼠标指针定位到需要选定的单元格上，并单击鼠标左键，该单元格边框加粗显示，即为活动单元格。如果要选定的单元格没有显示在窗口中，可以通过拖动滚动条使其显示在窗口中，然后选定单元格。

用鼠标选取单元格也有不方便的时候，比如要选取地址为"IV65536"的单元格，即工作表的最后一个单元格时，拖动鼠标很不方便，这时可以直接在编辑栏的名称框中输入该单元格的地址，然后按"Enter"键，已知地址的单元格就会成为活动单元格。

另外，使用键盘上的"上""下""左""右"方向键，可在单元格间移动，直到使所需选定单元成为活动单元格。

2．选取连续区域

使用鼠标拖动的方法，可以选择工作表上的连续矩形区域的单元格。首先用鼠标单击该区域左上角的单元格，然后按住鼠标左键拖动鼠标，到区域的右下角后，释放鼠标左键，如图 4-9 所示，可以看到边框加粗的矩形区域就是选中的活动区域。若想取消选定，只需用鼠标单击工作表中任意单元格。

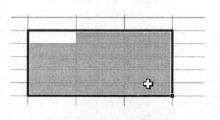

图 4-9　选取连续区域

如果拟选定的单元格区域范围较大，可以使用鼠标和键盘相结合的方法。首先用鼠标单击要选取区域左上角的单元格，然后找到选取区域右下角的单元格，在按住"Shift"键的同时单击鼠标左键，即可选定两个单元格之间的区域。

3．选取不连续区域

采用鼠标和键盘结合的方法，可以选定不连续的单元格区域。首先，按住鼠标左键并拖动鼠标选定第一个单元格区域，接着按住"Ctrl"键，再使用鼠标选定其他单元格区域，如图 4-10 所示，选中了 4 个活动区域。

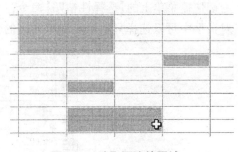

图 4-10　选取不连续区域

4．选取行或列

Excel 在操作过程中经常需要选择一些特殊的单元格区域，如选取整行整列、多行多列甚至整个工作表的情况。可以采用下面的方法。

（1）整行：单击工作表中的行号。

（2）整列：单击工作表中的列标。

（3）相邻的行或列：在工作表行号或列标上按下鼠标左键，并拖动选定要选择的所有行或列。

（4）不相邻的行或列：单击第一个行号或列标，按住"Ctrl"键，再单击其他行号或列标，如图 4-11 所示。

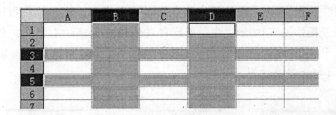

图 4-11　选取不相邻的行和列

（5）整个工作表：单击工作表行号和列标的交叉处，即全选按钮，如图 4-12 所示。

4.2.2　单元格的复制与移动

选取单元格之后，就可以对选中的单元格或者区域进行复制、剪切、移动等操作。熟练地使用这些操作，可以高效地编辑电子表格。

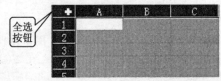

图 4-12　选取整个工作表

1．复制操作

对于相同的数据，采用复制的方式可以大大提高编辑效率，单元格的复制可以采用多种方法实现，可以使用【编辑】|【复制】命令；也可以在选中的单元格上单击右键，使用快捷菜单上的命令；还可以单击常用工具栏上的"复制"按钮 ；当然也可使用键盘上常用的快捷键"Ctrl + C"。具体操作步骤如下。

首先选中要复制的单元格或区域，然后使用上面的四种方法之一，最后单击目标单元格（如果复制的是区域，单击目标区域左上角单元格）执行粘贴操作。

粘贴操作和复制操作相对应，也可以采用上面的四种方式，可以使用【编辑】|【粘贴】命令；也可以在选中的单元格上单击右键，使用快捷菜单上的【粘贴】命令；还可以单击常用工具栏上的"粘贴"按钮 或者使用键盘上常用的快捷键"Ctrl + V"。Excel 2003 中可以实现有选择性的粘贴。如图 4-13 所示，单击常用工具栏上的"粘贴"按钮右侧的下拉箭头或者

右键快捷菜单上的【选择性粘贴】命令，可弹出如图 4-14 所示的【选择性粘贴】对话框，在该对话框中可以选择只粘贴复制单元格的公式、格式、数值，或全部都粘贴等。

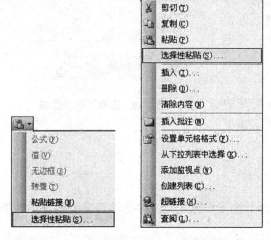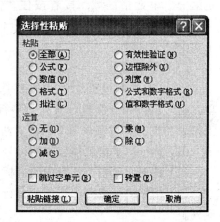

图 4-13　【粘贴】按钮的下拉列表和快捷菜单中的【选择性粘贴】命令　　图 4-14　【选择性粘贴】对话框

另外，对于简单的文本，也可以采用鼠标拖动的形式进行更方便的复制操作。例如，在制作"学生信息表"的过程中，可能部分学生是同一专业的，这时候就可以采用如下方式输入。首先在一个单元格中输入内容，然后鼠标移动到该单元格的右下角，如图 4-15(a)所示，鼠标光标变成黑色十字形；向下拖动鼠标左键，如图 4-15(b)所示；到指定位置放开鼠标左键，则得到如图 4-15(c)所示结果。

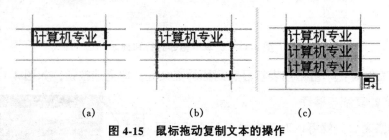

(a)　　　　　　　(b)　　　　　　　(c)

图 4-15　鼠标拖动复制文本的操作

2．移动操作

在进行编辑时，经常需要改变单元格中数据的位置，Excel 提供了单元格移动的方法，可以实现这样的操作。

可以用先"剪切"后"粘贴"的方式实现单元格的移动。首先，使用下面四种形式之一执行剪切命令：【编辑】|【剪切】命令；在选中的单元格上单击右键，使用快捷菜单上的【剪切】命令；单击常用工具栏上的"剪切"按钮　；使用键盘上常用的快捷键"Ctrl + X"。然后找到目标单元格或区域进行粘贴操作。这种移动方式适合原单元格和目标单元格相距较远的情况。

如果原单元格和目标单元格相距较近，在窗口所见范围之内，可以采用鼠标拖动的移动方式。首先，选中要移动的单元格或区域，然后将鼠标移动到活动单元格或区域的边框处，鼠标变成　形状，如图 4-16 所示，然后按住鼠标左键拖动到目标区域，即可完成移动操作。这种方式使用起来更加方便。

4.2.3　单元格的插入、删除与清除

在编辑过程中，如果设想得不够周全或者输入的数据出现了错误，就要进行插入、删除等操作。与 Word 2003 不同的是，Excel 2003 还提供了清除的功能，可以有选择地清除单元格中的内容。

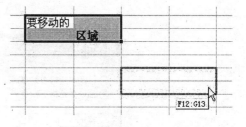

图 4-16　鼠标拖动实现活动单元格的移动

1. 插入操作

在 Excel 2003 中，主要包括下面三种插入操作。

（1）插入行或列。首先找到要插入新行或列的位置，选中该位置的行或列，行默认在选中行的上方插入新行，列默认在选中列的左侧插入新列。然后单击右键，在弹出的快捷菜单中选择插入命令，或者单击【插入】|【行】（【列】）命令，就可以实现行或列的插入。

（2）插入单元格。首先找到插入位置，若只插入一个单元格，则在插入位置选中一个单元格；若要插入一个区域，则选中相同大小的一个区域。然后单击右键，在弹出的快捷菜单中选择【插入】命令，或者单击【插入】|【单元格】命令（图 4-17 所示是准备插入两个单元格的情况），弹出【插入】对话框，如图 4-18 所示，根据实际情况，选择"活动单元格右移"或"活动单元格下移"，就可以实现一个单元格或区域的插入。图 4-19 所示是使用"活动单元格右移"插入后的情况。

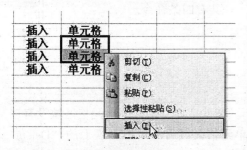

图 4-17　准备插入两个单元格

图 4-18　【插入】对话框

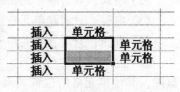

图 4-19　插入后活动单元格右移

（3）插入剪切或复制内容。剪切或复制单元格内容时，如果不想覆盖目标单元格中的内容，Excel 2003 提供了插入剪切或复制内容的操作。具体步骤如下。

首先，复制（剪切）所需要的内容。

然后，将鼠标定位在要粘贴的位置，单击右键，在弹出的快捷菜单上选择"插入复制单元格"（"插入剪切单元格"），弹出【插入粘贴】对话框，如图 4-20 所示，根据实际情况，在该对话框的"插入"选项组选择一个单选项。

最后，单击【确定】按钮，完成插入操作。

2. 删除操作

删除单元格不只是删除单元格中的内容、格式等，而是将整个单元格从工作表中除去。要删除单元格，首先要选中该单元格区域，然后单击【编辑】|【删除】命令，或单击右键，在弹出的快捷菜单中选【删除】命令，弹出图 4-21 所示【删除】对话框，在该对话框中有以下四个单选按钮。

（1）右侧单元格左移：选中单元格区域被删除后，由其右侧的单元格取代原位置。

（2）下方单元格上移：选中单元格区域被删除后，由其下方的单元格取代原位置。

（3）整行：删除单元格区域所在的行。

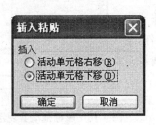

图 4-20　【插入粘贴】对话框　　　图 4-21　【删除】对话框

（4）整列：删除单元格区域所在的列。

选中相应的单选项后，单击【确定】按钮，即可删除选中的单元格区域。由此可见删除单元格会影响其他剩余单元格的位置关系。

3．清除操作

Excel 2003 中提供了清除操作，它与删除操作是有区别的。清除操作的具体步骤如下。

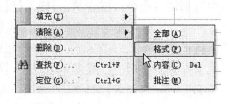

图 4-22　【清除】级联菜单

首先选中要清除的单元格区域，然后单击【编辑】|【清除】命令，弹出【清除】级联菜单，如图 4-22 所示，一共有四条命令。

（1）全部：清除单元格中的格式、内容和批注。

（2）格式：只清除单元格中的格式。

（3）内容：只清除单元格中的内容。

（4）批注：只清除单元格中的批注。

可以选择其中之一执行。在选中单元格区域执行"清除"命令后，原单元格区域没有被删除，其他单元格的位置关系不变。另外，在选中单元格区域后，单击键盘上的"Delete"键，也可以完成清除内容的操作。

4.2.4　在单元格中输入数据

在单元格中输入数据，首先需要选定单元格，然后向其中输入数据，所输入的数据将会显示在编辑栏和单元格中。在单元格中可以输入的内容包括文本、数字、日期和公式等，用户可以用以下三种方法来对单元格输入数据。

（1）用鼠标选定单元格，直接在其中输入数据，按"Enter"键确认。

（2）首先用鼠标选定单元格；然后在"编辑栏"中单击鼠标左键，并在其中输入数据；然后单击"输入"按钮✓或按"Enter"键确认输入。

（3）双击单元格，单元格内显示了插入点光标，移动插入点光标，在特定的位置输入数据，此方法主要用于修改工作。

输入数据时，在确定输入之前点击"取消"按钮✕，可以取消输入。

1．输入文本

Excel 中的文本通常是指字符或者任何数字和字符的组合，输入到单元格内的任何字符，只要不被系统解释成数字、公式、日期、时间或者逻辑值，则 Excel 2003 一律将其视为文本。

在工作区中输入文本。首先选定要输入文本的单元格，直接在其中输入文本内容；然后按"Enter"键或单击另外一个单元格，即可完成输入。在默认状态下，单元格中的所有文本都左对齐。

在 Excel 中，对于全部由数字组成的字符串，如邮政编码、电话号码等，为了避免被系统解释成数字型数据，需要在这些输入项前添加一个英文状态下的"'"，以便区分是"数字字符串"而非"数字"数据。Excel 会自动在该单元格左上角加上绿色三角标记，说明该单元格中的数据为文本，如图 4-23 所示。若输入的内容是数字与字符混合的，则直接被系统解释成文本类型。

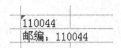

图 4-23　文本类型数据

若一个单元格中输入的文本过长，Excel 2003 允许其覆盖右边相邻的无数据的单元格，若相邻的单元格中有数据，则过长的文本将被截断，选定该单元格，在编辑栏中可以看到该单元格中输入的全部文本内容。

2．输入数字

在 Excel 中，数值型数据是最常见、最重要的数据类型。默认情况下，Excel 将数字沿单元格右对齐，在单元格中输入数字时，如果数字过长，单元格显示不下，将出现如图 4-24 所示的显示，这时可在编辑栏中查看单元格中的数据，或者调整单元格的宽度，以适应数据的长度。

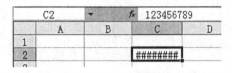

图 4-24　数值型数据的显示

数据的格式比较复杂，比如可以设置小数位数，设置分数、百分数等。可以使用【单元格格式】对话框进行格式调整。

3．输入时间和日期

当在单元格中输入系统可识别的时间和日期型数据时，单元格的格式就会自动转换为相应的"时间"或者"日期"格式，而不需要专门设置。在单元格中输入的日期采取右对齐的方式，若系统不能识别输入的日期或时间格式，则输入的内容将被视为文本，并在单元格中左对齐。若要使用其他日期和时间格式，可在【单元格格式】对话框中进行设置。

4.2.5　单元格的格式

在 Excel 中，单元格的格式将影响整个工作表的格式，单元格格式的设置可以针对处于选中状态的行、列、区域，甚至整个工作表。设置单元格格式既可以使用格式工具栏（如图 4-25 所示），也可以使用【单元格格式】对话框进行。

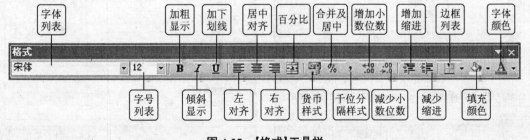

图 4-25　【格式】工具栏

使用格式工具栏可以对单元格的常用格式进行设置，操作比较简单。首先选中要设置单元格格式的区域，然后单击相应的工具按钮，即可得到相应的格式。字体、字号、字体颜色、对齐方式等按钮的功能，与 Word 中的相类似。这里主要介绍 Excel 特有的命令按钮的功能。

(1) 合并及居中按钮：合并选中的区域，并将区域中内容居中显示，常用于表头的处理。

(2) 货币样式按钮：在选定区域的数字前加上人民币符号"￥"。

(3) 百分比样式按钮：将数字转化为百分数格式，也就是把原数乘以 100，然后在结尾处加上百分号。

(4) 千分位样式按钮：使数字从小数点向左每三位之间用逗号分隔。

(5) 增加(减少)小数位数按钮：每单击一次该按钮，可使选定区域数字的小数位数增加(减少)一位。

图 4-26 所示为这几个按钮使用前后的效果。

使用前：	2007-2008（2）学期学生成绩表				
使用后：	2007-2008（2）学期学生成绩表				
使用前：	30	0.3	3000000	0.30	0.30
使用后：	￥ 30.00	30%	3,000,000.00	0.300	0.3

图 4-26　格式工具按钮使用效果

如果使用【格式】|【单元格】命令，或者在选中的单元格区域单击右键快捷菜单中的【设置单元格格式】命令，就可以打开【单元格格式】对话框，进行更详细的设置，如图 4-27 所示。【单元格格式】对话框有六个选项卡，分别是数字、对齐、字体、边框、图案和保护。

1.【数字】选项卡

在【数字】选项卡中，可以对选中单元格中的数字格式进行详细的设置，如设置小数的位数，设置为时间或日期，设置成分数或百分数，等等。对于设置的效果，可以在该选项卡的右上角"示例"区域预览，图 4-27 是为数字"500"设置了两位小数的效果。

图 4-27　【单元格格式】对话框【数字】选项卡

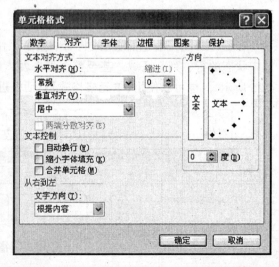

图4-28　【单元格格式】对话框【对齐】选项卡

2.【对齐】选项卡

【对齐】选项卡如图 4-28 所示。主要是设置单元格内容的对齐方式：在"水平对齐"下拉列表中可以选择居中、跨列居中、靠左、靠右、两端对齐、分散对齐以及填充中的一种；在"垂直对齐"下拉列表中，可以选择居中、靠上、靠下、两端对齐、分散对齐中的一种。另外，在"方向"区域，还可以支持在单元格中旋转文本，鼠标点击如表盘状的"方向"区域中红色的控制柄，可以改变文本的一个角度。

在"文本控制"区域，有以下三个复选框。

(1) 选中"自动换行"：如果选中的单元格一行显示不下，可以自动换行。

(2) 选中"缩小字体填充"：如果选中的单元格填充的文本显示不下，可以缩小字体。

(3) 选中"合并单元格"：对所选区域的单元格进行合并。

3.【字体】选项卡

【字体】选项卡支持对单元格区域或区域内一个或多个字符的字体、字型、字号、颜色及特殊效果的设置。

如图 4-29 所示，【字体】选项卡的大部分区域都和 Word 中的字体选项卡相同。唯一不同的是多了"特殊效果"区域。该区域有以下三个复选框。

(1) 选中"删除线"：选定文本上覆盖了一条表示删除的横线。

(2) 选中"上标"：选定文本将作为上标使用，类似于 Word 中的 x^2 按钮的作用。

(3) 选中"下标"：选定文本将作为下标使用，类似于 Word 中的 按钮的作用。

 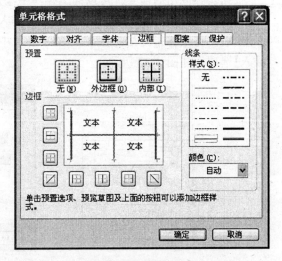

图 4-29　【单元格格式】对话框【字体】选项卡　　　图 4-30　【单元格格式】对话框【边框】选项卡

4.【边框】选项卡

如图 4-30 所示【边框】选项卡，可以为选中的单元格区域添加或清除边框。在"预置"区域，可以将选中的单元格区域预置为"无边框""加外边框""加内部边框"，将后两项配合使用，可以加全部边框。在"边框"区域，可以单独添加或取消选中的单元格区域的某些边框。右侧的"线条"区域可以设置边框的线条样式和颜色，值得注意的是，必须先设置"线条"区域再加边框，线条样式和颜色才起作用。

5.【图案】选项卡

在【图案】选项卡中，可以设置选定单元格区域的底纹。在"颜色"列表中可以选择单纯背景的颜色，在"图案"列表中可以设置底纹的图案，还可以为图案选择一种颜色。如图 4-31 所示，为单元格设置了图案底纹和底纹颜色。

6.【保护】选项卡

利用【保护】选项卡，可以锁定或隐藏单元格的内容。只有在工作表被保护时，锁定单元格或隐藏公式才有效。

4.3　工作表的编辑与管理

Excel 2003 的工作簿文件是由多张工作表构成的，各个工作表之间既独立又存在一定的联系。本节将介绍工作表的添加、删除、重命名、拆分等操作。

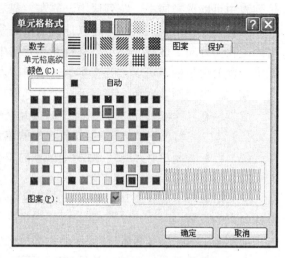

图 4-31　【单元格格式】对话框【图案】选项卡

4.3.1　工作表的添加与删除

工作表的添加和删除是操作工作表最基本的内容，Excel 2003 的工作簿默认有三个工作表，可以在此基础之上，完成工作表的添加和删除操作。

1. 添加工作表

根据实际应用的需要，可以向工作簿中添加工作表，具体操作步骤如下。

首先，选定当前工作表(新的工作表将插入到该工作表的前面)。

然后，将鼠标指针指向该工作表标签，并单击鼠标右键，在弹出的快捷菜单中，选择【插入】选项，如图 4-32 所示。

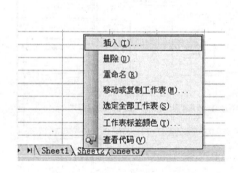

图 4-32　插入工作表

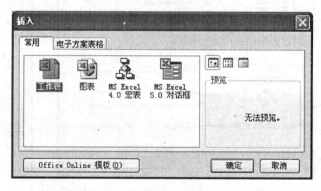

图 4-33　【插入】对话框

在弹出的【插入】对话框中选择需要的模板，如图 4-33 所示。

最后，单击【确定】按钮，即可根据所选模板新建一个工作表。

另外，选定当前工作表后，单击【插入】|【工作表】命令，也可在选定工作表的前面插入新的工作表。

2. 删除工作表

删除工作表与插入工作表的方法一样，只不过选择的命令不同而已。删除工作表的具体步骤如下。

首先，单击工作表标签，使要删除的工作表成为当前工作表。

然后，单击【编辑】|【删除工作表】命令，此时当前工作表被删除，同时和它相邻的后面的工作表成为当前工作表。

另外，用户也可以在要删除的工作表的标签上单击鼠标右键，在弹出的快捷菜单中选择【删除】选项，来删除工作表。

在用户删除工作表前，如果工作表中有数据，系统会询问用户是否确定要删除，并告知用户一旦删除，将不能恢复，如图 4-34 所示，若确认删除，则单击【删除】按钮；若不想删除，则单击【取消】按钮。

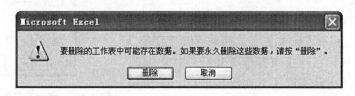

图 4-34　确认删除工作表警告框

4.3.2　工作表的重命名与排列

工作表的重命名和重排列增加了电子表格的实用性。重命名和重排列工作表的操作十分简单。

1. 工作表重命名

在创建一个新的工作簿时，它所有的工作表都是以 Sheet1，Sheet2，…来命名的，很不便于记忆和进行有效的管理。用户可以更改这些工作表的名称，例如，将三个学年学生的自然情况信息工作表分别命名为 "06 级" "07 级" "08 级"，以符合一般的工作习惯。

要更改工作表的名称，只需双击要更改名称的工作表标签，这时可以看到工作表标签以高亮度显示，在其中输入新的名称，并按 "Enter" 键即可，也可以使用菜单命令重命名工作表，具体操作步骤如下。

首先，单击要更改名称的工作表的标签，使其成为当前工作表。

然后，单击【格式】|【工作表】|【重命名】命令，此时选定的工作表标签呈高亮度显示，即处于编辑状态，在其中输入新的工作表名称。

最后，在该标签以外的任何位置单击鼠标左键或者按 "Enter" 键结束重命名工作表的操作，重命名后的工作表标签如图 4-35 所示。

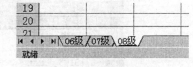

图 4-35　重命名工作表

2. 重新排列工作表

在实际工作中，有时需要重新调整工作簿中工作表的排列顺序。若工作簿中的工作表不是很多，则使用鼠标拖放的方法来重新排列工作表的顺序将非常方便。其方法是：单击需要移动的工作表标签，按下左键，将其拖到目标位置，释放鼠标左键，即可完成移动操作。若在拖动鼠标前按下 "Ctrl" 键，则将在目标位置复制工作表。

若要在不同的工作簿之间移动或复制工作表，则需要同时打开两个工作簿。首先，激活要移动的工作表。然后，选择【编辑】|【移动或复制工作表】命令，打开【移动或复制工作表】对话框，如图 4-36 所示。在 "工作簿" 下拉列表中为当前工作表选择目标工作簿。在 "下列选定工作表之前" 列表中，选择当前工作表要插入的位置。若仅是移动工作表，则不需选中 "建立副本" 复选框；若是复制工作表，则需选中该复选框。最后，单击【确定】按钮，即可实现工作表的移动或复制。

4.3.3　调整行高和列宽

Excel 2003 设置了默认的行高和列宽，但有时默认值并不能满足实际工作的需要，因此需要对行高和列宽进行适当的调整。

1. 改变行高

若要改变一行的高度，则可将鼠标指针指向行号间的分隔线，按住鼠标左键并拖动。例如，要改变第 2 行的高度，可将鼠标指针指向行号 2 和行号 3 之间的分隔线，这时鼠标指针变成了双向箭头形状，按住鼠标左键并向上或向下拖动，在屏幕提示框中将显示行的高度，如图4-37 所示。将行高调整到适合的高度后，释放鼠标左键即可。

图 4-36　【移动或复制工作表】对话框

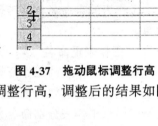

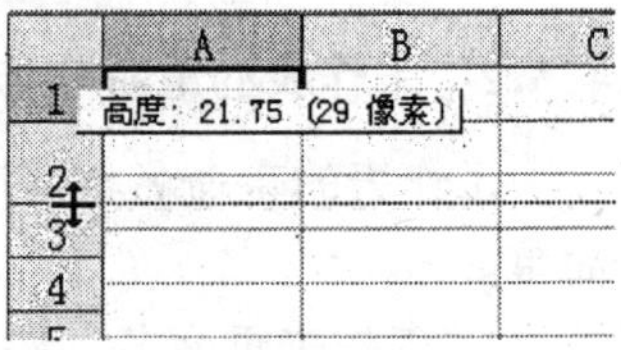

采用拖动鼠标的方法调整行高，虽然方便，但是不够精确，如果要精确改变行高，应采取以下操作步骤。

首先，选定要改变行高的行。然后，单击【格式】|【行】|【行高】命令，如图 4-38 所示，弹出的【行高】对话框如图 4-39 所示。

图 4-37　拖动鼠标调整行高

在行高文本框中输入一个数值，单击【确定】按钮，即可精确地调整行高，调整后的结果如图 4-40 所示。

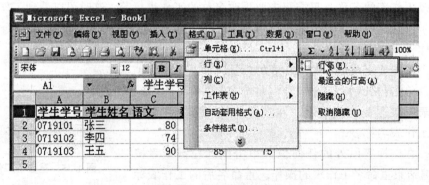

图 4-38　准备调整行高

图 4-39　【行高】对话框 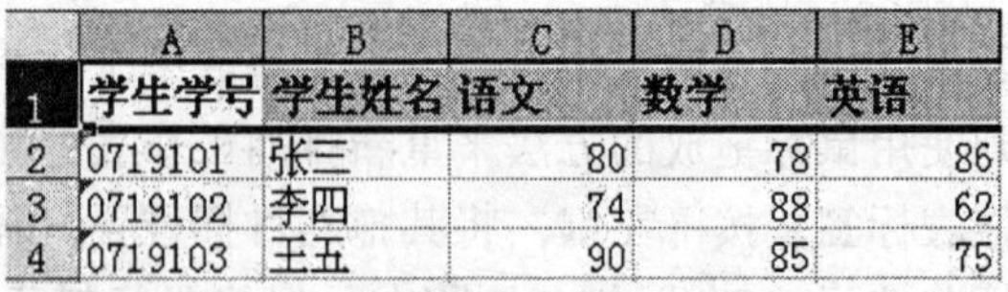　　　　　　　图 4-40　行高调整后结果

如果某些行高的值太大，以致大于文字所需的高度时，可以单击【格式】|【行】|【最适合的行高】命令，系统会根据该行中最大字号的高度来自动改变该行的高度。另外，用鼠标双击行号间的分隔线，系统将会自动调整行高，以适应该行中最大的字体。

2. 改变列宽

改变列宽与改变行高的操作方法类似，用鼠标拖动列标间的分隔线即可。例如，要改变

A 列的宽度，可用鼠标拖动 A 列和 B 列之间的列标分隔线，拖动鼠标时，在屏幕提示框中将显示列的宽度值，如图 4-41 所示，将列宽调整至合适的宽度后，释放鼠标左键。

图 4-41　使用鼠标拖动调整列宽　　　　　　　图 4-42　复制单元格保留列宽

　　要精确改变列宽，首先，选定要改变列宽的列。然后，单击【格式】|【列】|【列宽】命令，在弹出的【列宽】对话框的"列宽"文本框中输入一个数值，单击【确定】按钮，即可精确地调整列宽。

　　在 Excel 2003 中，对于需要特定列宽的工作表，可以先从其他工作表中复制含有特定列宽的单元格，然后在需要特定列宽指定位置粘贴该单元格，工作表中就会出现"粘贴"智能标记，单击该智能标记的下拉按钮，在弹出的下拉列表中选择"保留源列宽"选项，如图 4-42 所示，就可以实现从其他工作表中粘贴信息而不丢失该格式。

4.3.4　工作表的拆分

　　对于一些较大的工作表，用户可以将其按照横向或者纵向进行拆分，这样就能够同时观察或编辑同一张工作表的不同部分。如图 4-43 所示，在 Excel 工作窗口的两个滚动条上分别有一个拆分框，拆分后的窗口被称做窗格，每个窗格都有各自的滚动条。

图 4-43　工作表窗口的拆分框

1．横向拆分工作表

　　首先将鼠标指针指向横向拆分框，然后按下鼠标左键，将拆分框拖到用户满意的位置后释放鼠标，即可完成对窗口的横向拆分。横向拆分后的工作表如图 4-44 所示。

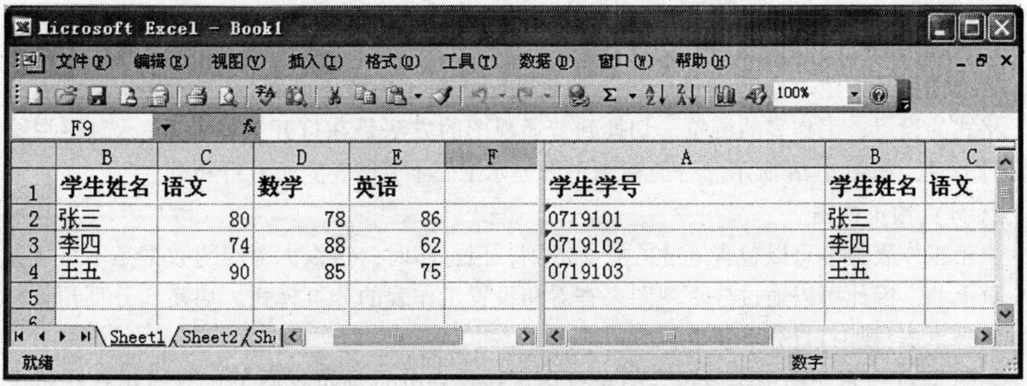

图 4-44　横向拆分后的工作表窗口

2. 纵向拆分工作表

纵向拆分窗口的方法与横向拆分窗口的方法类似。首先将鼠标指针指向纵向拆分框，然后按下鼠标左键，将拆分框拖到用户满意的位置后释放鼠标，即可完成对窗口的纵向拆分。纵向拆分后的工作表如图 4-45 所示。

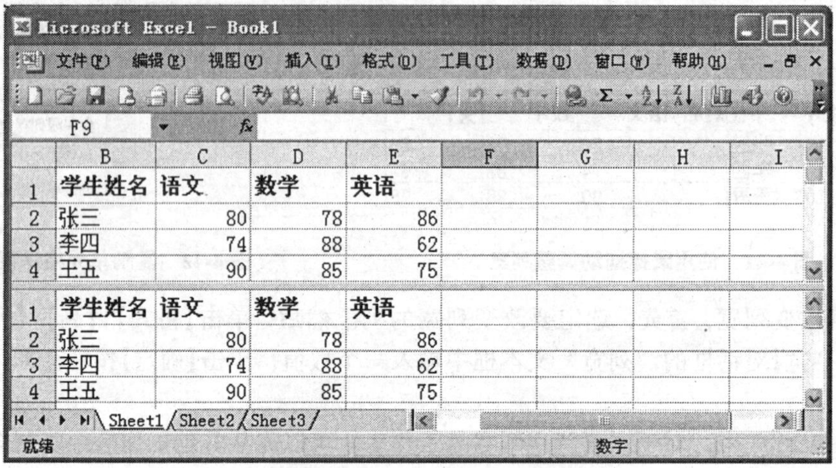

图 4-45　纵向拆分后的工作表窗口

拆分后的工作表还是一张工作表，拆分后，对任意一个窗格中的内容的修改都会反映到另一个窗格中。用户也可以通过单击【窗口】|【拆分】命令来达到拆分窗口的目的。

4.4　工作表的视图与打印

Excel 2003 的工作表有多种视图浏览形式，最主要的、最常用的就是普通视图和分页预览视图。另外，Excel 2003 还提供了视图管理器，通过它可以自定义视图。工作表编辑好之后，有时候需要进行打印输出，打印输出之前，要进行一些设置，以保证打印的结果正确、美观。

4.4.1　工作表的视图

在 Excel 2003 的【视图】菜单栏中列举了工作表的视图浏览形式，包括普通视图、分页预览视图和全屏显示视图。除此之外，该菜单下的【视图管理器】为用户提供了自定义视图的功能。

1. 普通视图

普通视图是新建工作簿时工作表的默认视图。在该视图下，可以方便地进行数据的编辑、格式的设置、工作表的浏览。切换到普通视图的方法是在打开工作表后，选择【视图】|【普通】命令，如图 4-46 所示。普通视图可以显示 Excel 工作表的所有行和列。

2. 分页预览视图

由于工作表最多可以包含 65536 行 256 列，但打印时，这么大范围的数据是不可能显示在一页上的，因此可以通过分页视图来查看和设置工作表的分页模式。切换到分页预览视图的方法是单击【视图】|【分页预览】命令。

如图 4-47 所示，图中实线包含的是打印区域，在分页预览视图下，只显示打印范围之内的行和列。通过拖动实线可以改变打印区域的大小。图中蓝色虚线是系统按照页面设置自

图 4-46　普通视图

图 4-47　分页预览视图

动产生的分页符，该打印区域被水平分页符和垂直分页符自动分成 4 页，通过拖动虚线，可以改变分页符的位置，分页符位置改变后，将变成实线，在页面设置不变的情况下，如果打印内容增多，打印字体将缩小。

用户还可以自己添加分页符：将光标停留在要插入水平分页符的行的第一个单元格，点击【插入】|【分页符】命令，当前行上面就会出现实线的水平分页符。将光标停留在要插入垂直分页符的列的第一个单元格，点击【插入】|【分页符】命令，当前列前面就会出现实线的垂直分页符。

如果要删除分页符，选定与水平分页符相邻的下边一个单元格或与垂直分页符相邻的右边一个单元格，单击【插入】|【删除分页符】命令，则相应的分页符被删除。如果要删除所有手工设置的分页符，可用鼠标单击行号与列标交叉处的"全选"按钮，以选定整个工作表，然后单击【插入】|【重置所有分页符】命令即可。

3. 视图管理器

为了浏览方便，在 Excel 中，用户可以按照自己的习惯设置视图，使用"视图管理器"，将当前的视图存储起来。

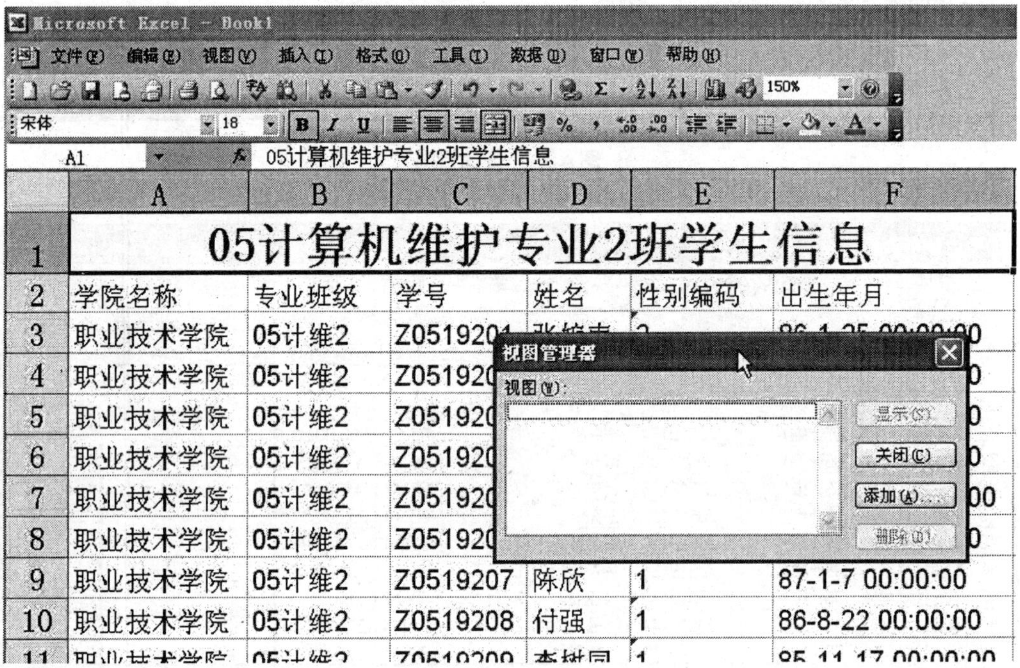

图 4-48 视图管理器

比如，将工作表视图设置为普通视图并以 150% 的比例显示，单击【视图】|【视图管理器】命令，如图 4-48 所示，弹出【视图管理器】对话框。在该对话框中单击【添加】按钮，弹出【添加视图】对话框，如图 4-49 所示，在"名称"输入框中输入"放大视图"后，单击【确定】按钮，视图添加完毕。如图 4-50 所示，以后再浏览该工作表时，就可使用"视图管理

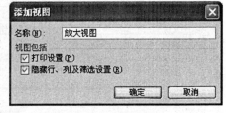

图 4-49 【添加视图】对话框

器"中添加好的"放大视图"。

　　另外，无论在哪种视图下，单击【视图】|【全屏显示】命令，都能切换到全屏显示状态，如图 4-51 所示。全屏显示状态不显示任何工具栏、编辑栏、状态栏和工作表标签。

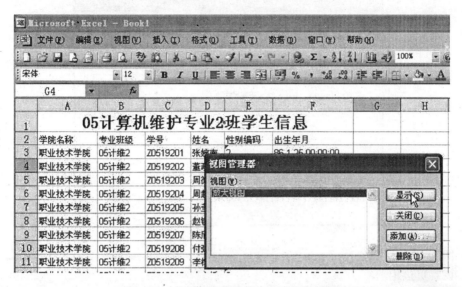

图 4-50　使用视图管理器中的自定义视图

图 4-51　工作表的全屏显示

4.4.2　工作表的页面设置

　　在打印工作表之前，可以根据需要，对工作表进行一些必要的设置，如页面方向、纸张的大小、页眉或页脚和页边距等，下面分别进行介绍。

　　1. 设置页面

　　设置页面包括页面方向和纸张大小的设置。具体操作步骤如下。

　　首先单击【文件】|【页面设置】命令，在弹出的【页面设置】对话框(如图 4-52 所示)中，单

击【页面】选项卡。然后在该选项卡的"方向"选项区中，选中"横向"或"纵向"单选按钮；在"纸张大小"下拉列表框中选择所需的纸张大小。最后单击【确定】按钮。

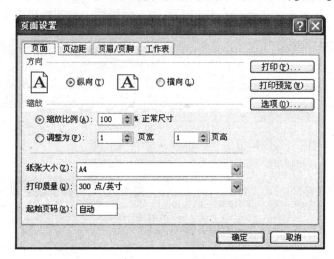

图 4-52 【页面设置】对话框【页面】选项卡

2．设置页边距

在【页面设置】对话框中单击【页边距】选项卡，即可进行页边距的设置，如图 4-53 所示。页边距包括上、下、左、右、页眉、页脚边距。其中页眉、页脚边距必须小于上、下页边距。另外，在该选项卡中，还可以设置打印表格的居中方式。

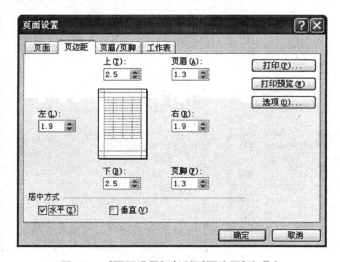

图 4-53 【页面设置】对话框【页边距】选项卡

3．添加页眉和页脚

添加页眉和页脚时，既可以添加系统默认的页眉和页脚，也可以添加用户自定义的页眉和页脚。具体操作步骤如下。

首先，在【页面设置】对话框中单击【页眉/页脚】选项卡，如图 4-54 所示。

然后，可以在该选项卡的"页眉"和"页脚"下拉列表框中选择所需的页眉和页脚。例如，在页脚中设置"第一页，共？页"；也可以自定义页眉和页脚，例如，单击【自定义页眉】按钮，在弹出的【页眉】对话框中的"左"文本区中输入页眉内容，如图 4-55 所示。单击

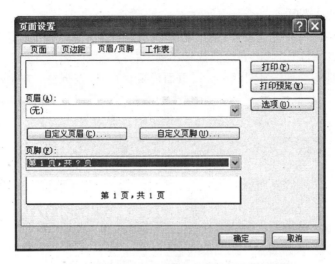

图 4-54 【页面设置】对话框【页眉/页脚】选项卡

【确定】返回【页眉/页脚】选项卡，自定义页眉完毕。

图 4-55 【页眉】对话框

最后，在该选项卡上单击【打印预览】按钮，可以看到页眉和页脚定义的效果，如图 4-56 所示。

图 4-56 页眉和页脚显示效果

4. 设置【工作表】选项卡

【工作表】选项卡是【页面设置】对话框的第四个选项卡, 如图 4-57 所示。在该选项卡上可以设置打印区域, 打印区域以外的数据将不列入打印的范围之内。单击"打印区域"文本框右侧的折叠按钮, 如图 4-58 所示,【页面设置】对话框被折叠, 在工作表上使用鼠标拖动, 选中的单元格区域就是打印区域, 它被虚线圈起, 松开鼠标左键, 该区域的地址被自动添加到文本框中, 再次单击折叠按钮, 继续进行页面设置。

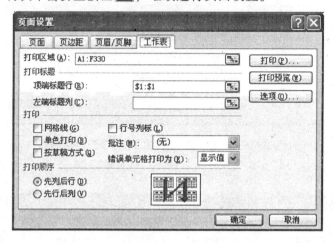

图 4-57 【页面设置】对话框【工作表】选项卡

图4-58 选择打印区域

在打印时, 如果工作表的数据量较大, 要打在多页上, 用户可能希望每页都打印表头和标题行, 这时可在【工作表】选项卡的"打印标题"区域进行设置。如在每页打印顶端标题行, 单击"顶端标题行"左侧的折叠按钮, 并选中顶端标题行区域, 如图 4-59 所示, 再次单击折叠按钮, 单击"打印预览", 可以看到每页都显示了顶端标题行。

4.4.3 工作表的打印

在设置完成所有的打印选项后, 就可以进行打印了, 在打印前, 如果没有确切的把握, 用户可以预览一下打印效果。

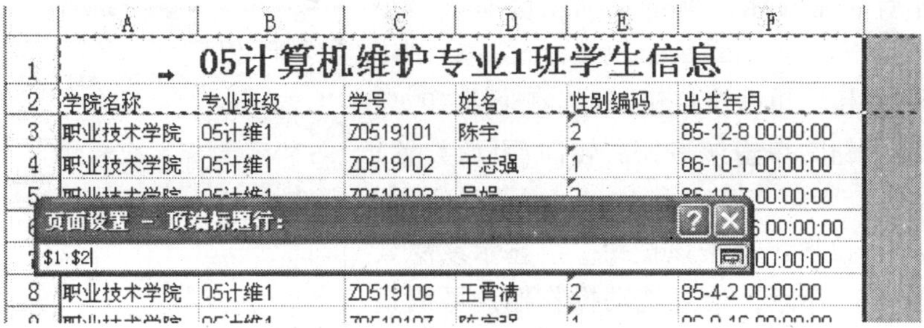

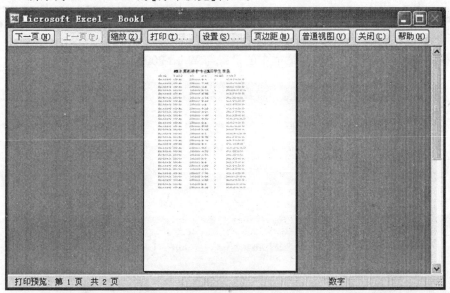

图 4-59　选择顶端标题行

1. 打印预览

通过打印预览，用户可以查看打印选项的实际打印效果，对打印选项进行最后的修改和调整。实现打印预览的具体操作步骤如下。

首先，打开要进行打印预览的工作表。

然后，单击【文件】|【打印预览】命令，或单击【常用】工具栏中的"打印预览"按钮，即可实现打印预览。

图 4-60 所示为 Excel 2003 的【打印预览】窗口。

图 4-60　打印预览窗口

该窗口中有【下一页】【上一页】【缩放】【打印】【设置】【页边距】【普通视图】【关闭】和【帮助】九个按钮。按钮的功能如下。

（1）【下一页】按钮：单击该按钮，可显示下一页的打印预览效果。若下面没有可显示的页，则该按钮呈灰色不可用状态。

（2）【上一页】按钮：单击该按钮，可显示上一页的打印预览效果。若上面没有可显示的页，则该按钮呈灰色不可用状态。

（3）【缩放】按钮：单击该按钮，可在缩小视图和放大视图之间切换，在打印区域内单击鼠标左键，也可得到相同的效果。当鼠标指针变为放大镜形状时，单击鼠标左键即可放大显示；当鼠标指针正常显示，单击鼠标左键即可缩小显示。

(4)【打印】按钮：单击该按钮，直接开始打印。

(5)【设置】按钮：单击该按钮，转向【页面设置】对话框。

(6)【页边距】按钮：单击该按钮，可显示或隐藏操作柄，如图 4-61 所示，通过拖动操作柄，可调整页边距、页眉和页脚边距以及列宽等。

(7)【分页预览/普通视图】按钮：单击该按钮，可在打印预览窗口与分页预览或普通视图窗口之间切换。

(8)【关闭】按钮：单击该按钮，可关闭打印预览窗口，回到当前工作表的正常显示状态。

(9)【帮助】按钮：单击该按钮，可提供有关打印预览的帮助信息。

2．打印

如果对打印预览中显示的效果满意，就可进行打印输出了，单击【文件】|【打印】命令，弹出【打印内容】对话框，如图 4-62 所示。该对话框中的设置与 Word 2003 中类似，不再详述。

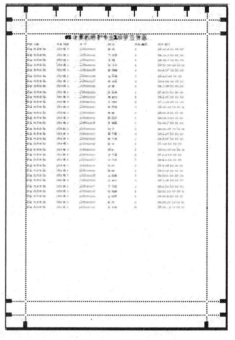

图 4-61　打印预览窗口中的页边距

图 4-62　【打印内容】对话框

另外，单击【常用】工具栏上的"打印"按钮，可直接进入打印。

4.5　公式的使用

公式是在工作表中对数据进行分析与计算的等式。使用公式，可以对工作表中的数值进行加、减、乘、除等运算。公式还可以引用同一工作表中的其他单元格、同一工作簿但不同工作表中的单元格或者其他工作簿中工作表的单元格。在 Excel 2003 中，公式的使用使得电子表格更加简单易用，而且在数据更新时，公式能够自动地计算出新的结果，提高了编辑效率。公式的使用是本章的重点内容。

4.5.1　公式的运算符

Excel 2003 中运算符主要有以下几类。

1. 算术运算符

该类运算符能够完成基本的数学运算。如加、减、乘、除等。它们能够连接数字并产生计算结果。表 4-1 列出了所有的算术运算符。

表 4-1　　　　　　　　　　　　　算术运算符

算术运算符	含　义	示　例
+	加号	$2+3=5$
−	减号	$3-2=1$
*	乘号	$2*3=6$
/	除号	$3/2=1.5$
%	百分比	$3\%=0.03$
^	乘方	$2^3=8$

2. 比较运算符

该类运算符能够比较两个数值的大小关系，其返回值为 TRUE 或者 FALSE。表 4-2 列出了所有的比较运算符。

表 4-2　　　　　　　　　　　　　比较运算符

比较运算符	含　义	示　例
>	大于	A1>B1
>=	大于等于	A1>=B1
<	小于	A1<B1
<=	小于等于	A1<=B1
<>	不等于	A1<>B1
=	等于	A1=B1

3. 文本运算符

文本运算符只包含一个连字符"&"，该字符能够将两个文本连接起来合并成一个文本，例如，"中国"&"台湾"将产生文本"中国台湾"。

4. 引用运算符

引用运算符常可以将单元格区域合并计算，常用于函数的参数，如表 4-3 所列。

表 4-3　　　　　　　　　　　　　引用运算符

引用运算符	含　义	示　例
:	区域运算符，对两个引用之间，包括两个引用在内的所有单元格进行引用	SUM(A1:C4)
,	联合运算符，将多个引用合并为一个引用	SUM(A1:C4, C3:E8)
空格	交叉运算符，表示几个单元格区域所重叠的那些单元格	SUM(A1:C4 C3:E8)

在使用公式进行混合运算时，必须知道运算符的优先级关系，以确定运算的顺序。表 4-4 按照从高到低的顺序列出了 Excel 2003 中各种运算符的优先级关系。

表 4-4　　　　　　　　　　　　　　　　运算符的优先级

运算符	说　明
区域(:)、联合(,)、交叉(空格)	引用运算符
−	负号
%	百分号
^	乘方
* 和 /	乘和除
+ 和 −	加和减
&	文本运算符
> >= < <= <> =	比较运算符

若公式中包含多个相同优先级的运算符，例如，公式中同时包含了加法和减法运算符，则 Excel 2003 将从左到右进行计算。如果要改变运算的优先级，应把公式中要优先计算的部分用圆括号括起来，例如，要将单元格 A1 和单元格 B2 的值相加，再用计算结果乘以 5，那么不能输入公式"= A1 + B2 * 5"，而应输入"= (A1 + B2) * 5"。

4.5.2　公式的输入

创建一个如图 4-63 所示的"班级学生成绩表"，计算每个学生的考试成绩，考试成绩由平时成绩(满分 20 分)和卷面成绩(满分 100 分)的 80％构成。

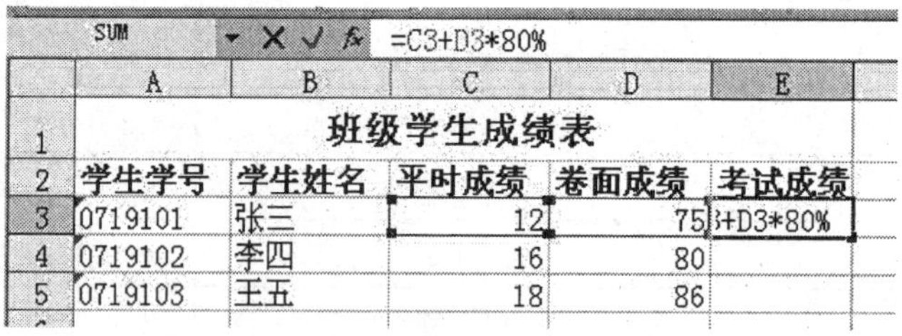

图 4-63　公式的输入过程

比如，计算张三同学的考试成绩，选中 E3 单元格，在编辑栏输入"＝"然后单击 C3 单元格，再输入"＋"，单击 D3 单元格，再输入"＊80％"，编辑栏内显示"= C3 + D3 * 80％"，最后单击"Enter"键或"输入"按钮即可。

按照同样的方法，分别计算李四和王五的考试成绩，最后得到如图 4-64 所示的运算结果。

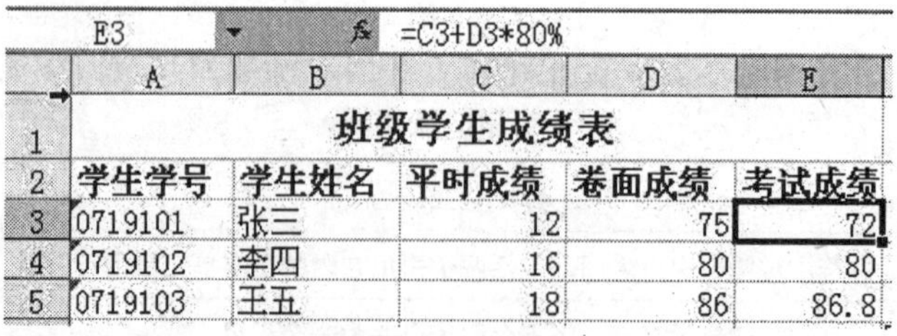

图 4-64　公式的运算结果

4.5.3　单元格的引用

每个单元格都有行、列坐标位置，Excel 2003 中将单元格行、列坐标位置称为单元格引用。引用的作用在于标识工作表上的单元格或单元格区域，并指明公式中所使用的数据的位置。通过引用，可以在公式中使用工作表不同部分的数据，或者在多个公式中使用同一个单元格的数值。还可以引用同一个工作簿中不同工作表上的单元格和其他工作簿中的数据。引用单元格数据以后，公式的运算值将随着被引用的单元格数据变化而变化。当被引用的单元格数据被修改后，公式的运算值将自动修改。

1．引用的类型

Excel 2003 提供了三种不同的引用类型：相对引用、绝对引用和混合引用。在引用单元格数据时，要弄清楚这三种引用类型的区别与联系。

（1）绝对引用。

绝对引用是指被引用的单元格与引用的单元格的位置关系是绝对的，无论将这个公式粘贴到哪个单元格，公式所引用的还是原来单元格的数据。绝对引用的单元格的行名和列名前都有"＄"符，例如，＄A＄1，＄B＄2 等。

（2）相对引用。

相对引用的格式是直接用单元格或者单元格区域名，而不加"＄"符，例如，A1，B2 等。使用相对引用后，系统将会记住建立公式的单元格和被引用的单元格的相对位置关系，在粘贴这个公式时，新的公式单元格和被引用的单元格仍保持这种相对位置。

（3）混合引用。

若"＄"符在列名前，而行名前无"＄"符，那么被引用的单元格列的位置是绝对的，行位置是相对的。反之，若"＄"符在行名前，而列名前无"＄"符，则列的位置是相对的，而行的位置是绝对的。这就是混合引用。

下面通过前面"班级学生成绩表"，计算每个学生的考试成绩的例子来熟悉这三种引用方式：

首先，还是在 E3 单元格内输入公式"＝C3＋D3＊80％"，然后将 E3 的内容复制到 E4，E5 单元格中，如图 4-65 所示，发现 E4，E5 中的公式发生了变化，分别为"＝C4＋D4＊80％""＝C5＋D5＊80％"，这是因为 E3 单元格内的公式采用的是相对引用的形式，单元格之间的位置关系没有发生变化，原来的 E3，C3，D3 的相对关系变成了 E4，C4，D4 和 E5，C5，D5。

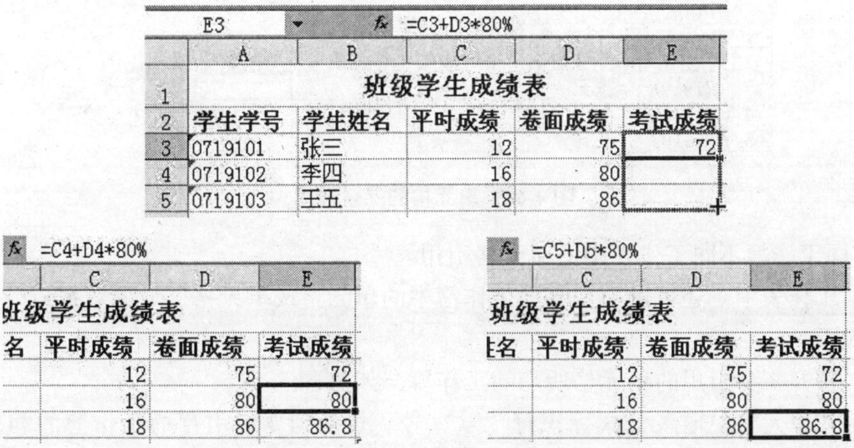

图 4-65　单元格的相对引用

如图 4-66 所示，如果想在总成绩一列输入和考试成绩一样的内容，同样将原来 E3 单元格内的公式"= C3 + D3 * 80%"复制到 F3 单元格，则 F3 内没有显示正确的结果，因为相对引用造成了 F3 的公式内容为"= D3 + E3 * 80%"从而得到了"132.6"这个结果。在这种情况下，应该采用单元格的绝对引用，如图 4-67 所示，将在 E3 单元格内的公式"= $ C $ 3 + $ D $ 3 * 80%"中的"C3"和"D3"写成绝对引用的形式"$ C $ 3"和"$ D $ 3"，再把这个公式复制到 F3 中，得到了正确的结果。

F3	▼	fx	=D3+E3*80%			
	A	B	C	D	E	F
1	班级学生成绩表					
2	学生学号	学生姓名	平时成绩	卷面成绩	考试成绩	总成绩
3	0719101	张三	12	75	72	132.6
4	0719102	李四	16	80	80	
5	0719103	王五	18	86	86.8	

图 4-66　单元格的相对引用得到错误结果

E3	▼	fx	=$C$3+$D$3*80%			
	A	B	C	D	E	F
1	班级学生成绩表					
2	学生学号	学生姓名	平时成绩	卷面成绩	考试成绩	总成绩
3	0719101	张三	12	75	72	72
4	0719102	李四	16	80	80	
5	0719103	王五	18	86	86.8	

图 4-67　单元格的绝对引用

如图 4-68 所示，卷面成绩所占的百分比对于不同科目可能发生变化，可以将其放入一个单元格内，准备随时改动，这里将"80%"放入 F3 内，原来 E3 单元格内的公式"= C3 + D3 * 80%"改为"= C3 + D3 * $ F $ 3"，这是混合引用的形式，将这个公式复制到 E4，E5 单元格，得到正确的结果。E4 内的公式变为"= C4 + D4 * $ F $ 3"，混合引用中相对引用的单元格变了，绝对引用的"$ F $ 3"仍为 80%。

E3	▼	fx	=C3+D3*$F$3			
	A	B	C	D	E	F
1	班级学生成绩表					
2	学生学号	学生姓名	平时成绩	卷面成绩	考试成绩	卷面比例
3	0719101	张三	12	75	72	80%
4	0719102	李四	16	80	80	
5	0719103	王五	18	86	86.8	

图 4-68　单元格的混合引用

2. 不同工作簿不同工作表中的单元格引用

在当前工作表中，还可以引用其他工作簿中的单元格或单元格区域的数据或公式。具体操作步骤如下。

首先，打开将要引用的单元格所在的工作簿，如 Book5。

然后，在单元格中输入公式标识符"="号。切换到要被引用的工作簿的相应工作表中，单击要引用的工作簿中的单元格。

最后，回到当前工作簿的工作表，此时工作表单元格内显示出所引用的内容。

如图 4-69 所示，A1 内的公式 " =
[Book1] Sheet4!＄E＄5 "表示工作簿 Book5
的 Sheet1 工作表的 A1 单元格引用了工作簿
Book1 的 Sheet4 工作表的 E5 单元格的内容。

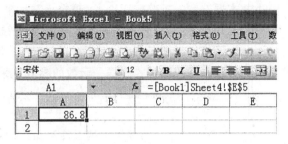

图 4-69　跨工作簿、工作表引用

4.6　函数的使用

函数是一些预定义的特殊公式，通过给
函数赋予一些称为参数的特定数值来按照特
定程序执行计算。Excel 2003 提供了大量的内置函数以供调用，例如，求最大值函数、求平
均值函数、求和函数等。函数的参数是函数进行计算所必需的初始值，使用函数时，把参数
传递给函数，而函数按照特定的程序对参数进行计算，把计算结果返回给用户。在公式中合
理地使用函数，可以大大节省用户的输入时间，简化公式的输入。

4.6.1　函数的分类

Excel 2003 提供的内置函数就其功能来看，分为以下几种类型。

（1）数据库函数：用于分析数据清单中的数值是否符合特定条件。

（2）日期和时间函数：用于分析和处理日期和时间值。

（3）数学和三角函数：可以处理简单和复杂的数学计算。

（4）文本函数：用于在公式中处理字符串。

（5）逻辑函数：使用逻辑函数可以进行真假值判断。

（6）统计函数：可以对选定区域的数据进行统计分析。

（7）工程函数：用于工程分析。

（8）信息函数：用于确定存储在单元格中的数据类型。

（9）财务函数：可以进行一般的财务计算。

4.6.2　函数的输入

使用函数与使用公式的方法相似，每个函数的输入都要以等号 " = "开头，接着输入函
数的名称，再紧跟着一对括号，括号内为一或多个参数，参数之间要用逗号来分隔。例如，
求和函数的表达式为 " = SUM(C2:E2)"，此函数将计算 C2 到 E2 区域单元格内数字的总
和，其中 SUM 为 "求和" 函数的名称，C2:E2 是 SUM 函数的参数。

如果能够记住函数的名称、参数，可直接在单元格中键入函数，其输入方法与公式的输
入相同。如果不能确定函数的拼写或参数，可以使用函数向导插入函数。如图 4-70 所示，
以求几位同学各科的总成绩为例，说明函数的插入方法。

求 "总成绩" 的具体操作步骤如下。

首先，选择要插入函数的单元格，如图 4-70 所示。

然后，执行【插入】|【函数】命令，或者单击 "编辑栏" 上的 "插入函数"按钮 *fx*，弹出
【插入函数】对话框，如图 4-71 所示。在 "类别"下拉列表框中选择所需的函数类型，这里选
"常用函数"。在 "选择函数" 列表框中选择要使用的函数，这里选默认的 "SUM"求和函
数。

单击【确定】按钮，弹出【函数参数】对话框，如图 4-72 所示。在该对话框中单击 Number1 文本框右侧的折叠按钮 ，折叠该对话框，在工作表中选择要计算总成绩的单元格区域 C2：E2，如图 4-73 所示。再次单击折叠按钮 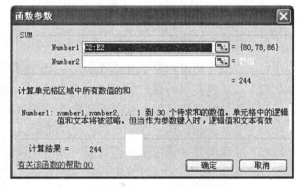，返回【函数参数】对话框，单击【确定】按钮，结果显示在单元格内，如图 4-74 所示。使用复制的方式计算其他学生的总成绩，发现单元格复制后，和公式一样，函数的参数也采用相对引用的方式。

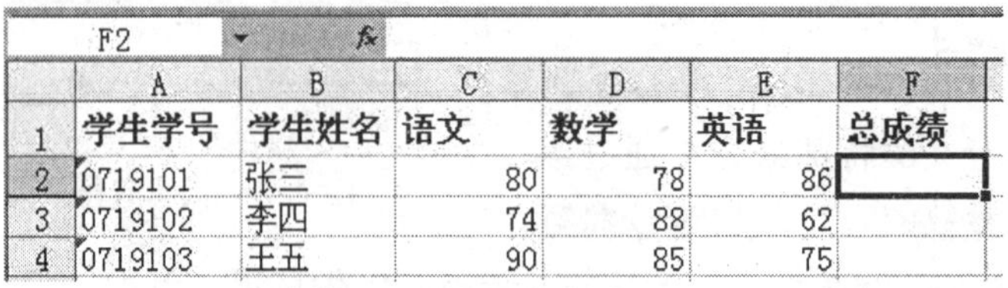

	A	B	C	D	E	F
1	学生学号	学生姓名	语文	数学	英语	总成绩
2	0719101	张三	80	78	86	
3	0719102	李四	74	88	62	
4	0719103	王五	90	85	75	

图 4-70　函数插入前的成绩表

图 4-71　【插入函数】对话框　　　　　　　　　图 4-72　【函数参数】对话框

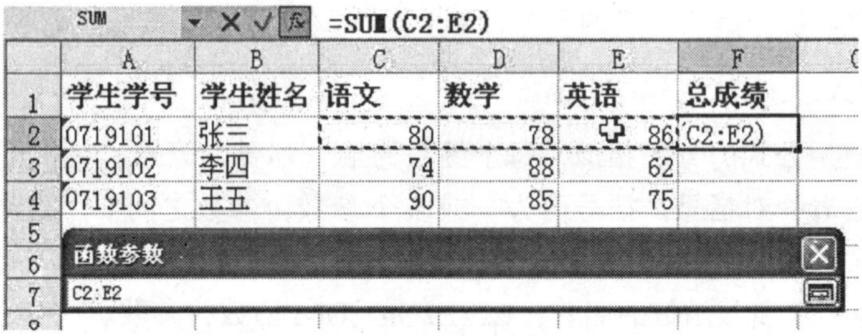

图 4-73　选择求和参数区域

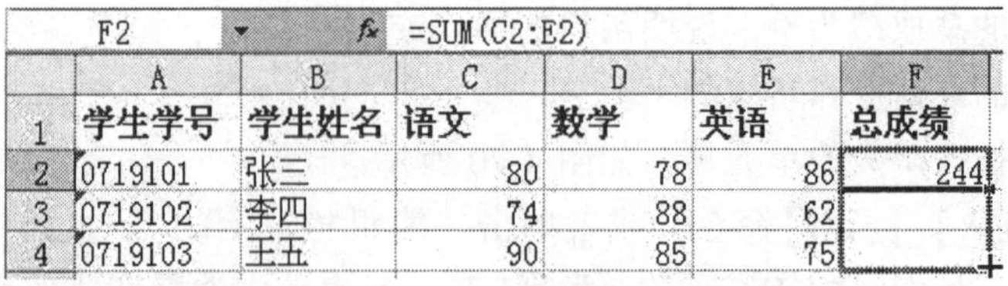

	A	B	C	D	E	F
1	学生学号	学生姓名	语文	数学	英语	总成绩
2	0719101	张三	80	78	86	244
3	0719102	李四	74	88	62	
4	0719103	王五	90	85	75	

图 4-74　求和运算结果

　　求和的简单方法是使用【常用】工具栏上的"自动求和"按钮 Σ，当单击该按钮右边的下拉箭头，将显示如图 4-75 所示菜单，可根据需要进行选择。它有助于完成公式的快速输入。

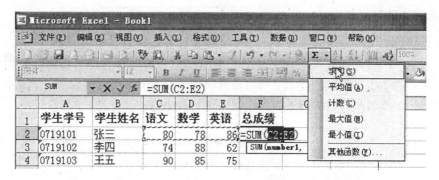

图 4-75　【自动求和】按钮的使用

4.6.3　常用函数介绍

Excel 2003 提供了大量的内置函数，如图 4-76 所示。在【插入函数】对话框中，每选择一个函数，在其下面就会有关于函数功能和参数的说明。本节将介绍几种较为常用的函数。

1．求和函数

功能：返回某一单元格区域中所有数字之和。

语法：SUM(number1，number2，…)

number1，number2，…为 1～30 个需要求和的参数。

说明：直接键入到参数表中的数字、逻辑值及数字的文本表达式将被计算。如果参数为错误值或为不能转换成数字的文本，将会导致错误。

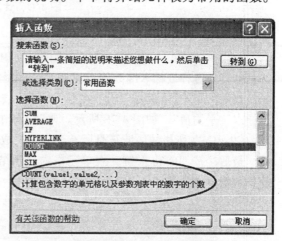

图 4-76　【插入函数】对话框中的函数说明

2．求平均值函数

功能：对所有参数求平均值。

语法：AVERAGE(number1，number2，…)

number1，number2，…为 1～30 个求平均值的参数。

3．求最大值函数

功能：求所有参数中最大的数值，忽略逻辑值及文本。

语法：MAX(number1，number2，…)

number1，number2，…是要从中找出最大值的 1～30 个数字参数。

4．求最小值函数

功能：求所有参数中最小的数值。

语法：MIN(number1，number2，…)

number1，number2，…是要从中找出最小值的 1～30 个数字参数。

5．条件函数

功能：判断一个条件是否满足，若满足，则返回一个值；若不满足，则返回另一个值。

语法：IF(logical_test，value_if_true，value_if_false)

logical_test 是一个表达式，若该表达式的值为真，则返回值为 value_if_true；否则，返回 value_if_false。

4.6.4　函数的举例

为了更确切地说明函数的使用方法，本节将以计算“学生成绩单”的例子来说明求平均值函数 AVERAGE()、求最大值函数 MAX()以及求最小值函数 MIN()的用法。图 4-77 所示为一个简化了的学生成绩单。每个学生的总成绩已经在 4.6.2 节计算完成，下面将分别计算语文、数学、英语以及总成绩的平均值、最大值、最小值。

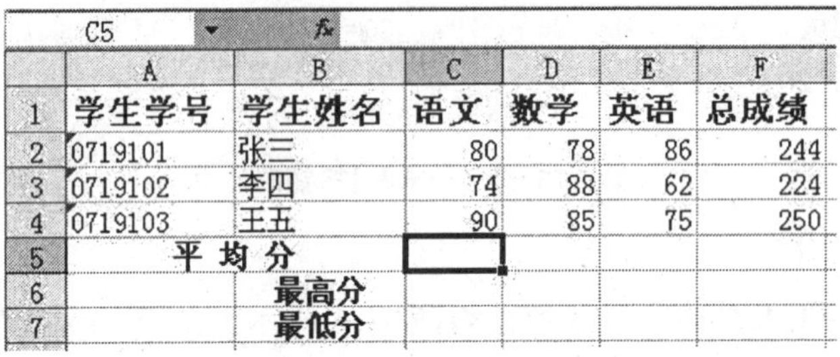
C5
fx
	A	B	C	D	E	F
1	学生学号	学生姓名	语文	数学	英语	总成绩
2	0719101	张三	80	78	86	244
3	0719102	李四	74	88	62	224
4	0719103	王五	90	85	75	250
5	平 均 分					
6		最高分				
7		最低分				

图 4-77　计算前的表单

1. 利用 AVERAGE 函数求平均值

利用 AVERAGE 函数求语文成绩的平均值，具体操作步骤如下。

首先，选择要插入函数的单元格 C5，即图 4-77 中的活动单元格。

然后，单击【常用】工具栏中“自动求和”按钮 Σ 右边的下拉箭头，在出现的下拉菜单中选择求“平均值”，如图 4-78 所示。此时 C5 中出现求平均值函数公式，AVERAGE 函数参数“C2：C4”所指的区域正是所有人的语文成绩区域，不用作任何改动。

最后，按“Enter”键，在单元格内显示结果。利用复制函数的方法，可以求出其余列的平均值，结果如图 4-79 所示。

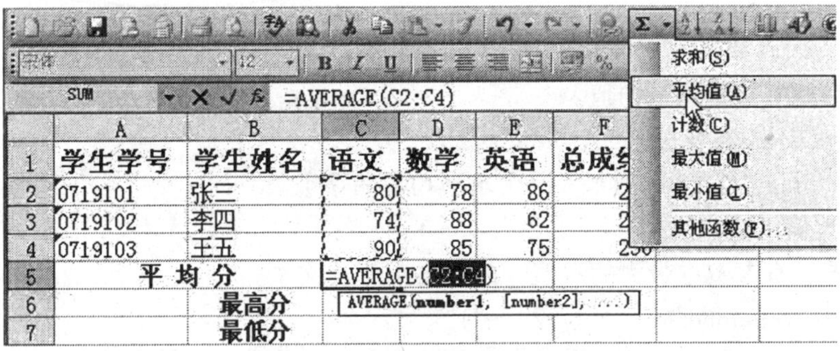
SUM
=AVERAGE(C2:C4)
求和(S)
平均值(A)
计数(C)
最大值(M)
最小值(I)
其他函数(F)...
学生学号
学生姓名
语文
数学
英语
0719101
张三
80
78
86
0719102
李四
74
88
62
0719103
王五
90
85
75
平 均 分
=AVERAGE(C2:C4)
AVERAGE(number1, [number2], ...)
最高分
最低分

图 4-78　计算语文成绩平均值

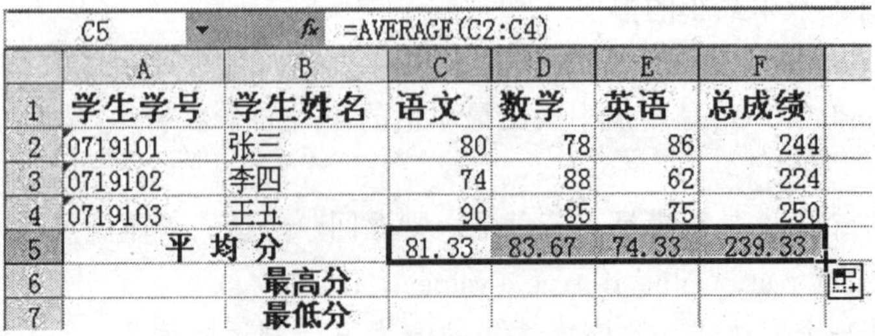
C5
=AVERAGE(C2:C4)
	A	B	C	D	E	F
1	学生学号	学生姓名	语文	数学	英语	总成绩
2	0719101	张三	80	78	86	244
3	0719102	李四	74	88	62	224
4	0719103	王五	90	85	75	250
5	平 均 分		81.33	83.67	74.33	239.33
6		最高分				
7		最低分				

图 4-79　平均值计算完毕

2. 利用 MAX 函数求最大值

利用 MAX 函数求语文成绩的最大值，具体操作步骤如下。

首先，选择要插入函数的单元格 C6。

然后，单击【常用】工具栏中"自动求和"按钮 Σ 右边的下拉箭头，在出现的下拉菜单中选择求"最大值"，如图 4-80 所示。此时 C6 中出现最大值函数公式，MAX 函数参数"C2：C5"所指的区域包含了刚刚所求的平均值，如果要改变默认的区域，移动鼠标到系统自动选定区域边界，拖动鼠标重新选择区域即可，如图 4-81 所示，将选定区域修改为"C2：C4"。

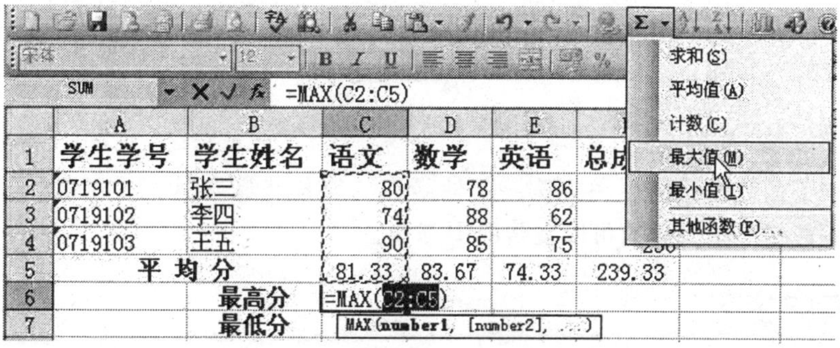

图 4-80　计算语文成绩的最大值

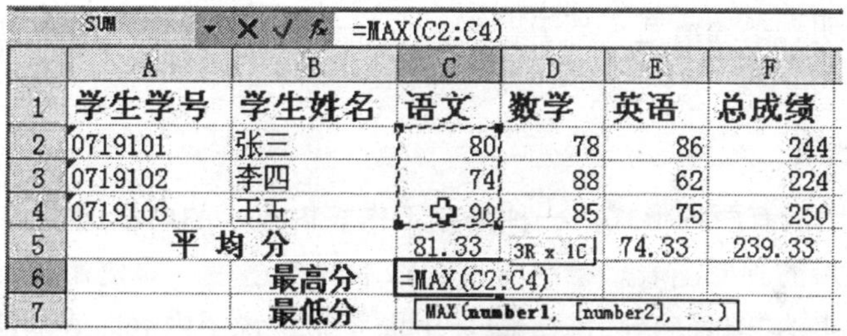

图 4-81　改变默认的选定区域

最后，按"Enter"键，在单元格内显示结果。利用复制函数的方法，可以求出其余列的最大值，结果如图 4-82 所示。

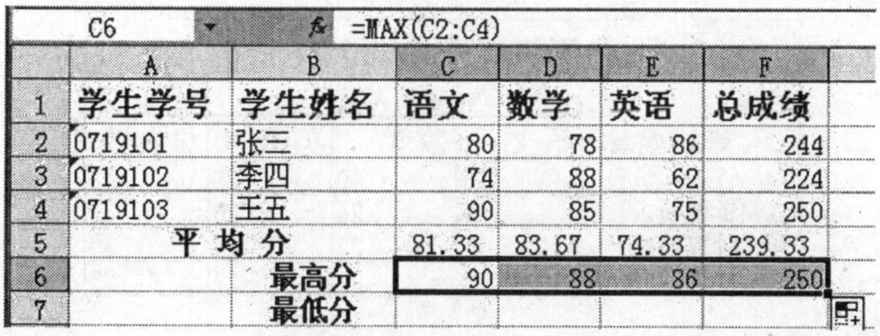

图 4-82　最大值计算完毕

3. 利用 MIN 函数求最小值

MIN 函数的使用方法也和上面两个函数相类似。有了前面的经验，用户可以自己输入函数名和参数，而不用进行一系列的选择，同样可以达到计算效果。

比如，计算语文成绩的最小值。首先，选中单元格 C7，在编辑栏内输入"= min（C2：

C4)"，如图 4-83 所示，然后按"Enter"键就可以计算出最小值，再将这个函数复制到后面
三个单元格，这个成绩单就制作完毕。

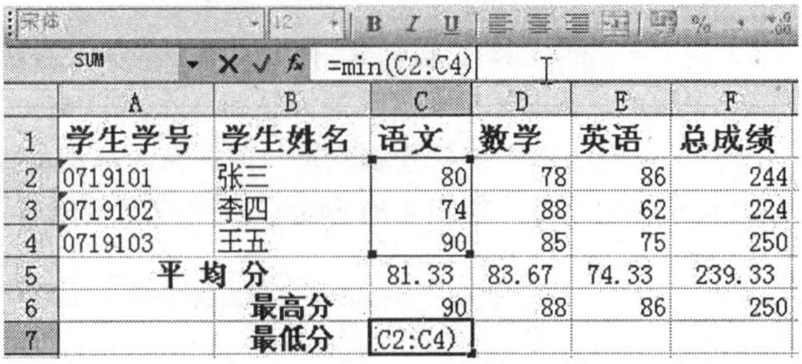

	A	B	C	D	E	F
1	学生学号	学生姓名	语文	数学	英语	总成绩
2	0719101	张三	80	78	86	244
3	0719102	李四	74	88	62	224
4	0719103	王五	90	85	75	250
5	平 均 分		81.33	83.67	74.33	239.33
6	最高分		90	88	86	250
7	最低分		C2:C4)			

图 4-83　输入求最小值函数

以上讲述了函数的三种运用方法，其他函数的操作步骤与这三个函数运用方法大致相
同，可以试着应用，不了解的可以在帮助中查找。

4.7　图表的使用

Excel 2003 强大的图表功能能够更加直观地将工作表中的数据表现出来，使原本枯燥无
味的数据信息变得生动形象。有时用许多文字也无法表达的问题，可以用图表轻松地表达，
并能够做到层次分明、条理清楚、易于理解。本节对图表的绘制、图表的类型以及图表的编
辑调整进行介绍。

4.7.1　绘制简单图表

Excel 2003 的图表有两种形式，一种是在工作表内显示的内嵌图表，另一种是在工作簿
的单独工作表上显示的独立图表。绘制图表有以下两条途径，即使用【插入】|【图表】命令或
使用【常用】工具栏上的"图表向导"按钮 。下面将举例说明内嵌图表的绘制方法。

图表是根据工作表中的数据绘制出来的，首先按照如图 4-84 所示的格式输入数据，这
是一个"计算机专业各班及格情况"的报表，其中统计了各班的语文、数学、英语科目的及
格人数，以及班级的总人数。有了这些原始数据，就可以按照下面的步骤绘制内嵌图表。

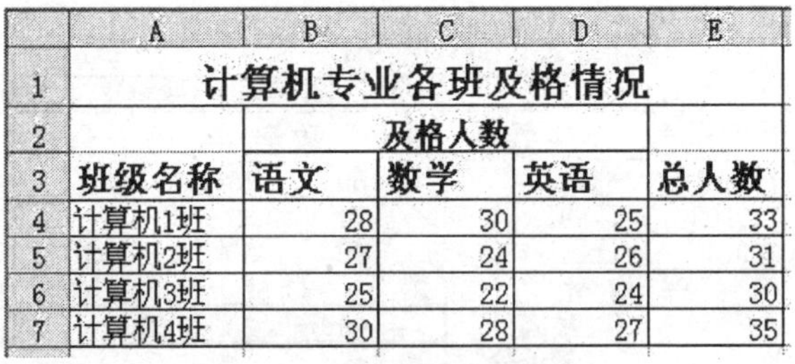

	A	B	C	D	E
1	计算机专业各班及格情况				
2		及格人数			
3	班级名称	语文	数学	英语	总人数
4	计算机1班	28	30	25	33
5	计算机2班	27	24	26	31
6	计算机3班	25	22	24	30
7	计算机4班	30	28	27	35

图 4-84　图表的原始数据

（1）单击【插入】|【图表】命令或【常用】工具栏上的"图表向导"按钮 ，进入图表向导的
第一个对话框——【图表类型】对话框，如图 4-85 所示。

在该对话框左侧选择一种图表类型，如"柱形图"，左侧出现相应的"子图表类型"列
表，选择其中的"三维簇状柱形图"，该对话框设置完毕。

图 4-85　【图表类型】对话框

　　（2）单击【下一步】按钮，进入到图表向导的第二个对话框——【图表源数据】对话框，在该对话框中可以为图表选择一个源数据。单击"数据区域"文本框后面的折叠按钮，该文本框将被折叠，如图 4-86 所示。在工作表中拖动鼠标选择图表的源数据区域，再次单击折叠按钮，该区域的地址显示在"数据区域"文本框中。根据预览的图表情况，在"系列产生在"单选区域选择"列"，如图 4-87 所示。

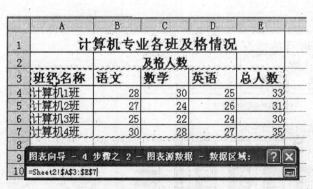

图 4-86　选择源数据区域

图 4-87　【源数据】对话框

　　（3）单击【下一步】按钮，进入到图表向导的第三个对话框——【图表选项】对话框。在该对话框的"图表标题"文本框中输入图表的标题"计算机专业各班及格情况"；输入"分类轴"名称"班级名称"；输入"数值轴"名称"及格人数"。在右侧的预览窗口可以看到加上这三个名称之后的图表情况，如图 4-88 所示。

　　（4）单击【下一步】按钮，进入到图表向导的最后一个对话框——【图表位置】对话框。如图 4-89 所示，在该对话框中有两个单选项，这两个单选项决定了绘制的图表是作为 Excel 内

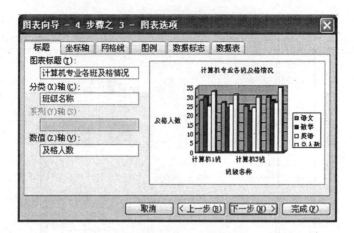

图 4-88 【图表选项】对话框

嵌的图表还是独立的图表，如果选择"作为新工作表插入"，该图表将作为独立的图表在工作簿中占一页，否则选择"作为其中的对象插入"，该图表将嵌入到源数据所在的工作表中。如图4-90 所示。

图 4-89 【图表位置】对话框

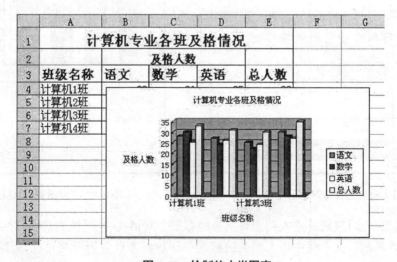

图 4-90 绘制的内嵌图表

4.7.2 图表的类型

在图 4-85 所示的【图表类型】对话框中，"图表类型"列表中列举了 Excel 2003 内置的 14

种图表类型，下面针对常用的图表类型进行简单的介绍。

1．柱形图

柱形图用来显示不同时间内数据的变化情况，或者用于对各项数据进行比较，是最普通的商用图表种类。柱形图中的分类位于横轴，数值位于纵轴，如图 4-91 所示。

2．条形图

条形图用于比较不连续的无关对象的差别情况，它淡化数值项随着时间的变化，突出数值项之间的比较。条形图中的分类位于纵轴，数值位于横轴，如图 4-92 所示。

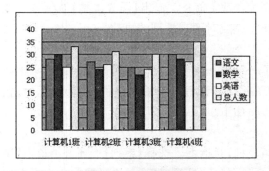

图 4-91　柱形图示例

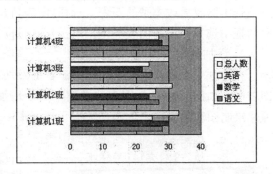

图 4-92　条形图示例

3．折线图

折线图用于显示某个时期内的数据在相等时间间隔内的变化趋势。折线图更强调变化率，而不是变化量，如图 4-93 所示。

4．饼图

饼图用于显示数据系列中每一项占该系列数值总和的比例关系，它通常只包含一个数据系列，用于强调重要的元素，这对突出某个很重要的项目中的数据是十分有用的，如图 4-94 所示。

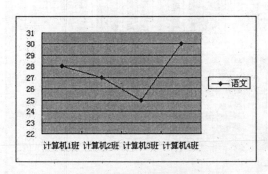

图 4-93　折线图示例

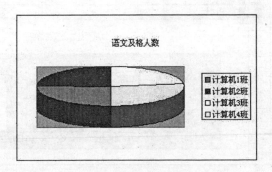

图 4-94　饼图示例

4.7.3　图表的编辑

绘制好图表以后，如果对图表的外观不满意，可以利用 Excel 2003 提供的工具进一步编辑修饰图表，使其更加美观、完善。Excel 2003 提供了丰富的选项，用于对图表进行修改操作，如更改图表类型、背景颜色，增加或者删除数据系列等。

1．调整图表

嵌入的图表可以自由移动。在移动之前，首先应该选中图表，单击图表中的空白区域，图表周围出现 8 个黑色小方块标记，即控制柄，说明图表已被选中。按住鼠标左键不放，拖动图表到另一新位置，放开鼠标左键，即完成图表移动的操作。

若要改变一个图表的尺寸，选定该图表，将鼠标指针指向控制柄，待指针变为双箭头状按住鼠标左键并拖动，即可改变图表的大小。

2. 更改图表类型

如果觉得创建好的图表不能很好地表达工作表中的数据，可以重新确定图表类型，以达到更佳效果。

选中需要更改类型的图表，选择【图表】|【图表类型】命令。弹出【图表类型】对话框，在对话框中选择需要的图表类型，单击【确定】按钮，完成对图表类型的更改。

3. 添加数据系列

在建立一个图表之后，如果向源数据添加了一行或一列新数据，还可以把该系列添加到图表中，如图 4-90 所示图表，在数据表中增加了一门新课程"计算机"的及格人数。要在原来绘制图表的基础之上添加数据系列，操作步骤如下。

首先，选定要添加数据系列的图表。

然后，执行【图表】|【源数据】命令，弹出【源数据】对话框，选择【系列】选项卡，单击【添加】按钮，在"名称"文本框中输入添加数据系列的名称"计算机"。单击"值"文本框右侧的折叠按钮，在工作表源数据中选择要添加的数据系列区域，如图 4-95 所示。

最后，单击【确定】按钮，完成设置。

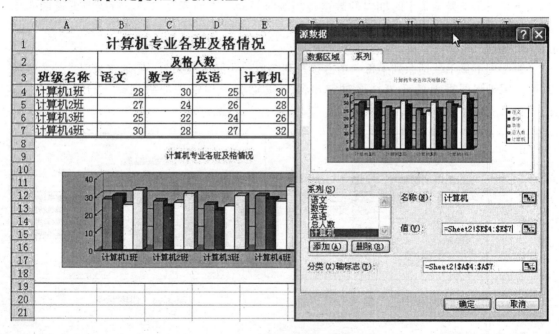

图 4-95　添加数据系列过程

4. 设置图表格式

图表的格式包括图表外观、颜色、文字和数字的格式。把鼠标放在图表的不同位置上稍停片刻，可以出现该区域的名称，如图表区、绘图区、背景墙、图例等，这些独立的区域就是图表元素。Excel 2003 可以分别更改这些图表元素的格式和样式。

图表格式的设置可以使用【格式】菜单中的命令，也可对"图表"中各图表元素进行双击, 出现该图表元素的格式设置对话框, 可以在这些对话框中对图表元素的样式进行更改。图 4-96 所示为更改了图表区、绘图区、背景墙颜色后的结果。

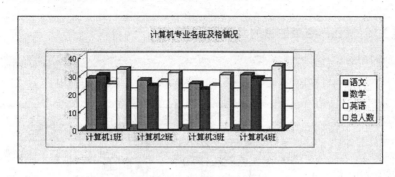

图 4-96 调整图表的外观

4.8 数据清单的管理

工作表中的数据部分(数据清单)可以看成一个数据库。Excel 2003 支持用户通过创建数据清单来管理数据, 并且提供了强大的数据筛选、排序和汇总等功能。利用这些功能, 可以方便地从数据清单中取得有用的数据, 并重新整理数据, 让用户按照自己的意愿从不同的角度去观察和分析数据, 管理好自己的工作簿。

4.8.1 数据清单的建立

数据清单中的行相当于数据库中的记录, 行标题相当于记录名; 数据清单中的列相当于数据库中的字段, 列标题相当于数据库中的字段名。创建数据清单与输入数据并无太大区别, 具体操作步骤如下。

(1) 选定当前工作簿中的某个工作表来存放要建立的数据清单。

(2) 建立标题行。

数据清单的第一行是标题行, 是数据清单的列标志, 类似于数据库中的字段名。在确定的标题行输入各个字段名, 如"学号""姓名"等。

(3) 输入记录。

在数据清单中输入记录有两种办法, 一种是在单元格内直接输入, 另一种是利用记录单输入。如果利用记录单输入, 可采取下面的步骤。

① 在标题行的下一行任选一个单元格。

② 单击【数据】|【记录单】命令, 弹出一个警告框, 如图 4-97 所示。这是由于表中没有记录内容, 系统无法判断输入的字段名是数据还是列标签, 单击【确定】按钮, 将首行作为列标签。

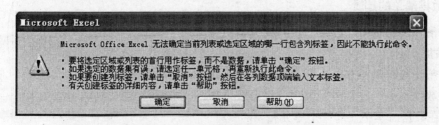

图 4-97 记录单警告框

③ 屏幕上出现【记录单】对话框，在该对话框中输入数据，然后单击该记录单上的【新建】按钮，输入下一条记录，如图 4-98 所示。使用【上一条】和【下一条】按钮可以在各记录之间浏览。

④ 单击【关闭】按钮，结束数据的输入。

图 4-98　用【记录单】对话框输入数据记录

(4) 设置数据清单格式。数据录入之后，为了使数据清单更清晰，可以在【格式】|【单元格】对话框中，作以下的格式调整。

① 将第一行的列标签加粗、居中对齐、加背景色。

② 将所有文本的字段居中对齐。

③ 为数据清单加边框。

具体设置格式的方法和一般的工作表一样，设置好的数据清单如图 4-99 所示。

	A	B	C	D	E	F
1	学号	姓名	性别	语文	数学	英语
2	0719101	张三	男	80	78	86
3	0719102	李四	女	74	88	62
4	0719103	王五	男	90	85	75
5	0719104	赵六	女	92	66	91
6	0719105	刘七	男	60	72	88

图 4-99　设置好格式的数据清单

4.8.2　数据清单的编辑

数据清单的编辑和一般工作表的编辑相同。

1. 添加新记录

添加新记录有两种方法：一种是直接将活动单元格移至数据清单的最后一行，在最后一行添加新数据；另一种是使用【数据】|【记录单】命令添加新记录。具体步骤如下。

(1) 在数据清单中任选一个单元格。

(2) 单击【数据】|【记录单】命令，在【记录单】对话框中单击【新建】按钮。

(3) 在各个字段输入新记录的数据。

(4) 添加完后，单击【关闭】按钮，退出记录单对话框。

2．插入记录

可直接插入记录到数据清单中。方法如下。

(1) 选中插入行的位置。

(2) 单击【插入】|【行】命令，在选中行上方出现空白行。

(3) 在空白行中输入记录。

3．修改记录

修改记录有两种方法：一种是直接在单元格中进行修改，另一种是使用【数据】|【记录单】命令修改记录。具体步骤如下。

(1) 在数据清单中任选一个单元格。

(2) 单击【数据】|【记录单】命令。

(3) 单击【上一条】或【下一条】按钮，找到要修改的记录。

(4) 对记录内容进行修改。

(5) 单击【关闭】按钮，退出记录单对话框。

4．删除记录

删除记录有两种方法：一种是直接在工作表中删除记录所在的行，另一种是使用【数据】|【记录单】命令删除记录。具体步骤如下。

(1) 在数据清单中任选一个单元格。

(2) 单击【数据】|【记录单】命令。

(3) 单击【上一条】或【下一条】按钮，找到要删除的记录。

(4) 单击【删除】按钮，并在弹出的对话框中确认删除。

(5) 单击【关闭】按钮，退出记录单对话框。

5．插入字段

先插入空白的列，再在空白列中输入字段名及具体的数据。

6．删除字段

删除字段就是删除字段所在的列。

4.8.3 数据的排序

数据排序是指按照一定规则对数据进行整理、排列，这样可以为进一步处理数据作好准备。Excel 2003 提供了多种对数据清单进行排序的方法，如升序、降序，用户也可以自定义排序方法。

1．简单排序

如果要针对某一列数据进行排序，可以单击【常用】工具栏中的【升序】按钮或【降序】按钮进行操作。具体操作步骤如下。

首先，在数据清单中选定某一列标签所在单元格。以图 4-99 所示的数据清单为例，如果要对"性别"进行排序，则选定"性别"所在单元格。

然后，根据需要，单击【常用】工具栏中的【升序】或【降序】按钮。如果要按照降序排列，单击【降序】按钮。结果如图 4-100 所示。

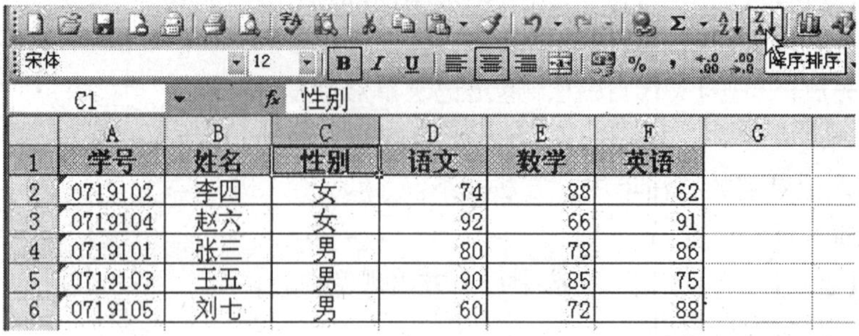

图 4-100　按"性别"的降序排列的数据清单

2. 多重排序

复杂一点的排序可以使用【排序】对话框进行排序，具体操作步骤如下。

首先，选中要排序的数据清单。

然后，单击【数据】|【排序】命令，将弹出【排序】对话框，如图 4-101 所示。在"主要关键字"下拉列表框中选择或输入"性别"，并选中其右侧的"降序"单选按钮；在"次要关键字"下拉列表框中选择或输入"语文"；在"我的数据区域"选项组中选中"有标题行"单选按钮。

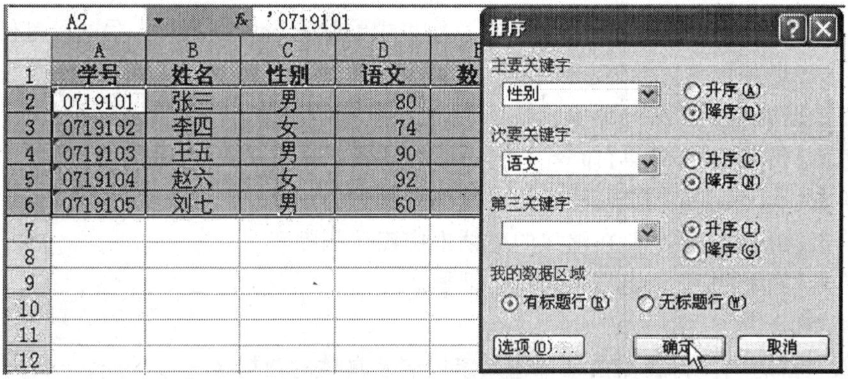

图 4-101　使用【排序】对话框进行多重排序

单击【确定】按钮，则数据清单中的数据先按照性别进行排序。若性别相同，则按照语文成绩从高到低进行排序，如图 4-102 所示。

图 4-102　多重排序结果

多重排序最多可以定义三级关键字，而且单击【排序】对话框上的"选项"按钮，在弹出的【排序选项】对话框中，还可以进行排序方向、排序方法的设置。

4.8.4　数据的筛选

筛选是从数据清单中查找和分析符合特定条件的记录数据的快捷方法，经过筛选的数据清单只显示满足条件的行，该条件由用户针对某列指定。Excel 2003 提供了两种筛选方法：自动筛选和高级筛选。

1．自动筛选

自动筛选适用于简单条件，通常是在一个数据清单的一个列中，查找相同的值。利用"自动筛选"功能，用户可在具有大量记录的数据清单中快速查找出符合多重条件的记录。

用户一次只能对工作表中的一个数据清单使用筛选命令，若要在其他数据清单中使用该命令，则需清除本次筛选。

下面以图 4-99 所示数据清单为例，介绍"自动筛选"功能的使用方法。具体操作步骤如下。

首先，选定数据清单中的任意一个单元格。

然后，单击【数据】|【筛选】|【自动筛选】命令，可以看到数据清单的列标题全部变成了下拉列表框，在"性别"下拉列表框中选择"男"选项，如图 4-103 所示，数据清单中隐藏了所有性别为"女"的记录。

	A	B	C	D	E	F
1	学号	姓名	性别	语文	数学	英语
4	0719103	王五	男	90	85	75
5	0719101	张三	男	80	78	86
6	0719105	刘七	男	60	72	88
7						

图 4-103　自动筛选所有男生记录

在"语文"下拉列表框中选择"自定义"，弹出【自定义自动筛选方式】对话框，在其中的"语文"下拉列表框中选择"大于或等于"选项，在其后面的下拉列表框内输入或选择"80"，如图 4-104 所示。

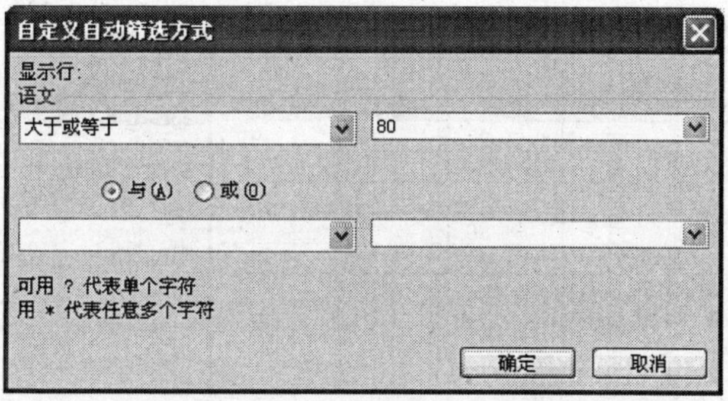

图 4-104　【自定义自动筛选方式】对话框

最后，单击【确定】按钮，自动筛选结果如图 4-105 所示，它显示了所有男生中语文成绩高于 80 的记录。

要取消自动筛选，再次单击【数据】|【筛选】|【自动筛选】命令即可。

2．高级筛选

	A	B	C	D	E	F
1	学号 ▼	姓名 ▼	性别 ▼	语文 ▼	数学 ▼	英语 ▼
4	0719103	王五	男	90	85	75
5	0719101	张三	男	80	78	86
7						

图 4-105　自动筛选结果

若数据清单中的字段比较多，筛选的条件也比较多，则可以使用"高级筛选"功能来筛选数据。

要使用"高级筛选"功能，必须先建立一个条件区域，用来指定筛选的数据需要满足的条件。条件区域的第一行是作为筛选条件的字段名，这些字段名必须与数据清单中的字段名完全相同，条件区域的其他行则用来输入筛选条件。需要注意的是，条件区域和数据清单不能连接，必须用一个空行将其隔开。

下面仍以图 4-99 所示数据清单为例，介绍"高级筛选"功能的使用方法。具体操作步骤如下。

首先，在数据清单所在工作表中选定一个条件区域，并输入筛选条件。如，在 B8 单元格中输入"数学"，在 B9 单元格中输入"＞70"，在 C8 单元格中输入"数学"，在 C9 单元格中输入"＜80"。

然后，选定数据清单中的任意一个单元格，单击【数据】|【筛选】|【高级筛选】命令，弹出【高级筛选】对话框。单击"列表区域"后的折叠按钮，选择要筛选的数据范围，如图 4-106 中的虚线所示。单击"条件区域"后的折叠按钮，选择高级筛选的条件。

最后，单击【确定】按钮，筛选结果如图 4-107 所示，显示了所有数学成绩介于"70"和"80"之间的学生记录。

要取消高级筛选，单击【数据】|【筛选】|【全部显示】命令即可。

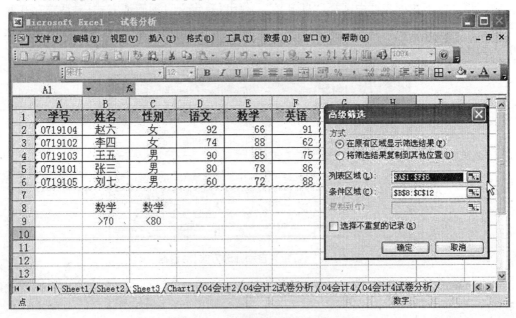

图 4-106　设置【高级筛选】对话框

	A	B	C	D	E	F
1	学号	姓名	性别	语文	数学	英语
5	0719101	张三	男	80	78	86
6	0719105	刘七	男	60	72	88
7						
8		数学	数学			
9		>70	<80			

图 4-107　高级筛选结果

4.8.5　数据的汇总

当用户对表格数据或原始数据进行分析处理时，往往需要对其进行汇总，还要插入带有汇总信息的行，Excel 2003 提供的"分类汇总"功能将使这项工作变得简单易行，它会自动地插入汇总信息行，不需要人工进行操作。

"分类汇总"的汇总方式灵活多样，如求和、平均值、最大值等，可以满足用户多方面的需要。下面以图 4-99 所示数据清单为例，介绍对数据进行分类汇总的方法。具体操作步骤如下。

首先，对数据清单按照汇总字段进行排序，这里按照"性别"升序排列数据清单。

然后，选定数据清单中的任意一个单元格，单击【数据】|【分类汇总】命令，将弹出【分类汇总】对话框，在"分类字段"下拉列表中选择"性别"，在"汇总方式"下拉列表框中选择"平均值"，在"选定汇总项"列表框中选中"语文""数学""英语"复选框，如图 4-108 所示。

图 4-108　设置【分类汇总】对话框

最后，单击【确定】按钮，结果如图 4-109 所示，分别对男生和女生的数学、语文、英语成绩进行了求平均分的汇总。

对数据进行分类汇总后，还可以恢复工作表的原始数据，再次选定工作表，单击【数据】|【分类汇总】命令，在弹出的【分类汇总】对话框中单击【全部删除】按钮，即可将工作表恢复

1 2 3		A	B	C	D	E	F
	1	学号	姓名	性别	语文	数学	英语
	2	0719101	张三	男	80	78	86
	3	0719103	王五	男	90	85	75
	4	0719105	刘七	男	60	72	88
	5			男 平均值	77	78	83
	6	0719102	李四	女	74	88	62
	7	0719104	赵六	女	92	66	91
	8			女 平均值	83	77	77
	9			总计平均值	79	78	80
	10						

图 4-109   按"性别"分类汇总结果

到原始数据状态。

本章小结

本章详细地介绍了功能强大的电子表格处理软件 Excel 2003 的使用方法和操作步骤。主要包括 Excel 2003 的入门知识，单元格的操作技巧，工作表的编辑、管理、打印，公式、函数、图表的使用方法，以及数据清单的管理等方面内容。

习   题

1. 填空题

(1) Excel 2003 工作表的视图浏览形式包括_____、_____和全屏显示视图。

(2) Excel 2003 的工作界面由_____、_____、_____、编辑栏、任务窗格、状态栏、滚动条、工作表标签等组成。

2. 简答题

(1) 启动 Excel 2003 的方法有哪些？

(2) Excel 2003 的窗口有哪些基本组成部分？

(3) 如何选取单元格、选取连续区域和不连续区域？

(4) 复制或移动单元格有哪些方法？

(5) 在工作簿中如何添加和删除工作表？如何重命名和重排列工作表？

(6) 如何精确地调整工作表的行高或列宽？

(7) 数据清单如何建立？如何对数据清单进行排序？

(8) 如何对工作表进行页面设置？在多页的情况下，如何为每页都设置表头？

(9) 在预览工作表时能调整页边距吗？如何进行？

第 5 章　PowerPoint 基础

PowerPoint 2003 是 Microsoft 公司开发的 Office 2003 办公软件的组件之一，使用 Power-Point 可以制作幻灯片，例如，项目计划、报告和产品演示时，将其制作成幻灯片，这样可以在向观众播放幻灯片的同时，配以丰富翔实的讲解，使之更加生动形象。

通过本章的学习，可以掌握 PowerPoint 的基本操作、演示文稿的创建、图表的插入、背景和配色方案的使用、幻灯片母版应用以及最后的放映及其控制等。

5.1　PowerPoint 简介

5.1.1　PowerPoint 的启动

启动 PowerPoint 可以通过以下任意一种方法。

（1）利用开始菜单启动。单击【开始】|【程序】|【Microsoft Office】|【Microsoft Office Po-werPoint 2003】命令。

（2）利用快捷方式启动。如果在桌面上创建了快捷方式，双击桌面上的 PowerPoint 图标。

（3）利用已有 PowerPoint 文件启动。双击任意一个已经建好的 PowerPoint 文件。

初次启动后进入 PowerPoint 界面，如图 5-1 所示。

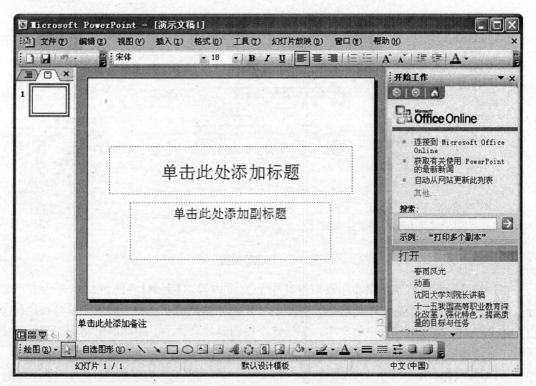

图 5-1　PowerPoint 界面

5.1.2　PowerPoint 的视图模式

PowerPoint 的基本视图模式包括【普通】视图、【大纲】视图、【幻灯片】视图和【幻灯片浏览】视图，下面分别介绍。

1.【普通】视图

当打开 PowerPoint 时，看到的第一个视图就是【普通】视图。PowerPoint 与 Word 和 Excel 的界面一样，在其窗口的右侧同样有一个任务窗格，这个窗格可以让用户对幻灯片进行修饰。

视图窗口的左下方有三个快捷按钮，单击前两个按钮，可以在四种常用的视图间进行切换；最后一个是【幻灯片放映】按钮，单击该按钮，可以直接放映当前正在编辑的幻灯片。

2.【大纲】视图

在【普通】视图下，单击 PowerPoint 窗口中左侧的【大纲】标签，可以切换到【大纲】视图，如图 5-2 所示。

图 5-2　【大纲】视图

在【大纲】视图中可以组织和编辑幻灯片中的文本内容。【大纲】视图窗口也分为三个部分，左侧的窗格为大纲的文本内容区，每张幻灯片的标题都出现在相应的数字编号和图标旁边。如果想专心编辑幻灯片中的文本，那么这个视图是最合适的。中间的窗格为幻灯片编辑区域，右侧的窗格为任务区域。

3.【幻灯片】视图

【幻灯片】视图是调整、修饰幻灯片的最好显示模式，其实【幻灯片】视图已经与【普通】视图进行了合并，在【普通】视图模式下，用户可以自由地在【大纲】视图和【幻灯片】视图模式间进行选择。用户也可以通过按"Ctrl + Shift + Tab"组合键在这两种视图模式间进行切换。

【幻灯片】视图如图 5-3 所示。在这个视图中，窗口被分为三部分，单击左侧窗格中的幻灯片图标，即可在右侧的窗口显示相应的幻灯片。之后可以对其进行各种编辑和修饰操作，设置动画放映效果等。当用户将鼠标指向左侧窗格中的幻灯片图标时，会出现提示文字说明该幻灯片的标题。

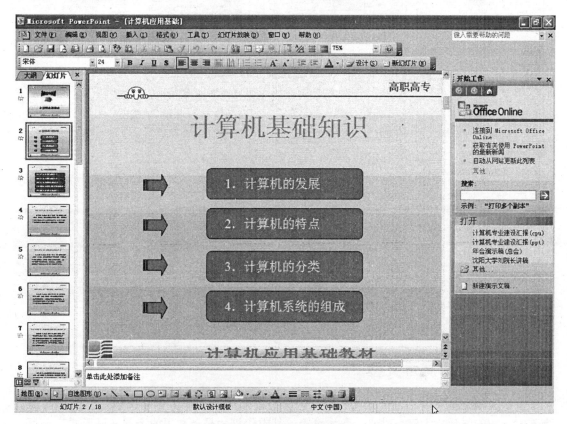

图 5-3　【幻灯片】视图

4.【幻灯片浏览】视图

单击【视图】菜单，选择【幻灯片浏览】选项，可以切换到【幻灯片浏览】视图，如图 5-4 所示。

在【幻灯片浏览】视图中，可以从整体上浏览所有幻灯片的效果，并方便地进行幻灯片的复制、移动、删除等操作。在此视图中，不能直接对幻灯片内容进行编辑和修改，双击某个幻灯片后，PowerPoint 会自动切换到【幻灯片】视图，之后可以进行各种编辑操作。

除了这四个常用视图外，PowerPoint 中还有【讲义】视图、【备注页】视图等模式，这些将在介绍相关内容时再具体讲述。无论在哪个视图模式下，都可以通过单击【常用】工具栏上的【显示比例】下三角按钮，调整幻灯片的显示比例。

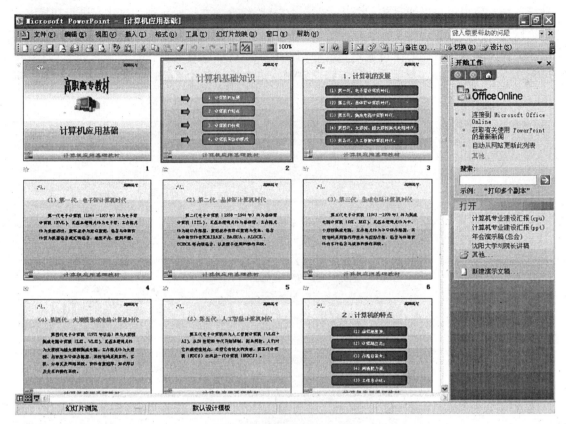

图 5-4 【幻灯片浏览】视图

5.2 创建一个演示文稿

演示文稿是指 PowerPoint 的文件，它默认的后缀是 ".ppt"。演示文稿可以有不同的表现形式，如幻灯片、大纲、讲义、备注页等，其中幻灯片是最常用的演示文稿形式。

5.2.1 使用向导创建演示文稿

PowerPoint 2003 与 PowerPoint 的其他版本相比，在创建演示文稿和新幻灯片上作了很大改进。PowerPoint 提供了【幻灯片版式】和【幻灯片设计】任务窗格，在这两个任务窗格中，用户可以轻松地将版式、设计模板和配色方案应用到自己的幻灯片中。当从任务窗格中选择一个项目时，幻灯片的外观立即更新。

当第一次启动 PowerPoint 时，如果想要创建一篇演示文稿，可以通过【新建演示文稿】任务窗格来实现。具体操作步骤如下。

(1) 在【新建演示文稿】任务窗格中选择【根据内容提示向导】选项，如图 5-5 所示。这时 PowerPoint 会打开如图 5-6 所示的【内容提示向导】对话框，在提示向导的第一步直接单击【下一步】按钮，打开如图 5-7 所示的【可行性研究报告】对话框。

(2) 这时看到 PowerPoint 提供的演示文稿类型，单击左侧相应的类别按钮，右侧的列表框中就会出现属于该类别的所有模板。如图 5-7 所示，单击【全部】按钮，列表框中显示了 PowerPoint 提供的所有演示文稿模板，在本例中选择了【可行性研究报告】模板。如果用户在使用以前版本的 PowerPoint 时自己制作了很多模板，也可以单击【添加】按钮，将这些模板

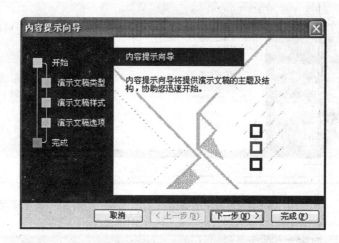

图 5-5　设置幻灯片版式　　　　　　　　**图 5-6　【内容提示向导】对话框**

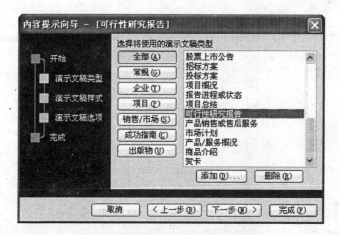

图 5-7　选择要创建的演示文稿类型图

添加到相应类别的模板库中。

（3）单击【下一步】按钮，进入向导的第三步，如图 5-8 所示。在这一步中，需要选择创建的演示文稿的用途。向导对话框中列出了 PowerPoint 支持的五种输出类型，在本例中选中【屏幕演示文稿】单选按钮。根据用户的不同选择，PowerPoint 会自动调整演示文稿的格式，以满足要求。

（4）单击【下一步】按钮，进入向导的最后一步，如图 5-9 所示。

（5）在幻灯片中加入上次更新日期和幻灯片编号等。设置完成后，单击【完成】按钮，即可创建出一个符合要求的演示文稿。

使用向导创建演示文稿时，可以随时单击【上一步】按钮，回到前面的对话框，修改相应的设置。可以看到，使用向导创建的演示文稿中许多文字和图形内容都已经设计好了，所要做的只是替换文字和修改图形对象。

使用 PowerPoint 的向导功能可以创建很多类别的演示文稿，基本可以满足一般办公用户的需要。如果不熟悉 PowerPoint 的使用方法，而又要在短时间内制作出满足要求的演示文稿，那么向导可以是最得力的助手。

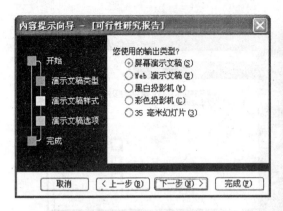
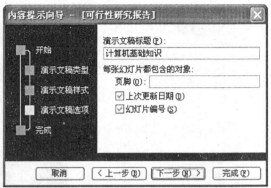

图 5-8　选择输出类型　　　　　图 5-9　设置演示文稿的标题和共同对象图

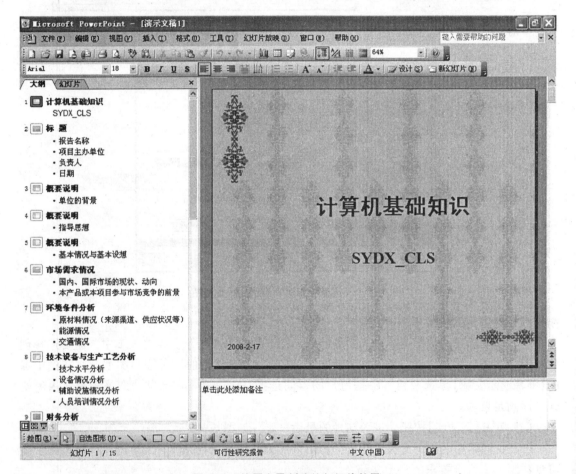

图 5-10　使用向导创建的幻灯片效果

5.2.2　使用设计模板创建演示文稿

使用上节介绍的向导方法创建演示文稿，由于已经事先预定了格式，并不能满足用户的一些特殊需要。这时就要学习如何使用设计模板一步步地创建幻灯片，具体操作步骤如下。

（1）单击【文件】|【新建】命令，打开【新建演示文稿】任务窗格。

（2）选择【根据设计模板】选项，打开如图 5-11 所示的【幻灯片设计】任务窗格。在【幻灯片设计】任务窗格里面有 PowerPoint 为用户提供的几十种模板。这些模板只是预设了格式和配色方案，用户可以根据自己的演示主题在其中替换文字，选择相应的版式。

（3）在列表框中选中某个版式后，会即时出现对该版式的说明。在选中的版式上单击，就可以将选中的幻灯片版式应用到新的幻灯片中了。如图 5-12 所示，此处选择了"雪莲花开"版式。

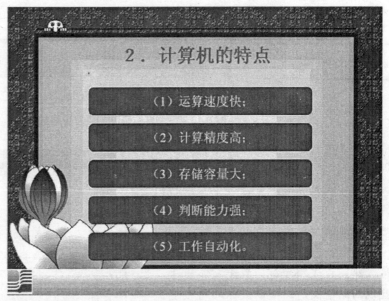

图 5-11　【幻灯片设计】任务窗格　　　　　　**图 5-12　应用幻灯片的自动版式**

根据选择的自动版式，幻灯片的背景和版式就应用到了新的幻灯片中，只需根据提示单击相应的位置，即可将光标定位其中，接着只要输入文字或插入各种对象即可。

在 PowerPoint 默认的状态下，会将选中的版式应用到所有的演示文稿中。如果不想所有的演示文稿使用同一个幻灯片版式，那么可以单击选定版式右侧的下三角按钮，这时会弹出一个下拉菜单，在这里可以设置是将选定的幻灯片版式"应用于所有幻灯片"还是"应用于选定幻灯片"。利用这个下拉菜单，也可以设置版式的显示方式。

5.2.3　在幻灯片中输入文字

在使用自动版式创建的幻灯片中，PowerPoint 为用户预留了输入文本的"占位符"，如图 5-13 所示的文本框中的占位符。此时用户只要单击幻灯片中相应的占位符位置，即可将光标定位其中，然后就可以输入文本了。

　　如果要在占位符以外的位置输入文本，可以使用在 Word 中介绍的文本框功能。具体操作步骤如下。

　　(1) 单击【插入】|【文本框】命令，选择使用"水平"或"垂直"文本框。

　　(2) 拖动鼠标在幻灯片中"画"出一个文本框，接着只要在文本框中输入相应的文字。如图 5-13 所示，在占位符以外的位置插入了新的文本框，使用此功能，可以在幻灯片上的任意位置添加文本内容。

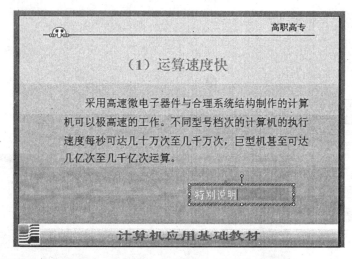

图 5-13　使用文本框在幻灯片中添加文字

　　如果在幻灯片中插入文本框后，没有及时输入文字，当进行完其他操作后，会发现刚才插入的文本框消失了，这时只能重新插入文本框，所以在插入文本框后，要及时地输入文本内容。

　　插入到幻灯片中的文本框可以任意改变大小。首先将鼠标，置于文本框上，当出现四向箭头时，拖动鼠标即可改变文本框的位置：将鼠标移到文本框边缘的八个点之一上，鼠标会变成双向的箭头，此时按住左键拖动，可以方便地改变文本框的大小。

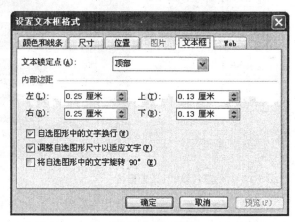

图 5-14　【设置文本框格式】对话框

　　注意：有时当拖动鼠标增大幻灯片中的文本框尺寸时，会发现文本框的大小并没有改变，这是因为幻灯片中该文本框内输入的文本过少。

　　在幻灯片中预设了文本框的位置，右击会弹出一个快捷菜单，选择其中的【设置文本框格式】选项，会打开【设置文本框格式】对话框，如图 5-14 所示。

　　切换到该对话框中的【文本框】选项卡，可以从中调整文本框内的文字至文本框边缘的距离，如果需要，还可以将文本框中的文字翻转 90°。

5.2.4　在幻灯片中插入图形对象

　　为了使幻灯片更加生动形象，还可以在其中插入各种图形对象，如图片、剪贴画、自选图形、艺术字、公式、表格、图表、组织结构图等。插入图片、剪贴画和表格等对象的方法在介绍 Word 时已经涉及，只要打开【插入】菜单中的【图片】子菜单，选择其中相应的选项即可。本小节介绍如何在幻灯片中插入图表和组织结构图。

1. 插入图表

首先打开要插入图表的幻灯片，然后选择【插入】菜单中的【图表】子菜单。单击图标，PowerPoint 就会在相应位置直接插入一个图表，并打开一个数据表，如图 5-15 所示。

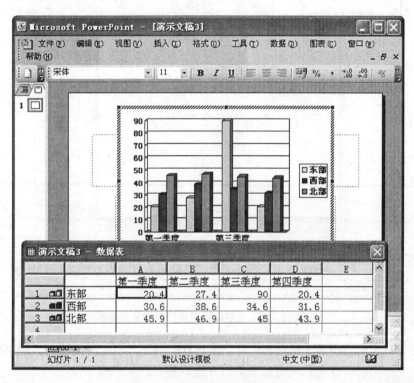

图 5-15　在幻灯片中插入图表

用户可以在数据表中直接修改图表横轴的、纵轴的坐标文字以及相应的数据内容。幻灯片中的图表效果会随着设置的改变即时发生变化。编辑完成后，单击幻灯片中图表外的任意位置，即可回到幻灯片编辑状态。

之后，将鼠标移到图表的上方，鼠标光标会变成四向箭头的形状。此时按住左键拖动，即可方便地改变图表的位置。改变图表大小的操作与调整其他图形对象相同，单击图表后，会出现八个白色的点，将鼠标置于这八个点上拖动即可。

2. 组织结构图

组织结构图是 PowerPoint 中一种常用的图形对象，它可以清楚地展示组织结构、显示人员调配信息等。选择【插入】菜单中的【图示】子菜单，此时系统会打开一个【图示库】对话框，如图 5-16 所示。

在这个对话框中，用户可以选择一种组织结构图的样式。选中后，单击【确定】按钮，就可以通过【组织结构图】工具栏上

图 5-16　【图示库】对话框

的各种版式按钮创建出任意结构的组织结构图。图 5-17 所示是插入组织结构图后的幻灯片
效果。

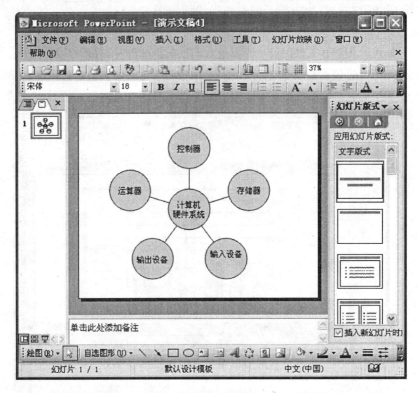

图 5-17　插入组织结构图后的幻灯片效果图

如果要修改组织结构图中的内容，可以通过【图示】工具栏进行修改。组织结构图本身也
属于图形对象，可以用改变其他图形对象的方法调整它的大小和位置。

如果在幻灯片中插入了多个图形对象，它们可能会互相覆盖，从而影响幻灯片的显示效
果，此时可以设置各个图形对象的叠放次序。首先选中幻灯片中的图形对象，然后右击，在
弹出的快捷菜单中选择【叠放次序】子菜单下的选项，如图 5-18 所示。

在这个子菜单中，有【置于顶层】、【置于底层】、【上移一层】和【下移一层】四个选项，可
以通过它们调整各图形对象在幻灯片中的相对位置。

5.2.5　插入影片和声音

除了插入各种图形对象外，还可以在幻灯片中插入影片和声音。打开【插入】菜单中的【影
片和声音】子菜单，里面有 PowerPoint 中可以插入的各种影片和声音选项，如图 5-19 所示。

可以选择插入来自"剪辑管理器"中的视频文件，或者自己制作的小影片。单击相应的
菜单项后，PowerPoint 会打开剪辑库或相应的对话框，选中要使用的文件即可。

PowerPoint 除了支持声音文件的插入外，还可以直接在 PowerPoint 中录制声音。此外，
如果用户珍藏了许多经典 CD 音乐，在这里也可以应用。首先将 CD 光盘放入光驱中，然后
选择【影片和声音】子菜单中的【播放 CD 乐曲】选项，打开图 5-20 所示的【影片和声音选项】
对话框。

此时 PowerPoint 会自动探测出 CD 光盘上所有的曲目和每首曲目的播放时间，选中需要

图 5-18　设置对象的叠放次序

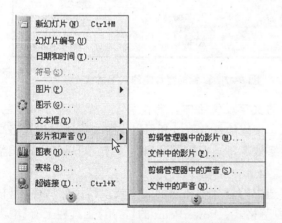

图 5-19　在幻灯片中插入影片和声音

图 5-20　在幻灯片中插入 CD 乐曲

播放的曲目后，单击【确定】按钮。此外，对话框中还有一个【循环播放，直到停止】复选框，选中它后放映幻灯片，CD 音乐会一直循环播放，直到用户手动停止。

　　注意：插入到幻灯片中的影片或声音文件只是采用简单的链接方式，并不会增大演示稿文件的大小。

　　插入幻灯片的视频影片将以图形对象的方式出现，用户可以像改变图片大小一样改变视频窗口的大小和位置，单击该窗口即可播放该视频文件。同样插入幻灯片的声音或 CD 乐曲也将以图标的方式出现，单击相应的图标即可播放音乐，再次单击可以暂停播放。

5.3　演示文稿的编辑和修饰

5.3.1　幻灯片中的文字设置

在幻灯片中输入文本后，有时还要继续修饰文字，设置相应的段落格式和文字对齐方式，美观的文本是表达幻灯片主题的最好工具。

在幻灯片的文本框中输入大量文字后，要适当地调整行距和段间距，以使幻灯片看上去更简洁。首先将光标置于要调整行距的文本行上或选中整个段落，然后单击【格式】|【行距】命令，打开【行距】对话框，如图 5-21 所示。

可以直接在【行距】选项组的微调框中直接输入需要的行距大小，或在【段前】、【段后】选项组中调整相应的段落距离。单击【预览】按钮，对话框后面的文本间距会发生相应的变化。若对调整的结果满意，则单击【确定】按钮；否则，可以单击【取消】按钮，将段落的行距恢复为原始设置。

修饰文字时，首先选中幻灯片文本框中相应的文字，然后单击【格式】|【字体】命令，打开【字体】对话框，如图 5-22 所示。

　　图 5-21　调整行距和段间距　　　　　　图 5-22　设置幻灯片中的文字格式

在这个对话框中，用户可以对幻灯片中的文字设置字体、调整字形、修改字号和颜色、设置各种特殊文字效果等。在【偏移】微调框选中或输入数值，还可以设置文字相对位置略高或略低的特殊效果。需要注意的是，这种文字效果不同于【上标】和【下标】，可以细致地调整文字间的相对位置。

除了使用【字体】对话框外，还可以直接选中幻灯片中相应的文字或段落，然后使用【格式】工具栏上的按钮设置幻灯片中的文字和段落格式。PowerPoint 的【常用】工具栏上有【增大字号】和【缩小字号】两个按钮，通过它们可以方便地改变幻灯片中文字的字号，如图 5-23 所示。

PowerPoint 中的文字使用的都是英文字号，从 8 号到 96 号，每单击一次改变字号的快捷按钮，文字的字号改变 4 号。

PowerPoint 中有 5 种文字对齐方式，分别是"左对齐""居中""右对齐""分散对齐"和"两端对齐"。其中【格式】工具栏上只有前 4 种文字对齐方式，要使用两端对齐方式，可以打开【格式】菜单中的【对齐方式】子菜单，从中选择所需的选项，如图 5-24(a)所示。

此外，PowerPoint 还专门为日文和英文字体设置了各种字体对齐方式，打开【格式】菜单中的【字体对齐方式】子菜单，里面有 4 种对齐方式可供用户选择，如图 5-24(b)所示。

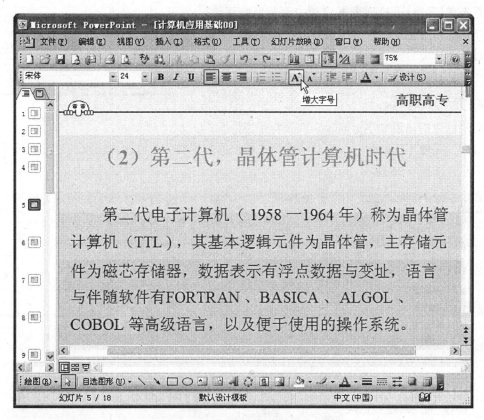

图 5-23　使用快捷按钮调整字号

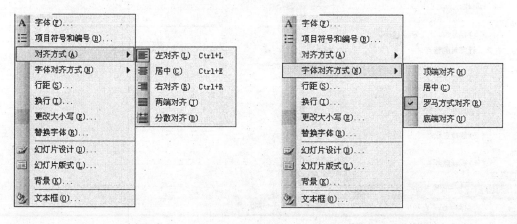

　(a) 对齐方式　　　　　　　　　　　　(b) 英文和日文字体的对齐方式

图 5-24　设置对齐方式

　　这里只介绍"罗马对齐方式"。选中该方式后，PowerPoint 会将日文和英文字体按照英文字体的底部边缘对齐。

　　有时，打开一个来自其他计算机的演示文稿文件时，该文稿中可能使用了系统中没有的字体，这时可以使用 PowerPoint 中的替换字体功能，将这些不能正确显示的文字统一更改成系统中支持的字体。单击【格式】|【替换字体】命令，打开【替换字体】对话框，如图 5-25 所示。

首先在【替换】下拉列表框内选中要替换的字体，然后在【替换为】下拉列表框中选择一种新字体，单击【替换】按钮，即可完成演示文稿中所有字体的替换。最后单击【关闭】按钮，关闭此对话框。

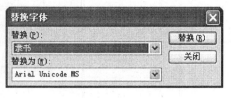

5.3.2 修改段落级别

在幻灯片中使用文字标题时，最好的办法是设置

图 5-25 替换字体

段落级别，并使用不同的项目符号和编号来标识内容层次，这样制作出来的幻灯片既醒目又条理清晰，如图 5-26 所示。

图 5-26 使用快捷按钮调整段落级别

不同的段落级别是指对不同级别的文字使用不同的字体、字号和项目符号。在本例的幻灯片中，使用了四级段落格式，不同级别的文字标题使用了不同的字体、字号和文字效果。除了可以依次设置每级标题的格式外，还可以通过【格式】工具栏上的【上移】和【下移】两个按钮快速地改变段落级别。

首先将光标置于要改变段落级别的文本行或段落中，然后根据需要直接单击工具栏上的【上移】和【下移】按钮即可。此时 PowerPoint 会直接将该段文字移到上一个标题或下一个标题位置。

　　注意：在 PowerPoint 中使用 Tab 键设置段落缩进时，要注意，当在此段落中使用了项目符号后，按下 Tab 键，会直接将该段落降级。

　　在 PowerPoint 的【大纲】视图中设置段落级别是最方便的，单击【视图切换】按钮切换到【大纲】视图，如图 5-27 所示。

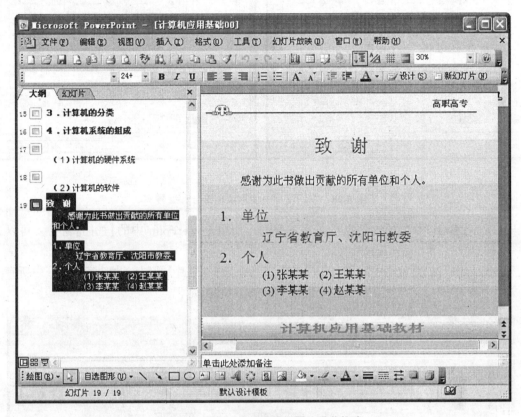

图 5-27　在【大纲】视图中更改段落格式

　　在 5.1 节介绍【大纲】视图时，使用了【常用】工具栏上的【全部展开】按钮。单击该按钮后，左侧的窗口内会显示所有幻灯片中的段落和文字，这时用户可以方便地使用各种快捷按钮改变段落级别。如果觉得幻灯片中设置的各种文字效果妨碍调整段落格式，可以单击【常用】工具栏上的【显示格式】按钮，隐藏所有文字属性，此时【大纲】视图中所有的幻灯片文字都将以一种字体显示，用户可以改变各种设置。

　　修改段落级别时，另一项最常用的功能是项目符号和编号。在幻灯片中使用不同的项目符号或编号，可以使幻灯片各级标题文字更醒目。单击【格式】|【项目符号和编号】命令，打开【项目符号和编号】对话框，如图 5-28 所示。

　　在该对话框中可以选择使用 PowerPoint 预设的各种项目符号和编号，还可以改变它们的大小和颜色。若现有的几种符号不能满足用户的要求，则可以单击【图片】和【自定义】按钮进行修改。

5.3.3　幻灯片的移动、复制和删除

　　以上介绍了如何对幻灯片中的对象进行各种编辑操作。此外，在制作演示文稿时，合理

(a) 项目符号   (b) 编号

图 5-28 在幻灯片中使用项目符号和编号

地安排和调整幻灯片间的次序也是非常重要的。使用 PowerPoint 中的【视图】窗格，可以方便地完成对幻灯片的编辑操作。

首先单击【视图】窗格中的【幻灯片】选项卡切换到【幻灯片】视图，此时演示文稿中所有的幻灯片都会按照一定比例显示在这个窗格中，如图 5-29 所示。

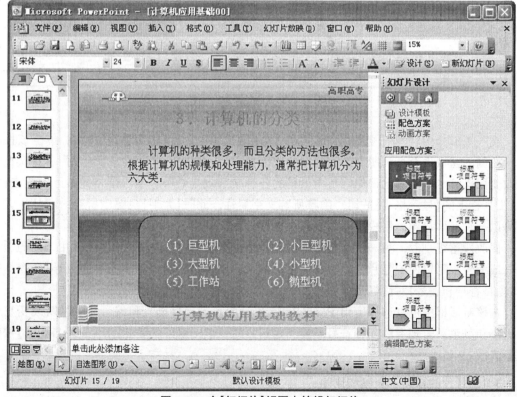

图 5-29 在【幻灯片】视图中编辑幻灯片

　　首先单击某个幻灯片，将其选中，然后可以使用【常用】工具栏上的【剪切】、【复制】和【粘贴】按钮，实现幻灯片的移动和复制操作。

　　此外，还可以直接使用鼠标拖动的方法实现上述操作。选中某个幻灯片后，按住鼠标左键拖动，视图中会出现一条细线，标识幻灯片的当前位置，松开左键，即可实现幻灯片的移动。在拖动鼠标时按住"Ctrl"键，还可以方便地复制当前选中的幻灯片。如果要删除某个幻灯片，选中后按"Delete"键即可。

　　除了在【幻灯片】视图窗格中可以实现幻灯片的移动和复制操作外，也可以在【大纲】视图窗格中进行相同的操作，如图 5-30 所示。

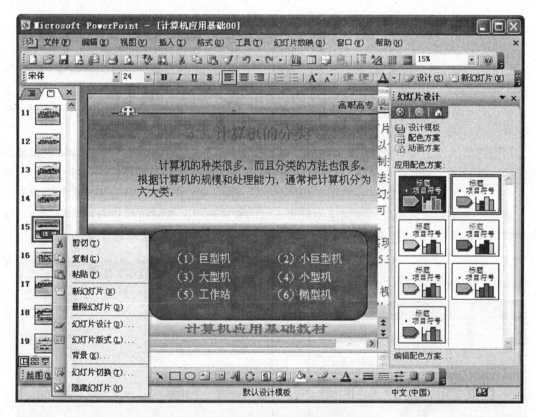

图 5-30　在【大纲】视图中移动和复制幻灯片

　　单击【大纲】视图中标识每张幻灯片的图标，就可以选中这张幻灯片。然后按住左键拖动鼠标，视图中会出现一条细线，将该细线拖动到演示文稿中相应的位置，即可实现幻灯片的移动操作。

5.4　美化幻灯片

　　当编辑完幻灯片的内容之后，可以对其进一步编辑和美化，使之更加漂亮、美观。

5.4.1　幻灯片背景和配色方案

　　当使用模板制作演示文稿时，幻灯片中使用的模板背景都是可以修改的。此外，当幻灯片中文字和背景颜色非常相近时，还需要改变幻灯片的配色方案来获得良好的显示效果。

　　1．改变幻灯片的背景

　　首先打开要修改背景的演示文稿，然后单击【格式】|【背景】命令，打开【背景】对话框，

如图 5-31 所示。

(a)【背景】设置框 (b)【背景】中选项设置

图 5-31 【背景】设置框

在该对话框的【背景填充】框内显示了当前幻灯片中使用的背景颜色和填充效果。打开下面的下拉列表框，里面有 PowerPoint 预设的几种背景颜色，单击选中某种颜色，可以在上面的框里看到相应的预览效果。如果现有的颜色不能满足要求，可以在该下拉列表框中选择【其他颜色】选项，在打开的【颜色】对话框中进一步选择。

【背景】对话框中还有一个【预览】按钮，单击该按钮后，对话框后面的幻灯片将直接使用选定的背景效果。如果符合要求，单击【应用】或【全部应用】按钮，即可将该背景效果应用到当前幻灯片或整个演示文稿里；否则，单击【取消】按钮，幻灯片还可以回到原来的设置。

通常，简单的颜色背景不能满足幻灯片丰富的设置要求，这时可以选择图 5-31 中的【颜色】或【填充效果】选项，打开【颜色】或【填充效果】对话框，如图 5-32 所示。

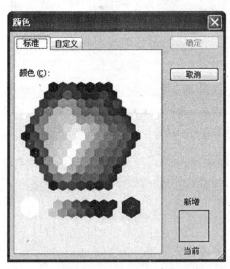 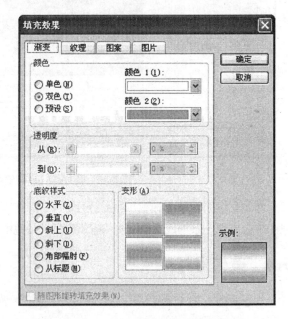

(a)【颜色】对话框 (b)【填充效果】对话框

图 5-32 其他效果设置

切换到【渐变】选项卡，首先在【颜色】选项组中选中要使用的过渡效果，图中选中了【预设】单选项，并在右侧的【预设颜色】下拉列表框中选择了 PowerPoint 预设的"极目远眺"效果；然后在【底纹样式】选项组中选择过渡效果的方向，在本例中，选择了【水平】单选项；接着在右侧的【变形】选项组中选择一种变形效果，并在【示例】区内观察选中的效果。

设置完成后，单击【确定】按钮，即可回到上一对话框，接着可以预览这种过渡在幻灯片中的效果。图 5-33 所示的就是刚才设置的过渡效果。

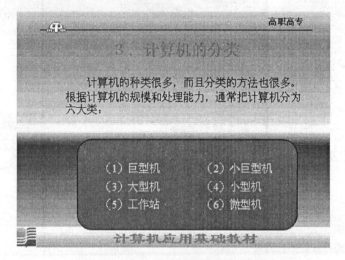

图 5-33　使用了过渡背景效果的幻灯片

提示：用户还可以在【填充效果】对话框中选择使用纹理、图案或图片作为幻灯片的背景效果。

2．改变配色方案

当使用模板创建幻灯片时，模板中已经预定义了一组包括 8 种颜色的配色方案。这 8 种颜色分别为：背景、文本和线条、阴影、标题文本、填充、强调、强调文字和超链接、强调文字和尾随超链接。当用户改变了模板中的某种颜色设置后，可能会造成整个幻灯片颜色搭配不协调，这时可以改变幻灯片的配色方案。

单击【新建演示文稿】任务窗格右侧的下三角按钮，在下拉列表中选择【幻灯片设计—配色方案】选项，打开如图 5-34 所示的【幻灯片设计】任务窗格。

在【幻灯片设计】任务窗格中，共有 7 种配色方案可供用户选择，选中其中的一种后，单击，即可将其应用到当前幻灯片上。

如果用户放映幻灯片的环境光线很暗，即使使用电脑屏幕或 36mm 幻灯片，也最好选用浅颜色的配色方案。如果预设的各种配色方案不能满足用户的要求，可以选择【幻灯片设计】任务窗格下方的【编辑配色方案】选项，打开【编辑配色方案】对话框，切换到【自定义】选项卡，从中具体地更改上述 8 种颜色，如图 5-35 所示。

首先在【配色方案颜色】选项组中选择要修改的颜色设置，然后单击【更改颜色】按钮，在打开的对话框中选择更多的颜色。单击【编辑配色方案】对话框中的【预览】按钮，可以随时在对话框后面的幻灯片中预览新的配色方案。

5.4.2　母版、页眉和页脚

如果要使演示文稿中的所有幻灯片使用一致的格式和风格，可以使用 PowerPoint 的母版功能。PowerPoint 中根据设计的需要，分为幻灯片母版、标题母版、备注母版和讲义母版四种，下面介绍幻灯片母版。

打开一个演示文稿文件，单击【视图】|【母版】|【幻灯片母版】命令，此时会进入"幻灯片

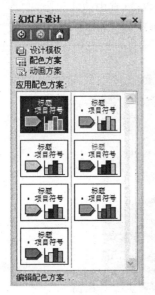

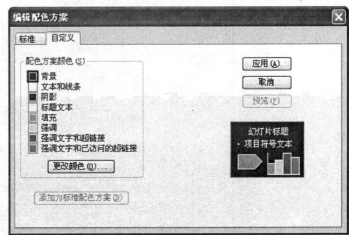

图 5-34　修改幻灯片的配色方案　　　　　　　**图 5-35　自定义配色方案**

母版"设计环境，如图 5-36 所示。

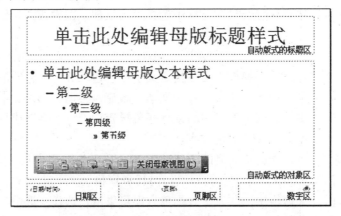

图 5-36　幻灯片母版

　　在默认状态下，幻灯片母版中显示的是当前所应用模板中的母版设计，包括背景图案、颜色、各级标题样式、使用的项目符号、插入的日期、页脚等各种内容。单击母版中相应的位置，就可以改变母版中的各种样式设置。在用户进行母版设计的同时，PowerPoint 会打开一个【幻灯片母版视图】工具栏和一个小的缩略图，可以随时在这个小图中观察修改后的幻灯片效果。设置完成后，单击【关闭】按钮，即可退出母版编辑状态。

　　使用母版的好处在于用户可以在演示文稿所有的幻灯片中设置相同的格式。例如可以在母版中插入一个图片，这样在使用该母版的所有幻灯片中同样的位置上，都会自动插入一个图片。

　　标题母版和幻灯片母版唯一的不同就是，标题母版是专门用来设计幻灯片标题版式的幻灯片。备注母版和讲义母版将在 5.4.3 节中介绍。

　　与编辑 Word 文档一样，在 PowerPoint 中，用户也可以为幻灯片设置相应的页脚，用来显示一些特殊的内容。单击【视图】|【页眉和页脚】命令，可以打开【页眉和页脚】对话框，如图 5-37 所示。

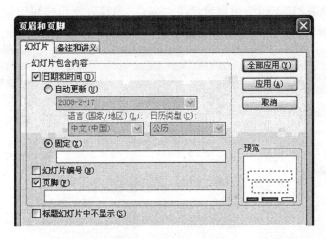

图 5-37　为幻灯片设置页脚

切换到该对话框中的【幻灯片】选项卡，可以选择在幻灯片底部添加【日期和时间】、【幻灯片编号】和【页脚】三项内容，右侧的预览框内显示了这三项内容在幻灯片中的位置。接着用户可以继续设置插入的日期和时间是否需要自动更新，并在【页脚】文本框中输入相应的页脚内容。设置完成后，单击【应用】按钮，可以将设置的页脚等内容应用在当前幻灯片中，单击【全部应用】按钮，可以在演示文稿的所有幻灯片中应用这些设置。

5.4.3　备注和讲义

备注页是供演讲者使用的文稿，可以记录演讲者在放映幻灯片时所要提示的一些重点。讲义则是将幻灯片缩小并打印在纸上，用来帮助观众理解演示文稿的内容。下面分别介绍这两种对象。

1. 备注

打开【视图】菜单，选择其中的【备注页】选项，即可切换到备注编辑视图，如图 5-38 所示。

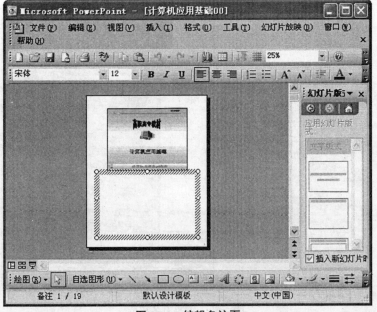

图 5-38　编辑备注页

此外，PowerPoint 还专门为用户设计了"备注母版"，使用它可以编辑具有统一格式的备注页。单击【视图】|【备注母版】命令，即可进入备注母版编辑状态，如图 5-39 所示。

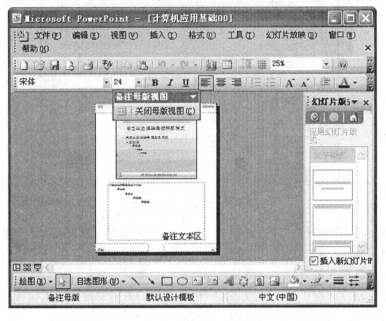

图 5-39　编辑备注母版

编辑备注母版的方法和前面介绍的编辑幻灯片母版类似，只要在母版中指定的位置输入相应的文字，它们就会出现在演示文稿的每一个备注页中。

2. 讲义

制作讲义的方法非常简单，要做的只是设置在一张打印纸中打印多少张幻灯片。单击【视图】|【讲义母版】命令，可以进入讲义母版编辑状态，如图 5-40 所示。

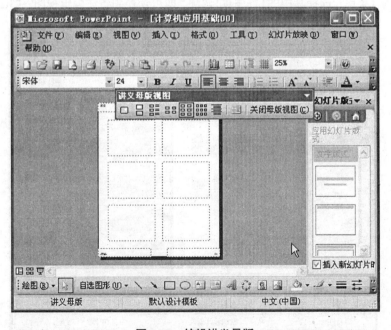

图 5-40　编辑讲义母版

此时会打开一个【讲义母版视图】工具栏，单击工具栏上的按钮，可以选择在一张打印纸上显示 2 张、3 张、4 张、6 张或 9 张幻灯片。

5.5　幻灯片的放映

5.5.1　设置各种动画放映效果

要使幻灯片放映过程充满乐趣，最好的办法就是设置各种动画效果。PowerPoint 提供了强大的动画设计功能，用户既可以设定幻灯片的切换效果，也可以为幻灯片中的每一个对象设置动画效果。下面分别进行介绍。

1. 幻灯片切换效果

当演示文稿中有很多幻灯片时，可以设置动画的幻灯片切换效果，并使用各种声音搭配，这样在放映时，就会给观众耳目一新的感觉。单击【幻灯片放映】|【幻灯片切换】命令，可以打开如图 5-41 所示的【幻灯片切换】任务窗格。

在【修改切换效果】选项组中，有 PowerPoint 提供的几十种动画切换效果，选中其中的一种，中间部分的图片会即时显示选中的动画效果，图 5-41 所示为选择"水平百叶窗"效果。接着可以设置幻灯片的切换速度，有"慢速""中速"和"快速"三种选择。在【换片方式】选项组中，可以设置是单击鼠标换页还是每隔固定的时间自动换页，这两种功能可以同时使用。打开【声音】选项组中的下拉列表框，可以选择幻灯片切换时发出的声音。

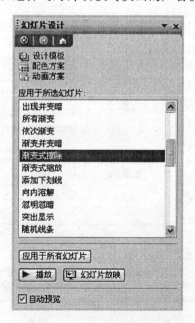

图 5-41　设置幻灯片切换效果　　　　　图 5-42　设置"渐变式擦除"

2. 设置幻灯片中对象的动画效果

如果在幻灯片中使用了很多对象，可以分别为它们设置动画效果，这样能丰富幻灯片的放映效果。单击【格式】工具栏上的【设计】按钮，打开【幻灯片设计】任务窗格，单击该任务窗格顶端的下三角按钮，选择【幻灯片设计】|【动画方案】选项，打开【幻灯片设计】任务窗格，如图 5-42 所示，使用它可以设置一些简单的文本的动画效果。

与设置幻灯片切换效果相似，在这个任务窗格中，用户可以在当前编辑的幻灯片中使用动态标题和动态文本，这样可以为幻灯片中的文本设置几十种动画效果。可以首先选中幻灯片中插入的图形或文本对象，接着选择要应用的动画效果，就可以应用到所选的对象上了。选中图 5-42 所示的任务窗格下方的【自动预览】复选框，如图 5-42 所示，PowerPoint 会在选择动画效果的同时，展示设定的各种动画效果。

除了使用 PowerPoint 预设的各种动画效果外，还可以自定义动画，这样设置的演示文稿放映效果将更加灵活。单击【幻灯片放映】菜单，在弹出的菜单项中选择【自定义动画】选项，可以打开图 5-43 所示的【自定义动画】任务窗格。

在打开【自定义动画】任务窗格的同时，可以看到在幻灯片的每段文本前，PowerPoint 都自动加入了编号，这样就更加便于设置文本的动画效果。在任务窗格下面的文本框中按照编号选中一段文字，这样就可以通过其上面的修改栏轻松地设置文本的出现时间、属性以及速度。

图 5-43　自定义动画效果

用户也可以通过直接在幻灯片编辑区上单击每段文字之前的编号来选中文本。然后单击任务窗格中的【添加效果】按钮，打开一个下拉菜单。在这个菜单中，用户可以设置文本的进入、强调、退出以及动作路径的不同动画效果。将鼠标移动到这些选项上，将会弹出相应的子菜单，可以选择相应效果，如图 5-44 所示。

在这里特别介绍一下如何自定义文本的动作路径。首先选中要绘制路径的文本段或文本行。在图 5-44 所示的列表框中，将鼠标移动到【动作路径】选项，然后选择【绘制自定义路

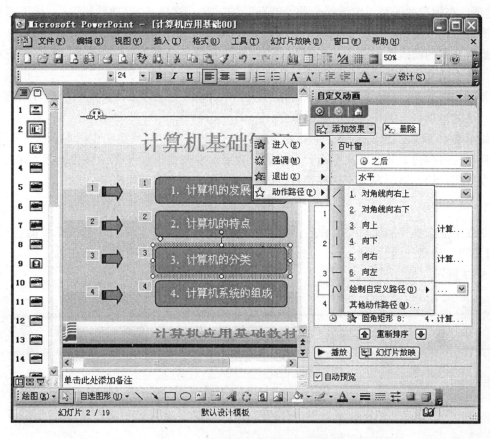

图 5-44　更改选中文本的动画效果

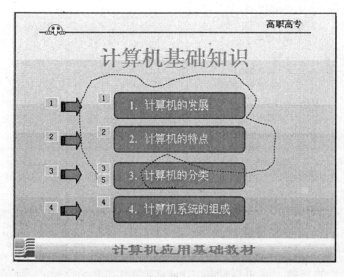

图 5-45　绘制文本的动作路径

图 5-46　调整播放顺序

径】选项，在弹出的子菜单中选择一种绘制路径的方法，这里选择【曲线】选项。接下来就可以在演示文稿编辑区绘制文本的动作路径了，如图 5-45 所示。

绘制文本的曲线动作路径与在文本中绘制曲线一样，只要在幻灯片演示文稿区随意绘制曲线，选中的文本就会按照所画的路线移动了。

有时，在打开【自定义动画】任务窗格后，PowerPoint 自动添加的文本顺序编号不能满足需要，这时可以自己调整文本的播放顺序，如图 5-46 所示。

如图 5-46 所示，想使编号 3 的文本变成第一个出现在幻灯片放映中，那么首先将鼠标移动到【任务窗格】中的编号文本列表中的这段文字上，按住鼠标左键，移动鼠标到编号为 1 的文本之前，松开鼠标左键。这样就可以改变幻灯片文本的播放顺序了。

5.5.2 简单放映

完成了演示文稿的编辑与制作后，就可以正式放映了。单击视图切换按钮中的【幻灯片放映】按钮，即可开始放映幻灯片，此时 PowerPoint 会用全屏放映当前正在编辑的幻灯片，如图 5-47 所示。

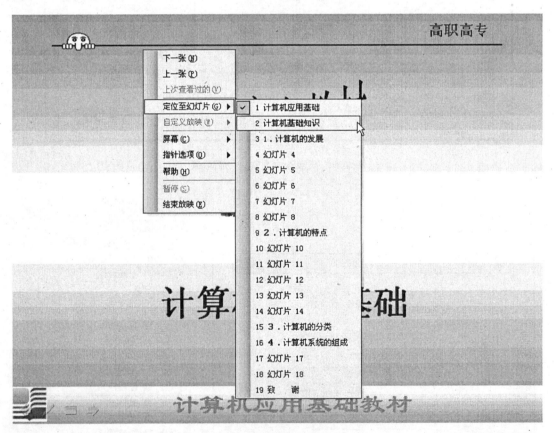

图 5-47 放映幻灯片

在放映过程中，可以单击鼠标左键或按空格键放映下一页幻灯片，也可以按 "←" 和 "↑" 方向键放映上一张幻灯片。此外，在正在放映的幻灯片上右击，会弹出一个快捷菜单，选择其中的菜单项，可以进行幻灯片的切换。也可以使用 "PageUp" 和 "PageDown" 键方便地在上一张和下一张幻灯片间进行切换。

在图 5-47 所示的快捷菜单中，还打开了【定位至幻灯片】子菜单，此时 PowerPoint 会在该菜单中显示出演示文稿中所有幻灯片，其中被选中的是当前正在放映的幻灯片。单击其中的任意一个标题，即可切换到相应的幻灯片，而不再按照顺序放映演示文稿。

如果在放映过程中发现了幻灯片中的不足，可以直接按 "Esc" 键或在快捷菜单中选择【结束放映】选项终止幻灯片放映，退回编辑状态。

5.5.3　放映幻灯片的其他控制

以上介绍的是最简单的放映方法。此外，PowerPoint 还为用户提供了多种放映幻灯片的控制方法，下面分别进行介绍。

1. 自动放映

如果用户制作的演示文稿用于产品演示或介绍时，可以使用 PowerPoint 的自动放映功能，循环放映相应的演示文稿内容，这样可以很大程度地节省操作。

自动控制放映就是通过控制每一个幻灯片的放映时间，使幻灯片能够自动地进行演示。具体操作步骤如下。

(1) 单击【幻灯片放映】|【排练计时】命令，此时 PowerPoint 开始放映当前的幻灯片，并打开一个【预演】工具栏，如图 5-48 所示。

图 5-48　使用【预演】工具栏控制自动放映

(2) 单击该工具栏中的"下一项"按钮 ➡，可以激活幻灯片中放映的下一个动作，此时 PowerPoint 会自动记录两个动作之间的时间间隔；单击"暂停"按钮 ❚❚ ，可以暂停幻灯片放映；再次单击该按钮，可以继续放映。工具栏正中的框内显示了当前放映的幻灯片时间，最右侧显示了整个演示文稿的放映时间。如果在放映过程中出现了错误，可以随时单击时间框右侧的"重复"按钮 ↺，重新开始当前幻灯片的放映，并进行相应的计时。

(3) 放映结束后，可以单击工具栏右上角的关闭按钮，结束放映，此时 PowerPoint 会弹出一个消息框询问用户，如图 5-49 所示。

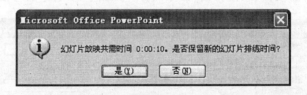

图 5-49　"保存排练计时"询问框

(4) 单击【是】按钮，即可将刚才"排练计时"的时间保存下来，之后单击【幻灯片放映】|【设置放映方式】命令，打开如图 5-50 所示的对话框。

(5) 在【放映幻灯片】选项组中选中【全部】单选项，然后在【换片方式】选项组中选中【如果存在排练时间，则使用它】单选项，单击【确定】按钮后，再次放映幻灯片，PowerPoint 就会按照刚才录制的排练时间自动地放映演示文稿。

此外，在此对话框中，还有一个【放映类型】选项组，用户可以在其中选择演示文稿的放映方式，有【演讲者放映】、【观众自行放映】和【在展台浏览】三种选择。通常情况下，都使用第一种方式，这样可以灵活地控制放映过程，记录并修正过程中出现的问题。

如果是在展台上展示产品，可以选择第三种方式，并设置自动放映功能；如果选择第二种【观众自行浏览】方式，幻灯片的放映将在窗口中进行，此时幻灯片只能按照预先计时的设置进行自动放映，放映过程中，用户可以随时使用菜单和 Web 工具栏。

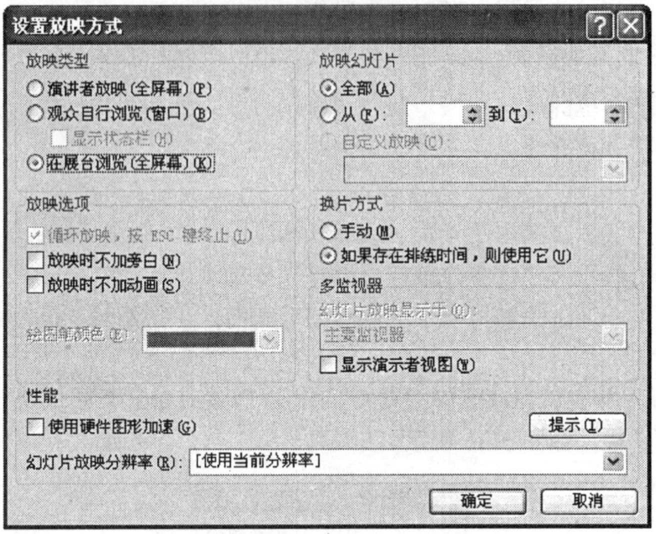

图 5-50　【设置放映方式】对话框

无论使用哪一种放映方式，都可以随时按下"Esc"键终止放映过程，并选择使用旁白和动画效果。图 5-50 所示对话框中有一个【循环放映，按 Esc 键终止】复选框，选中它可以设置自动放映时的循环效果，如果选中【在展台浏览】单选项，该复选框会被自动选中。

2．录制旁白

当用户自动放映幻灯片时，往往需要有人在旁边解说来帮助观众理解相应的内容，这时若重复解说，则太麻烦，为此，PowerPoint 提供了录制旁白的功能。

录制旁白的具体操作步骤如下。

（1）单击【幻灯片放映】|【录制旁白】命令，打开如图 5-51 所示的对话框。

图 5-51　【录制旁白】对话框

（2）单击【设置话筒级别】按钮，在打开的对话框中调整话筒；然后单击【更改质量】按钮，选择录音的质量，有"CD 质量""电话质量"和"收音机质量"三种选择，越高的录音质量会占用越大的磁盘空间，通常情况下，电话质量能够满足用户要求。

（3）此外，对话框中还有一个【链接旁白】复选框，选中该复选框后，PowerPoint 会将旁白保存为单独的文件，并链接到演示文稿。旁白文件将与演示文稿保存到磁盘上相同的目录中，如果要更改链接旁白的位置，可以单击【浏览】按钮，在打开的对话框中选择。如果取消选中该复选框，PowerPoint 会将旁白嵌入到每张幻灯片内，这时旁白将与演示文稿一起保存。

（4）设置完成后，PowerPoint 会开始放映当前的演示文稿，同时用户可以随着演示解说相应的内容。放映结束，后旁就会被自动保存，之后可以在【设置放映方式】对话框中设置是否使用旁白。

3．使用动作按钮

前面介绍的各种放映方式都是顺序播放的，也就是说，PowerPoint 会按照顺序放映演示文稿中的幻灯片。但有时根据需要，从一张幻灯片直接跳转到另一张幻灯片，这时既可以使用超级链接功能，也可以使用 PowerPoint 提供的各种动作按钮。

打开【幻灯片放映】菜单中的【动作按钮】子菜单，如图 5-52 所示。

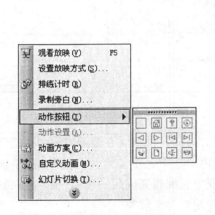

图 5-52　使用各种动作按钮　　　图 5-53　设置动作按钮的动作

子菜单中有 12 种基本动作按钮，使用它们可以在幻灯片间进行任意跳转，或打开应用程序，播放声音、视频等。将鼠标指向相应的动作按钮时，会弹出提示信息，提示该按钮的作用，选中相应按钮后，鼠标会变成十字形状，拖动鼠标在幻灯片中"画"出一定大小的动作按钮即可。之后 PowerPoint 会自动打开如图 5-53 所示的【动作设置】对话框。

该对话框中有两个选项卡，使用它们可以实现两种不同的动作按钮跳转方式：一种是用鼠标单击动作按钮时进行跳转，另一种是当鼠标移过该按钮时进行跳转。无论选用哪种方式，选项卡的设置方法都是相同的。

首先选中【超链接到】单选项，在下面的列表框中有各种跳转的目标。用户既可以选择跳转到当前演示文稿中的某张幻灯片，也可以选择跳转到其他演示文稿中。如图 5-53 所示，在本例中选择了【最近观看的幻灯片】选项，之后 PowerPoint 会打开一个对话框，让用户选择跳转到当前演示文稿中的目标幻灯片。

此外，对话框中还有一个【运行程序】单选按钮，选中它后，还可以设置单击动作按钮时启动一个应用程序，如"记事本"等。如果需要，用户还可以设置单击工作按钮时发出的声音。设置完成后，单击【确定】按钮即可，这样，当再次放映使用了动作按钮的幻灯片时，单击动作按钮即可执行相应的操作。

4. 自定义放映

如果同一份演示文稿需要放映给不同层次的观众观看，可以有选择地放映演示文稿中的部分幻灯片，实现这一效果有两种方法。

* 隐藏放映。首先选中演示文稿中不需要放映的幻灯片，然后单击【幻灯片放映】|【隐藏幻灯片】命令。这样在放映演示文稿时，将跳过隐藏的幻灯片。

* 自定义放映，即用户事先设定演示文稿中要放映的幻灯片。方法是：单击【幻灯片放映】|【自定义放映】命令，打开如图 5-54 所示的对话框。

该对话框显示了当前演示文稿中已经存在的自定义放映，单击【新建】按钮，可以在打开的对话框中设置新的自定义放映，如图 5-55 所示。

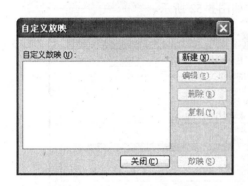

图 5-54　【自定义放映】对话框

图 5-55　定义自定义放映

首先在【幻灯片放映名称】文本框中输入新的名称，然后可以从【在演示文稿中的幻灯片】列表框中挑选需要放映的幻灯片。在左侧的列表框内，选中某个幻灯片，并单击【添加】按钮，即可将其加入【在自定义放映中的幻灯片】列表框中。编辑完成后，单击【确定】按钮，可以回到上一对话框，单击其中的【放映】按钮，即可开始自定义放映。

5.5.4　放映过程中的记录

前面介绍了各种演示文稿放映的控制方法，此外，在放映过程中，演讲者还可以在幻灯片上直接标记内容，或者记录会议摘要和即席反映等。

1. 在幻灯片上做标记

在放映演示文稿过程中，演讲者可以随时使用鼠标在正在放映的幻灯片上标记重要的内容，以使用户有一个清楚的认识。

在幻灯片放映状态下右击，在打开快捷菜单中单击【指针选项】|【圆珠笔】命令。此时鼠标会变成一支圆珠笔的形状，演讲者可以使用这支笔，直接在幻灯片中标记重要内容，如图 5-56 所示。

根据幻灯片的配色方案，用户可以打开【墨迹颜色】子菜单，选择合适颜色的绘图笔，在幻灯片中标记内容。由于鼠标不好控制，在标记过程中常常会出现一些偏差或错误，此时可以打开快捷菜单中的【指针选项】|【橡皮擦】选项删除所做的标记，重新描绘即可。

2. 会议记录

在演讲者放映演示文稿的过程中，可以随时记录观众的反映以及出现的一些问题，以备

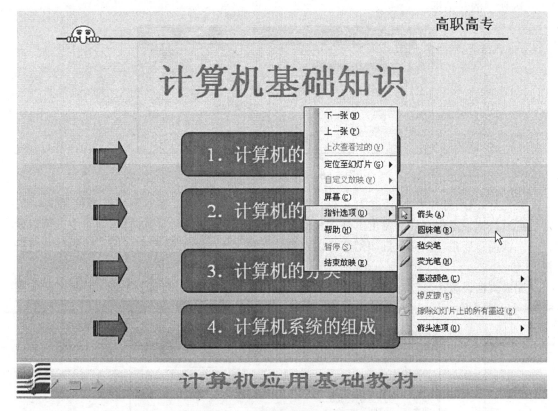

图 5-56　使用【圆珠笔】作标记

今后进一步改善。

在快捷菜单中，用户可以在【屏幕】选项卡中选中【演讲者备注】选项卡，可以根据现场观众的反映记录相应的内容，如图 5-57 所示。单击【关闭】按钮，关闭对话框。在以后的 PowerPoint 演示过程中，可以随时查看备注信息。

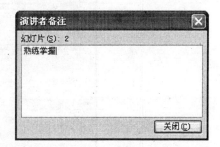

图 5-57　【演讲者备注】选项卡

5.6　幻灯片的打印和打包

如果要在投影仪或 36 mm 幻灯机上放映幻灯片，就要把制作的演示文稿打印出来。此外，PowerPoint 还为用户提供了将演示文稿打包的功能，使用它可以方便地将演示文稿带到任何地方放映，而不用考虑场地条件。

5.6.1　打印幻灯片

在打印幻灯片之前，首先要明确投影仪上是不能显示彩色幻灯片的，所以在打印之前，应先查看一下相应演示文稿的灰度显示效果。单击【视图】|【颜色/灰度】命令，或者单击【常用】工具栏上的【颜色/灰度】按钮，在弹出的下拉菜单中选择【纯黑白】选项，即可在 Power-Point 中以黑白二色显示相应的幻灯片效果。如果使用的配色方案在转成灰度后效果不好，建议用户还是选择使用一些对比比较强的幻灯片配色方案。

在打印之前，先要调整好相应的页面设置，单击【文件】|【页面设置】命令，可以打开如

图 5-58 所示的对话框。

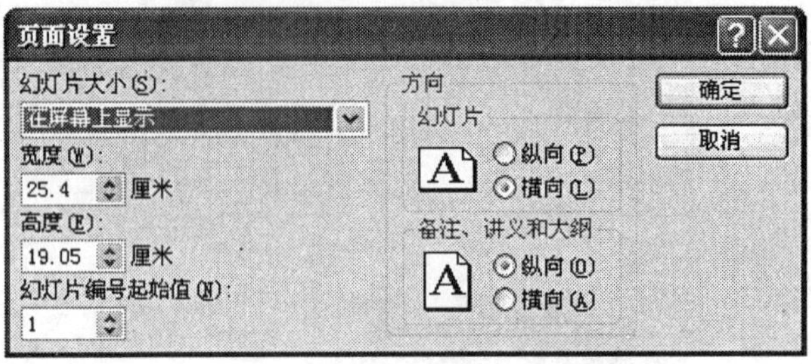

图 5-58　【页面设置】对话框

首先打开【幻灯片大小】下拉列表框，选择使用的纸张大小，在本例中选择使用 A4 纸，之后可以具体设置幻灯片的宽度、高度和幻灯片起始值。在右侧的【方向】选项组中，可以设置是"横向"还是"纵向"打印幻灯片以及备注、讲义和大纲。设置完成后，单击【确定】按钮。

完成页面设置后，就可以开始打印演示文稿，单击【文件】|【打印】命令，可以打开如图5-59 所示对话框。

图 5-59　【打印】对话框

首先打开【打印内容】下拉列表框，选择要打印的是幻灯片、讲义、备注还是大纲视图。选中幻灯片后，还可以在【打印范围】选项组内选择打印整个演示文稿或只打印当前的一张幻灯片，选中【幻灯片】单选项后，可以输入幻灯片编号，从而选择打印演示文稿中的部分幻灯片。

当选择打印讲义时，右侧的【讲义】选项组将变为可用状态，可以从中设置每页显示的幻灯片数，以及是水平还是垂直打印讲义。

此外，【打印】对话框下方还有其他选项，功能分别如下。

• 【灰度】：选择此选项后，PowerPoint 会将彩色幻灯片转成相应的灰度打印。

• 【纯黑白】：以纯黑白的方式打印幻灯片时，PowerPoint 会将幻灯片中的灰色底纹变成黑或白打印出来。

• 【包括动画】：幻灯片中的动画是不能打印出来的，选择此项后，PowerPoint 会将幻灯片中使用的动画以图标方式打印。

• 【根据纸张调整大小】：选中此复选框后，PowerPoint 会自动缩小或放大幻灯片图像，使它们适应整个打印页。使用此功能只影响打印结果，不会改变演示文稿中幻灯片的尺寸。

• 【幻灯片加框】：在打印幻灯片、讲义和备注页时，选中该复选框，可以为打印的幻灯片添加一个细的边框。

• 【打印隐藏幻灯片】：如果演示文稿中有隐藏幻灯片，可以选中该复选框，将隐藏幻灯片和其余内容一起打印出来。

单击对话框中的【属性】按钮，还可以设置纸张、图形和设备选项等内容，这些在 Word 中已经介绍过了，此处不再重复。

5.6.2　将幻灯片打包

PowerPoint 的另一强大功能是可以将幻灯片打包，这样可以不考虑要演讲的地点是否安装了 PowerPoint，只要有一台电脑，就可以随时随地演示自己的幻灯片。具体操作步骤如下。

图 5-60　将幻灯片打包

(1) 单击【文件】|【打包成 CD】命令，可以打开【打包成 CD】对话框。

(2) 单击【复制到文件夹】按钮，在打开的对话框中选择文件夹所在的位置，如图 5-60 所示。

(3) 单击【确定】按钮，开始复制文件。完成后打开该文件夹，可以看到打包的所有文件，如图 5-61 所示。双击 play.bat 文件就可以自动放映幻灯片。

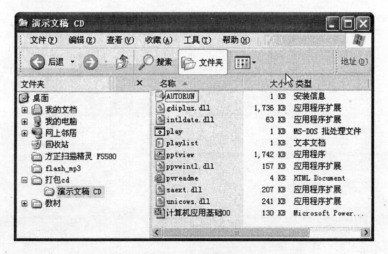

图 5-61　打包后的文件

本章小结

通过本章的学习，可以掌握使用 PowerPoint 创建幻灯片，并在幻灯片中插入图表、图像、声音等多媒体信息。熟练使用 PowerPoint 的基本操作，包括字体及段落的基本设置等，并能够完成背景设置和配色方案的使用以及幻灯片母版的应用。在最后的放映过程中能够完成多种放映及动态效果的控制，达到理想的演示效果。

习　　题

1. 填空题

(1) PowerPoint 的基本视图模式包括【普通】视图、_____、_____和【幻灯片浏览】视图。

(2) PowerPoint 中有 5 种文字对齐方式，分别是 _____、_____、_____、_____、_____。

2. 简答题

(1) 如何切换不同的视图方式？

(2) 如何使用向导创建演示文稿？

(3) 如何在幻灯片中插入对象？

(4) 如何放映幻灯片？

(5) 简述幻灯片的打印和打包方法。

第6章 网络基础知识

随着信息时代的来临，计算机网络的作用越来越重要。特别是随着 Internet 应用范围的不断扩大，计算机网络成为人们生活中必备的知识之一。

通过本章的学习，应了解计算机网络的概念、功能、发展和分类，掌握常见的网络硬件和网络设备，Internet 基础知识和应用，计算机病毒及其防护等内容。

6.1 计算机网络概述

随着计算机技术的迅猛发展以及计算机应用的广泛普及，单机操作已经不能满足社会发展的需要。社会资源的信息化、数据的分布式处理、计算机资源的共享等应用的需求，推动了计算机网络的产生与发展，特别是以 Internet 为代表的国际互联网在全球范围的迅猛发展。计算机网络应用已遍及政治、经济、军事、科技、生活等人类活动的一切领域，并正在对社会发展、生产结构以及人们日常生活方式产生深刻的影响与冲击。21 世纪是计算机网络信息的时代。

6.1.1 计算机网络的概念

计算机网络就是将地理位置不同的、具有独立功能的多个计算机系统通过通信线路连接在一起，并配以功能完善的网络软件，从而实现信息交换、资源共享和协同工作的复合系统。计算机网络具有三个要素：功能独立的计算机；通过通信手段连接；多台计算机相互联系在一起进行信息交换、资源共享或者协同工作。

6.1.2 计算机网络的产生和发展

计算机网络出现在 20 世纪 60 年代，历史虽然不长，但发展很快，经历了从简单到复杂、从小到大的演变过程。大致可以归纳为四个阶段：第一阶段是面向终端的计算机网络；第二阶段是多主机互联的简单网络；第三阶段是开放式标准化的易于普及和应用的网络；第四阶段是网络高速化发展的信息高速公路阶段。

1. 以主机为中心的面向终端的计算机网络

20 世纪 60 年代初，随着集成电路的发展，为了实现资源共享和提高计算机的工作效率，出现了面向终端的计算机通信网。在这种方式下，主机就是网络的中心和控制者，终端(键盘和显示器)分布在网络的各个位置上，并与主机相连，用户通过本地的终端使用远程的主机。

2. 多主机互联的两级结构的计算机网络

从 20 世纪 60 年代中期开始，出现了多个主机互联的系统，可以实现计算机和计算机之间的通信。用户通过终端不仅可以共享本主机上的软、硬件资源，而且可以共享网络中其他主机上的软、硬件资源。但是，由于没有成熟的网络操作系统软件来管理网上的资源，它只能称为网络的初级阶段，因此称为计算机通信网，也称为两级结构的计算机网络。20 世纪 70 年代初，仅有 4 个结点的分组交换网——美国国防部高级研究计划局网络(Advanced Research Projects Agency Network，ARPANET)——的研制成功是这个时代的标志。ARPANET 使用的是 TCP/IP 协议，一直到现在，Internet 上运行的仍然是 TCP/IP 协议。

3. 标准化的网络互联阶段

20 世纪 70 年代，局域网诞生并被推广使用。1974 年，IBM 公司研制了它的系统网络结构体系，其他公司也相继推出了本公司的网络结构体系。不同的公司制定的网络结构体系标准不同，致使各公司的网络只能连接本公司生产的设备，不同公司的网络无法互联。为了使不同体系结构的网络也能相互交换信息，国际标准化组织(International Organization Standardization, IOS)于 1977 年成立了专门机构，并制定了世界范围内的网络互联的标准，称为开放系统互连参考模型(Open System Interconnection Reference Model)，简称 OSI 参考模型。从此，标准化的第三代计算机网络诞生了。20 世纪 80 年代和 90 年代是互联网飞速发展的阶段。互联网的飞速发展和广泛应用使计算机网络进入了一个崭新的阶段，网络应用已经深入到政府部门、金融、商业、企业、公司、教育部门和家庭等各个领域。

4. 信息高速公路

第四代计算机网络是高速化发展网络。随着美国信息化高速公路的提出和实施，Internet 技术不断成熟，功能和应用不断扩展完善，网络在跨地域、宽领域方面的应用日益广泛。在信息化高速发展的今天，任何一台计算机都必须以某种形式联网，以实现共享信息或协同工作，否则就不能充分发挥计算机的性能。

现代计算机网络进入了一个高速化发展的阶段，取得的成绩引人注目，令人惊叹。首先，计算机网络向高速化、宽带化方向发展。以太网(Ethernet)的传输速率从早期的10Mbit/s 到 100Mbit/s 的普及，到现在的千兆(Gbit/s)，数据传输速率得到了极大的提高。其次，计算机网络向多媒体方向发展。随着网络应用的发展，计算机网络已从早期的字符信息传输发展到现在的图形、图像、声音和影像等多媒体信息传输。随着电子商务的出现，网络交易正在改变人们传统的生活模式，网上书店、网上购物、网络银行、网络大学、虚拟社区等新名词层出不穷，电子数据交换(EDI)、电子订单系统(EOS)、电子资金转移(EFT)、网络炒股等使计算机网络得到更加充分的应用。

目前，计算机网络正在朝着三网合一(电视网、电话网和计算机网络)方向发展，今后，只要有一台多媒体个人计算机(Multimedia Personal Computer, MPC)就能实现录音机、可视电话机、图文传真机、立体声音响设备、电视机和录像机等设备的功能。同时高速无线接入技术是计算机网络的另一个热门领域，将来的计算机网络在任何时间、任何地点都可以快速安全地运行，计算机网络有着更广阔的发展前景。

6.1.3　计算机网络的功能

随着计算机网络的不断发展，计算机网络的功能在不断加强。

1. 计算机网络通信

在没有计算机网络的环境中，计算机之间数据的传递是通过磁盘或光盘完成的。用磁盘传递数据的方法有很多缺陷。首先其工作效率很低，如果传递的数据较大，一张磁盘不能容纳时，需要专门的备份软件将数据存储到多张磁盘中，如果其中一张磁盘损坏，将无法将数据恢复到另外的计算机上，也就无法完成数据的传递。其次，不能保证数据的一致性，这将导致许多计算机应用无法实现。例如，在一个企业中，财务部门需要库存数据，而财务管理和库存管理是分布在两台不同的计算机上的，由于没有网络，数据将不能及时地沟通。

上述所有问题在计算机网络的环境中得到了很好的解决，人们将计算机通过通信线路连接起来，在网络操作系统和通信软件的支持下，信息的传递将直接通过通信线路来完成，这就保证了数据的一致性，并大大地提高了人们的工作效率。现在，随着 Internet 的发展，计算机将在更大的范围内实现通信，计算机网络通信和传统的电话、电报通信一样，正在成为更加快捷、方便和廉价的通信手段。

2. 资源共享

计算机网络除了实现计算机之间的通信外，还能够实现计算机之间的资源共享。资源共享可以分为硬件资源、软件资源和数据资源共享三个方面。

(1) 硬件共享。

在计算机独立工作模式下，所有的硬件设备都是独占式的。例如，在一台计算机上安装的打印机，其他计算机将无法直接使用。如果一个用户工作在没有打印机的计算机中，要完成打印任务，只能将数据复制到连有打印机的计算机上，或将打印机安装到自己的计算机上，这两种方法都不方便。在计算机网络环境中，可以方便地实现硬件设备的共享。通过计算机网络，用户可以将自己的文件连接到其他计算机的打印机上直接输出。常用的共享设备包括光盘驱动器、打印机、扫描仪、硬盘等。

(2) 软件共享。

软件共享是指在网络环境中，用户可以将某些重要的软件或者大型软件只安装到网络中的特定服务器上，而无需在每台计算机上都安装一份。一方面，有些软件对硬件的环境要求较高，有的计算机不能安装，在这种情况下，用户可以通过计算机网络来使用安装在特定服务器上的软件。另一方面，软件共享可以更好地进行版本控制，如果在每一台计算机上安装相同的软件，在软件升级时，用户必须升级每一台计算机上相应的系统。除此之外，在许多没有硬盘的计算机上，即早期的无盘工作站计算机上，计算机网络的软件共享是必需的。

(3) 数据共享。

随着计算机的发展，计算机的应用范围越来越大，计算机不再局限于个别的业务处理，企业内部、高等院校或者政府部门都在实现信息化。例如，一个现代化的企业，在实现管理现代化的过程中，从市场、供应、技术、生产、库存、设备、人力资源、财务到办公等各个职能部门，都必须实现现代化。在计算机网络中，人们可以建立整个企业用的基础数据库，由各个应用程序通过网络来使用和更新。这样的公用数据库就是所谓的数据共享，数据共享保证了系统的整体性。

6.1.4　计算机网络的分类

计算机网络可以按照不同的标准和方法进行分类。

1. 按照网络的规模和覆盖范围划分

按照网络的规模和覆盖范围不同，计算机网络可以分为局域网(Local Area Network, LAN)、城域网(Metropolitan Area Network, MAN)、广域网(Wide Area Network, WAN)，如表 6-1 所示。

表 6-1　　　　　　　　　　　　　计算机网络覆盖范围分类

网络名称	覆盖范围	使用环境
局域网(LAN)	10m	室内
	200m	建筑物
	1km	校园
城域网(MAN)	100km	城市
广域网(WAN)	10000km	全球

2．按照网络的使用对象范围划分

按照网络的使用对象范围不同，计算机网络可以分为公用网和专用网。例如：中国的CHINANET 为公用网，它向公众开放；而某些行业系统的内部网络则是专用网，如公安部追逃网等。

3．按照传输介质划分

按照传输介质不同，计算机网络可以分为有线网和无线网。有线网的传输介质采用的是双绞线、同轴电缆和光纤等有线传输媒体；无线网的传输介质采用的是卫星、无线电、红外线、激光以及微波等无线传输媒体。

6.2　局域网概述

随着计算机的发展，人们越来越意识到网络的重要性，通过网络，人们拉近了彼此之间的距离，分散在各处的计算机被网络紧密地联系在一起。局域网作为网络的组成部分，发挥了不可忽视的作用。Windows 系统可以把众多的计算机联系在一起，组成一个局域网。在这个局域网中，用户可以在它们之间共享程序、文档等各种资源，也可以通过网络使多台计算机共享同一硬件，如打印机、调制解调器等。

6.2.1　局域网的特征

局域网分布范围小，投资少，配置相对简单，具有如下特征。

(1) 传输速率高，一般为 1～100Mb/s，光纤高速网可达 100～10000Mb/s；

(2) 支持传输介质种类多；

(3) 通信处理一般由网卡完成；

(4) 传输质量好，误码率低；

(5) 有规则的拓扑结构。

6.2.2　局域网的组成

局域网一般由服务器、工作站、网卡、传输介质四部分组成。

1．服务器

服务器用于运行网络操作系统(NOS)，提供硬盘、文件数据及打印机共享等服务功能，是网络控制的中心。从应用来说，较高配置的普通计算机都可以用于文件服务器，但从提高网络的整体性能，尤其是系统稳定性来说，还是选用专用服务器为宜。

2．工作站

网络工作站可以有自己的操作系统，独立工作，工作站通过运行工作站网络软件，访问服务器共享资源。

3．网卡

网卡又称为网络适配器，它将工作站和服务器连到网络上，实现资源共享和相互通信、数据转换等功能。

4．传输介质

目前常用的传输介质有双绞线、同轴电缆、光纤等。

6.2.3　局域网的工作模式

1．专用服务器结构(Server-Base)

　　专用服务器结构又称为"工作站/文件服务器"结构，由若干台微机工作站与一台或多台文件服务器通过通信线路连接起来，组成工作站存取服务器文件，共享存储设备。

　　文件服务器自然以共享磁盘为主要目的。这对于一般的数据传递来说已经够用了，但是当数据库系统和其他复杂应用系统越来越多的时候，服务器就越来越不能承担这样的任务了。

　　2．客户机/服务器模式(Client/Server)

　　在"客户机/服务器"模式下，其中一台或几台较大的计算机集中进行共享数据库的管理和存取(称为服务器)，而将其他应用处理工作分散到网络中的其他微机上去做，构成分布式的处理系统。因此，客户机/服务器式的服务器也成为数据库服务器，它注重数据定义及存取安全、备份及还原、并发控制及事务管理，执行诸如选择检索和索引排序等数据库管理功能，它有足够的能力做到把其处理后用户所需的那一部分数据(而不是整个文件)通过网络传送到客户机去，减轻了网络的传输负荷。客户机/服务器模式是数据库技术的发展和普遍应用与局域网技术发展相结合的结果。

　　3．对等式网络(Peer-to-Peer)

　　在对等式网络结构中，没有专用服务器，每一个工作站既可以起客户机作用，也可以起服务器作用。

6.2.4　局域网的拓扑结构

　　网络的拓扑结构是网络中各种设备之间的连接形式，根据拓扑结构不同，计算机网络可以分为星形结构、总线型结构、环形结构、树形结构和网状结构。

　　1．星形拓扑结构

　　星形拓扑是以中央节点为中心，把若干外围节点连接起来的网络。连接方法是将网络中的所有计算机都以点到点的方式连接到某一中枢设备上，该中枢设备完成网络数据的转发。中枢设备既可以是一台文件服务器，也可以是无源或有源的连接器(如共享式 Hub 或交换机)。星形拓扑结构如图 6-1 所示。

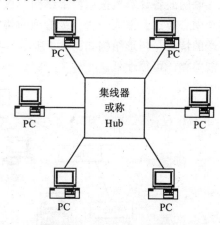

图 6-1　星形拓扑结构图

　　星形拓扑结构具有以下特点。

　　(1) 建网容易，扩充性好，控制简单。

　　(2) 只要中央节点不出现故障，系统的可靠性较高。如果中央结点出现故障，则将导致整个网络瘫痪。

　　2．总线拓扑结构

　　总线拓扑是采用一根传输线作为传输介质，所有的节点都通过网络连接器(如 T 形头)串联在同一条线路上。总线拓扑结构如图 6-2 所示。

　　总线上的任意一个节点发送信息以后，将带有目的地址的信息包发送到共享媒体上，该信息沿总线传播，与总线相连的任意一台计算

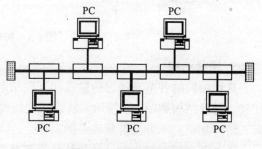

图 6-2　总线拓扑结构图

机都可以接收到该信息，然后检查信息包的物理地址是否和自己的相同，若相同，则接受该信息。

总线型拓扑结构应用广泛，其突出特点如下。

(1) 结构简单，可扩充，性能好。

(2) 网络的可靠性高，节点间响应速度快，共享资源能力强。

(3) 网络的成本低，设备投入量少，安装使用方便。

(4) 总线的性能和可靠性对网络有很大的影响。

3. 环形拓扑结构

环形拓扑将所有的主机串联在一个封闭的环路中。环形拓扑结构如图 6-3 所示。

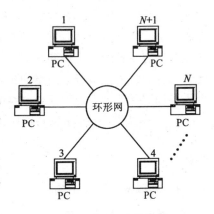

在环形拓扑结构中，信号依次通过所有的工作站，最后回到发送信号的主机。在环形拓扑中，每一台主机都具有类似中继器的作用。在主机接受到信息后，都会将信号恢复为默认的强度后再发送给下一个节点。因此，环形拓扑中信号可以得到较好的保证。环形拓扑的缺点是扩充困难，一旦一个节点发生故障，将导致整个网络传输中断，因此该结构目前应用得较少。

图 6-3　环形拓扑结构图

4. 树形结构

联网的各计算机按照树形结构组成，树的每个节点都是计算机。在树形结构的网络中有多个中心节点，形成一种分级管理的集中式网络，适用于各种管理部门的需要进行分级数据传送的情况。树形结构如图 6-4 所示。其优点是连接容易，管理简单，维护方便。缺点是共享能力差，可靠性低。

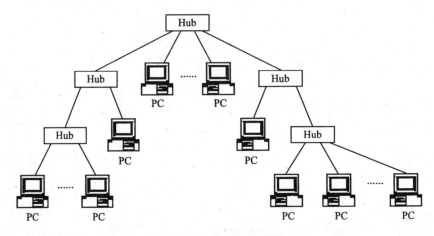

图 6-4　树形拓扑结构图

5. 网状结构

这种结构的各节点通过传输线相互联结起来，并且任何一个节点都至少与其他两个节点相连。网状结构如图 6-5 所示。所以网状结构的网络具有较高的可靠性，但其实现起来费用高、结构复杂，不容易管理和维护。

从上面介绍可知，每一种拓扑结构都有自己的优缺点。一般来说，每一个较大的网络都不是单一的网络拓扑结构，而是由多种拓扑结构混合而成，充分发挥各种拓扑结构的特长，这就是所谓的混合型拓扑结构。例如，一个环形的网络中包含若干个树形网和总线网。

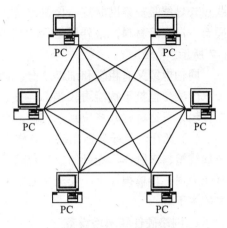

图 6-5　网状拓扑结构图

6.2.5　网络通信协议

在网络中为数据交换而建立的规则、标准或约定成为计算机网络协议。计算机网络由通信子网和资源子网构成，在通信子网中最常用的、最重要的协议主要有 TCP/IP 协议、IPX/SPX 及其兼容协议、Net-BEUI 协议。其中 TCP/IP 协议是当前不同网络互联应用最为广泛的网络协议。

1. TCP/IP 协议

TCP/IP(Transmission Control Protocol/Internet Protocol，传输控制协议/网际协议)是实现 Internet 连接的基本技术元素，是目前最完整、被普遍接受的通信协议标准。它可以让使用不同硬件结构、不同操作系统的计算机之间相互通信。Internet 网络中计算机都使用 TCP/IP 协议，正是由于各个计算机使用相同的 TCP/IP 通讯传输协议，因此不同的计算机才能相互通讯，进行信息交流。

TCP/IP 是一种不属于任何国家和公司拥有和控制的协议标准，它由独立的标准化组织支持改进，以适应飞速发展的 Internet 网络的需要。

2. IPX/SPX 协议

IPX/SPX(网间数据包传送/顺序数据包交换协议)是 Novell 公司开发的通信协议集，是 Novell NetWare 网络使用的一种传输协议，使用该协议可以与 NetWare 服务器连接。IPX/SPX 协议在开始设计时就考虑了多网段的问题，具有强大的路由功能，在复杂环境下具有很强的适应性，适合大型网络使用。

3. NetBEUI 协议

这是 Microsoft 网络的本地网络协议，它常用于由 200 台以内计算机组成的局域网。NetBEUI 协议占用内存小，效率高，速度快，但是此协议是专门为几台到百余台计算机所组成的单网段部门及小型局域网而设计的，因此不具有跨网段工作的功能，即无路由功能。

6.2.6　网络互联设备

1. 网络传输介质

传输介质是网络中发送方和接受方之间的物理通道，在局域网中，常用的传输介质有双绞线、同轴电缆、光纤三种。

(1) 双绞线。它由绞合在一起的一对导线组成，常用于组建局域网时连接计算机和集线器。通常把若干对双绞线组合在一起，再包上保护套，形成一条双绞线电缆，如图 6-6 所示。

图 6-6　双绞线

双绞线价格低廉，但数据传输率较低，一般为每秒几兆位到 100Mb/s，抗干扰性能较差。双绞线最大的使用距离限制在几百米之内。

(2) 同轴电缆。它由内、外两条道线构成，内导线可以是单股铜线，也可以是多股铜

线；外导线是一条网状空心圆柱导体。内、外导线之
间有一层绝缘材料，最外层是保护性塑料外壳，如图
6-7 所示。

同轴电缆又有粗缆和细缆之分。同轴电缆价格高
于双绞线，但抗干扰能力较强，连接也不太复杂，数
据传输率可达每秒几兆位到几亿位，因此适用于各种中、高档局域网。

图 6-7　同轴电缆

（3）光纤。光纤又称光缆，或称光导纤维，是一种能够传送光信号的介质，采用特殊的
玻璃或塑料来制作。光纤的数据传输性能高于双绞线和同轴电缆，可达每秒几十亿位，抗干
扰能力强，传输损耗少，安全保密性好，但成本较高且连接困难。光纤通常用于计算机网络
中的主干线。

2. 网络硬件和网络设备

计算机与计算机或工作站与服务器进行连接时，除了传输介质以外，还需要在计算机内
部安装网络接口板（网卡）以及实现计算机之间互联的中介设备，包括各种网络传输介质连接
器、中继器、集线器、交换机、路由器等设备。

（1）网卡（Network Interface Card，NIC）。它是插入到主板总线插槽上的一个硬件设备，
功能是完成网络互连的物理层连接，要正确地安装网卡驱动程序和配置网络连接属性才能实
现联网。

（2）中继器（Repeater）。它是互联网中最简单的设备，用来连接相同拓扑结构的局域网，
它对应于物理层的互连。它的作用是消除噪声、放大整形信号、增加网段以延长网络距离。
例如：总线型拓扑结构的局域网经常用中继器延长网段。

（3）集线器（Hub）。与中继器类似，也属于网络物理层互联设备，可以说是多端口的中
继器（Multi-Port Repeater）。作为网络传输介质间的中央节点，它克服了介质单一通道的缺
陷。以集线器为中心的优点是：当网络系统中某条线路或某个节点出现故障时，不会影响网
络上其他节点的正常工作。

（4）桥连接器，即网桥（Bridge）。它是一个网段与另一个网段之间建立连接的桥梁，是
一种数据链路层设备。网桥根据数据源和目标的物理地址决定是否对数据进行转发，这在一
定程度上提高了网络的有效带宽。网桥可以进行数据链路层协议的转换、隔离网段、减少网
络交通阻塞，使互连起来的不同局域网变成统一的逻辑网络。

（5）交换机（Switch）。它是目前组网的最常用设备。可看做是多端口的桥（Multi-Port
Bridge）。交换机实现了数据包的快速转发，是具有简化、低价、高性能和高端口密集特点
的交换产品。它可实现数据链路层和网络层数据的协议分析和处理。交换机的转发延迟很
小，操作接近于单个局域网的性能，远远超过了普通桥连互联网络之间的转发性能。交换技
术允许共享型和专用型的局域网段进行带宽调整，以减轻局域网之间信息流通出现的"瓶
颈"问题。

（6）路由器（Router）。它属于网络层互联设备，用于连接多个逻辑上分开的网络。路由
器有自己的操作系统，运行各种网络层协议（如 IP 协议、IPX 协议、AppleTalk 协议等），用
于实现网络层功能。

路由器有多个端口，端口分成 LAN 端口和串行端口（即广域网端口），每个 LAN 端口
连接一个局域网，串口连接电信部门，将局域网接入广域网。路由器的主要功能是路由选择
和数据交换，当一个数据包到达路由器时，路由器根据数据包的目标逻辑地址，查找路由

表，如果存在一条到达目标网络的路径，路由器将数据包转发到相应端口。如果目标网络不存在，数据包被丢弃。

（7）机柜。为了结构化布线的需要，在主配线间或中间配线间内往往安装一组机柜。然后把各种各样的网络设备(如交换机、路由器、集线器等)安装在机柜中，使得网络布局更加清晰、合理，便于维护和管理。

6.3 Internet 基础

随着信息时代的来临，Internet 网络的发展越来越普及，Internet 已逐步成为人类社会中不可缺少的重要组成部分。

6.3.1 Internet 的产生和发展

20 世纪 80 年代是局域网大发展的时期。由于计算机和网络设备性能价格比的逐步提高，局域网得到了广泛的应用和发展。在应用的过程中，人们自然会想到如何将一个个独立的局域网互连起来，以组成一个较大的网络，使在不同地理位置上的主机通过异构网络也能相互通信和共享网上资源，于是网络互连技术得到了迅猛发展。网络互连包括局域网互连、局域网与广域网互连、广域网与广域网互连。

Internet 也称为因特网，它起源于美国，最初是为了科研和军事部门内不同结构的计算机网络之间的互连而设计的，如今已经发展为国际上最大的互联网。Internet 把世界各地的计算机网、数据通信网以及公用电话网通过路由器等网络设备和各种通信线路在物理上连接起来，再利用 TCP/IP 协议实现不同类型的网络之间的相互通信。

随着计算机技术、多媒体技术和网络通信技术的飞速发展和普及，Internet 的应用已扩展到各个领域与部门，并成为人们在工作、生活、娱乐等方面获取和交流信息的不可缺少的工具。

6.3.2 Internet 主要功能

Internet 是一个全球性的计算机互联网络，中文名称为因特网，它是将不同地区、规模大小不一的网络互相连接起来而组成的。对于 Internet 中各种各样的信息，所有人都可以通过网络的连接来共享和使用。Internet 实际上是一个应用平台，在它的上面可以开展多种应用，主要功能包含以下七个方面。

1．获取和发布信息

Internet 是一个信息的海洋，通过它可以得到海量的信息，其中有各种不同类型的书库、图书馆、杂志期刊和报纸。网络还可以提供政府、学校、公司、企业等机构的详细信息和各种不同的社会信息。这些信息的内容涉及社会的各个方面，几乎无所不有。人们可以坐在家里，了解全世界正在发生的事情，也可以将自己的信息发布到 Internet 上。

2．电子邮件(E-mail)

平常的邮件一般是通过邮局传递，收信人要等几天甚至更长时间才能收到信件。电子邮件和平常的邮件有很大的不同，电子邮件的写信、收信、发信都在计算机网络上完成，从发信到收信的时间以秒来计算，而且电子邮件很多都是免费的。同时在世界上只要可以上网的地方，就可以收到别人寄来的邮件。

3．网上交际

网络可以看成是一个虚拟的社会空间，每个人都可以在这个网络社会中充当一个角色。

Internet 已经渗透到大家的日常生活中，人们可以在网上聊天、交朋友、玩网络游戏。"网友"已经成为了使用频率越来越高的名词。网友你可以完全不认识，她/他可能远在天边，也可能近在眼前。网上交际已经完全突破传统的交友方式，不同性别、年龄、身份、职业、国籍、肤色的人，都可以通过 Internet 而成为好朋友，不用见面就可以进行各种各样的交流。

4. 电子商务

在互联网上进行商业贸易已经成为现实，而且发展得如火如荼，可以利用网络开展网上购物、网上销售、网上拍卖、网上货币支付等。它已经在海关、外贸、金融、税收、销售、运输等领域得到了广泛的应用。电子商务现在正向一个更加纵深的方向发展。随着社会金融基础设施及网络安全设施的进一步健全，电子商务将在世界上引起一场新的革命。在不久的将来，人们坐在电脑前便可完成各种各样的商务活动。

5. 网络电话

最近几年，IP 电话卡成为一种流行的电信产品，受到人们的普遍欢迎。它采用 Internet 技术，其长途话费大约只有传统电话的三分之一。现在市场上已经出现了很多种类型的网络电话，它不仅能够听到对方的声音，而且能够看到对方的影像，还可以几个人同时进行对话，这种模式也称为"视频会议"。

6. 网上办公

Internet 的出现将改变传统的办公模式，人们可以坐在家里上班，然后通过网络将工作的结果传回单位；出差的时候，不用带上很多的资料，因为随时都可以通过网络从单位提取需要的信息，Internet 使全世界都可以成为办公地点。

7. Internet 的其他应用

Internet 还有很多其他应用，例如远程教育、远程医疗、远程主机登录、远程文件传输等。

6.3.3　Internet 连接技术

网络中每台主机都有真实的物理地址，这是网卡制造商制作在网卡上的无法改变的地址码。网络的技术和标准不同，其网卡的地址编码也不同。由于目前物理地址的规范有很多，Internet 为了避免众多不同的物理地址规范带来的麻烦，确保主机地址的唯一性、灵活性和适应性，为每个连接在因特网上的主机(或路由器)分配了一个在全世界范围内唯一的标识符，这就是 IP 地址。只有拥有正确目的 IP 地址的分组才能到达目标主机。与真实的物理地址相对应，IP 地址是一种虚拟地址，主机的 IP 地址是可以进行配置和修改的。

1. IP 地址的作用

因特网是全世界范围内的计算机连为一体而构成的通信网络的总称。连接在某个网络上的两台计算机之间在相互通信时，在它们所传送的数据包里都会含有某些附加信息，这些附加信息就是发送数据的计算机的地址和接受数据的计算机的地址。人们为了通信的方便，给每一台计算机都事先分配一个类似于电话号码的标识地址，该标识地址就是 IP 地址。根据 TCP/IP 协议规定，IP 地址由 32 位二进制数组成，而且在 Internet 范围内是唯一的。例如，某台连在因特网上的计算机的 IP 地址为：11010010 01001001 10001100 00000001。

在 TCP/IP 网络中，每个主机都有唯一的地址，它是通过 IP 协议来实现的。IP 协议要求每次与 TCP/IP 网络建立连接时，每台主机都必须为这个连接分配一个唯一的 32 位地址，因为在这个 32 位 IP 地址中，不但可以用来识别某一台主机，而且还隐含着网际间的路径信息。需要强调的是，这里的主机是指网络上的一个节点，而不能简单地理解为一台计算机。实际上，IP 地址是分配给计算机的网络适配器(网卡)的。一台计算机可以有多个网络适配器，就可以有多个 IP 地址，一个网络适配器就是一个节点。

IP 地址共有 32 位二进制数，一般用 4 个字节表示，每个字节的数字又用十进制表示，即每个字节的数的范围是 0～255，且每个数字之间用点隔开，例如：192.168.34.46。这种记录方法称为"点-分"十进制记号法。IP 地址的结构为：

网络类型	网络 ID	主机 ID

按照 IP 地址的结构和分配原则，可以在 Internet 上很方便地寻址：先按 IP 地址中的网络标识号找到相应的网络，再在这个网络上利用主机 ID 找到相应的主机。由此可看出，IP 地址并不只是一个计算机的代号，而是指出了某个网络上的某个计算机。当组建一个网络时，为了避免该网络所分配的 IP 地址与其他网络上的 IP 地址发生冲突，就必须为该网络向 InterNIC(Internet 网络信息中心)组织申请一个网络标识号，也就是这整个网络使用一个网络标识号，然后再给该网络上的每个主机设置一个唯一的主机号码，这样网络上的每个主机都拥有一个唯一的 IP 地址。另外，国内用户可以通过中国互联网信息中心(CNNIC)来申请 IP 地址和域名。当然，如果网络不想与外界通信，就不必申请网络标识号，而自行选择一个网络标识号即可，只是网络内的主机的 IP 地址不可相同。

2．IP 地址的分类

为了充分利用 IP 地址空间，Internet 委员会定义了 5 种 IP 地址类型以适合不同容量的网络，即 A 类～E 类，如表 6-2 所示。

表 6-2　IP 地址类型详述

IP 地址类型	第一字节范围(十进制)	二进制固定最高位	二进制网络位	二进制主机位
A 类	0～127	0	8 位	24 位
B 类	128～191	10	16 位	16 位
C 类	192～223	110	24 位	8 位
D 类	224～239	1110	组播地址	
E 类	240～255	1111	保留试验使用	

其中，A，B，C 三类(如表 6-3 所示)由 InterNIC(Internet 网络信息中心)在全球范围内统一分配，D，E 类为特殊地址。

表 6-3　A～C 类 IP 地址

网络类别	最大网络数	第一个可用的网络号	最后一个可用的网络号	每个网络中的最大主机数
A	126	1	126	16777214
B	16382	128.1	191.254	65534
C	2097150	192.0.1	223.226.254	254

(1) A 类 IP 地址。一个 A 类 IP 地址是指，在 IP 地址的四段号码中，第一段号码为网络号码，剩下的三段号码为本地计算机的号码。如果用二进制表示 IP 地址，A 类 IP 地址就由 1 字节的网络地址和 3 字节主机地址组成，网络地址的最高位必须是"0"。A 类 IP 地址中网络的标识长度为 7 位，主机标识的长度为 24 位。A 类网络地址数量较少，可以用于主机数达 1600 多万台的大型网络。

（2）B类IP地址。一个B类IP地址是指，在IP地址的四段号码中，前两段号码为网络号码，B类IP地址就由2字节的网络地址和2字节主机地址组成，网络地址的最高位必须是"10"。B类IP地址中网络的标识长度为14位，主机标识的长度为16位，B类网络地址适用于中等规模的网络，每个网络所能容纳的计算机数为6万多台。

（3）C类IP地址。一个C类IP地址是指，在IP地址的四段号码中，前三段号码为网络号码，剩下的一段号码为本地计算机的号码。如果用二进制数表示IP地址，C类IP地址就由3字节的网络地址和1字节主机地址组成，网络地址的最高位必须是"110"。C类IP地址中网络的标识长度为21位，主机标识的长度为8位，C类网络地址数量较多，适用于小规模的局域网，每个网络最多只能包含254台计算机。

除了上面三种类型的IP地址外，还有几种特殊类型的IP地址。TCP/IP协议规定，凡IP地址中的第一个字节以"1110"开始的地址都叫多点广播地址。因此，任何第一个字节大于223小于240的IP地址都是多点广播地址；IP地址中的每一个字节都为0的地址（"0.0.0.0"）对应于当前主机；IP地址中的每一个字节都为1的IP地址（"255.255.255.255"）是当前子网的广播地址；IP地址中凡是以"1111"开始的地址都被保留以备将来作为特殊用途使用；IP地址中不能以十进制"127"作为开头，127.1.1.1用于回路测试，同时网络ID的第一个6位组也不能全置为"0"，全部为"0"表示本地网络。

3．子网及子网掩码

子网是指在一个IP地址上生成的逻辑网络，它使用源于单个IP地址的IP寻址方案。把一个网络分成多个子网，要求每个子网使用不同的网络ID。通过将主机号（主机ID）分成两个部分，就为每个子网生成唯一的网络ID。一部分用于标识作为唯一网络的子网，另一部分用于标识子网中的主机，这样原来的IP地址结构变成以下三层结构：

网络地址部分	子网地址部分	主机地址部分

这样做的好处是可以节省IP地址。例如，某公司想把其网络分成四个部分，每个部分有20台左右的计算机。如果为每部分网络申请一个C类网络地址，这显然非常浪费（因为C类网络可支持254个主机地址），而且会增加路由器的负担，这时就可借助子网掩码，将网络进一步划分成若干子网。由于其IP地址的网络地址部分相同，则单位内部的路由器应能区分不同的子网，而外部的路由器则将这些子网看成同一个网络。这有助于本单位的主机管理，因为各子网之间用路由器来相连。

子网掩码是一个32位二进制的数，它用于屏蔽IP地址的一部分，以区别网络ID和主机ID，以将网络分割为多个子网；判断目的主机的IP地址是在本局域网还是在远程网。在TCP/IP网络上的每一个主机都要求有子网掩码。这样，当TCP/IP网络上的主机相互通信时，就可用子网掩码来判断这些主机是否在相同的网段内。

4．域名及域名服务

为方便记忆、维护和管理，网络上计算机还可以有一个直观的唯一标识名称，称为域名。其基本结构为：主机名．单位名．类型名．国家代码。

例如，IP地址为210.34.4.001的计算机的域名是代表厦门大学图书馆。在浏览器的地址栏中，也可以直接输入IP地址来打开网页。

国家代码又称为顶级域名，由ISO3166规定。表6-4给出了常见的国家和地区顶级域名，表6-5给出了常见的域名类型。

表 6-4　　　　　　　　　　　　　　　　常见的国家和地区顶级域名

中国	.cn	美国	.us	法国	.fr
德国	.de	韩国	.kr	中国香港	.hk
日本	.jp	澳大利亚	.au	中国台湾	.tw

表 6-5　　　　　　　　　　　　　　　　常见的域名类型

科研机构	.ac	教育机构	.edu	网络机构	.net
工商金融	.com	政府部门	.gov	非营利组织	.org

人们习惯记忆域名，但机器间互相只认识 IP 地址，所以必须进行域名转换，域名与 IP 地址之间是一一对应的，它们之间的转换工作称为域名解析，域名解析需要由专门的域名解析服务器来完成，整个过程自动进行。例如域名 "www.sohu.com" 将由域名解析系统自动转换成搜狐网站的 Web 服务器 IP 地址 61.136.132.12。在浏览器中可以直接输入 "http：//61.136.132.12/" 来访问搜狐网站。

对大型的网络运营商，一般都提供域名解析服务。域名解析实质上就是域名和 IP 地址的翻译官，在网络设置时可以随意选择域名解析服务器。

5．Internet 服务商

ISP 即 Internet Service Provider(互联网服务提供商)。如果要安装一部电话，那么就去找电信局，要接入 Internet，则必须去找 ISP。ISP 是用户接入 Internet 的入口点。它不仅为用户提供 Internet 接入，而且为用户提供各类信息服务。通常，个人或企业不直接接入 Internet，而是通过 ISP 接入 Internet。

从用户角度看，ISP 位于 Internet 的边缘，用户通过某种通信线路连接到 ISP 的主机，再通过 ISP 的连接通道接入 Internet。

目前，国内的几大互联网运营机构在全国大中城市设立 ISP，例如 CHINANET 提供的 "163" "169" 服务；CERNET 覆盖的大专院校及科研部门，提供 Internet 接入服务。此外，国内还存在着众多小型的 ISP。一个城市可能有几十家提供电子邮件、信息发布代理服务的信息服务公司，它是提供 Internet 接入服务与信息增值服务的服务商。

此外，还有一种 ISP 专用连接上网的方式。该方式是直接以局域网连接为网络单位与 Internet 互联，它有一条专用的国际数字线路，这条线路一端连接局域网，另一端直接接入网络接入点。它有直接接入和间接接入两种方式。

直接接入 Internet 网络的有中国教育网(CERNET)、中国科学院网(CASNET)、中国邮电部建设的公用主干网(CHINANET)和电子工业部的中国金桥信息网(CHINAGBN)。

间接接入 Internet 的网络有很多，例如东北大学的校园网等，它是 CERNET 的成员。另外，还有的局域网中，只有一台主机具有 IP 地址，将其设为代理服务器后，其他机器就可以通过代理服务器连接到 Internet。

6.3.4　Internet 接入方式

1．小规模用户因特网接入技术

一般将计算机连入 Internet 的方法有以下 6 种。

(1) 局域网接入。用户计算机通过网卡，利用数据通信专线(如电缆或光纤等)连接到某个已与 Internet 相连的局域网(如校园网等)上。

(2) 拨号接入。一般家庭使用的计算机可以通过电话线拨号入网。采用这种方式，用户计算机必须安装一个调制解调器，并通过电话线与 ISP 的主机连接。其传输率为 33.6kb/s 和 56kb/s。

　　(3) ISDN 方式接入。ISDN(综合业务数字网)是一种先进的网络技术。它使用普通电话线，但与普通电话不同，在线路上采用数字方式传输，可以在电话线上提供语音、数据和图像等多种通信业务服务。例如，用户可以通过一条电话线在上网的同时拨打电话。ISDN 方式入网的上网速度为 128kb/s。通过 ISDN 上网需要安装 ISDN 卡。

　　(4) 宽带 ADSL 方式接入。ADSL(非对称数字用户环路)是利用既有的电话线实现高速、宽带上网的一种方法。所谓"非对称"是指与 Internet 网的连接具有不同的上行和下行速度，上行是指用户向网络发送信息，而下行是指 Internet 向用户发送信息。目前 ADSL 上行速度可达 1Mb/s，下行速度最高可达 8Mb/s。采用 ADSL 接入，需要用户端安装 ADSL Modem 和网卡。

　　(5) 利用有线电视网接入。通过中国有线电视网(CATV)接入 Internet，速率可达 10Mb/s。采用 CATV 接入需要安装 Cable Modem(电缆调制解调器)。

　　(6) 无线方式接入。它是指用户终端到网络交换节点采用或部分采用无线手段的接入技术。无线接入 Internet 的技术分成两类，一类是基于移动通信的无线接入，另一类是基于无线局域网的技术。进入 21 世纪后，无线接入 Internet 已经逐渐成为接入方式的一个热点。

　　2. 大规模用户因特网接入技术

　　目前大规模用户因特网接入技术主要针对大、中规模局域网接入因特网应用，例如政府网、企业网、校园网、ISP 网络，主要有 X.25 公共分组交网接入技术、帧中继网接入技术、光纤接入技术等。

　　(1) X.25 公共分组交换网接入。X.25 公共分组交换网是传统的公共分组交换网，我国的 X.25 公共分组交换网称为 CHINAPAC，常采用租用专线方式(双绞线)，最高传输速率 64kb/s。

　　(2) 帧中继网接入技术。帧中继网是一种高速流水线方式的分组交换网，功能上可替代 X.25 网，采用租用专线方式(双绞线或同轴电缆)，传输速率为 56kb/s～1.544Mb/s。

　　(3) 光纤接入技术。可分为光纤环路技术(FITL)和光纤同轴混合技术(HFC)。光纤接入可用于各类高带宽、高质量的应用环境中，例如 DDN(数字数据网，2Mb/s)专线、ATM(异步传输模式)等。

6.3.5　ADSL 连接

　　同普通电话拨号相比，ADSL 支持上行速度 640kb/s～1Mb/s，下行速度 1～8Mb/s，而且它在同一条铜线上分别传送数据和语音信号，数据信号并不通过电话交换机设备，所以在线并不需要拨号，这意味着上网无需缴纳额外的电话费。

　　1. 安装 ADSL 需具备的条件

　　(1) 电脑硬件配置的最低要求。CPU 的主频在 Pentium 133MHz 以上，内存在 32MB 或以上，硬盘剩余空间大于 100MB，网卡接口为 RJ-45 的 10M 或 10M/100M 自适应以太网卡，IE5.0/6.0 或 Netscape4.0，操作系统为 Windows 98/2000/NT/ME/XP 等。

　　(2) 电话线路要求。ADSL 对电话线路要求较高，线路环阻太大将不能安装，因此安装前要对电话线阻进行测量，线阻超过 900R 将不能安装成功。

　　2. 硬件安装

　　ADSL 的硬件安装比使用 Modem 稍微复杂一些。设备安装包括：一块 10M 或者 10M/100M 自适应网卡，一个 ADSL 调制解调器，一个滤波器，另外还有 2 根两端做好 RJ11 头的电话线和一根两端做好 RJ45 头的五类双绞线。

　　ADSL 调制解调器是通过网卡和计算机相连的，在安装 ADSL 调制解调器前要先安装网卡，网卡可以是 10M 或是 10/100M 自适应的。安装完成以后，就可以在网络配置中显示出来，并且 TCP/IP 协议已经安装完毕。

　　3．Windows XP 下的 ADSL 设置

　　Windows XP 操作系统功能强大，集成了 PPPoE 协议支持，ADSL 用户不需要安装任何拨号软件，直接使用 Windows XP 的连接向导就可以建立自己的 ADSL 虚拟拨号连接，设置过程如下。

　　(1) 安装好网卡驱动程序以后，选择【开始】|【程序】|【附件】|【通讯】|【新建连接向导】，如图 6-8 所示。

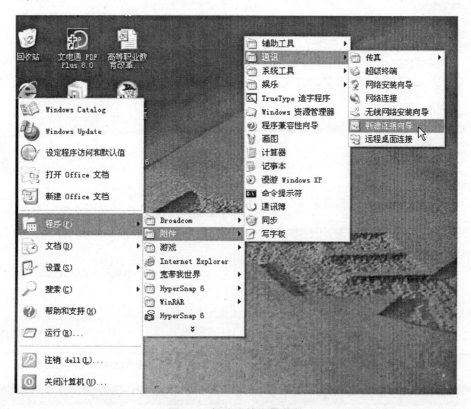

图 6-8　新建连接向导菜单

　　(2) 出现【欢迎使用新建连接向导】对话框，如图 6-9 所示。直接单击【下一步】按钮，出现对话框，如图 6-10 所示。选择"连接到 Internet"。

　　(3) 单击【下一步】按钮，出现如图 6-11 所示对话框，选择"手动设置我的连接"。

　　(4) 单击【下一步】按钮，出现如图 6-12 所示对话框，选择"用要求用户名和密码的宽带连接来连接"选项。

　　(5) 单击【下一步】按钮，出现图 6-13 所示对话框。提示输入"ISP 名称"，这里只是一个连接的名称，可以随便输入，例如，输入 ADSL，如图 6-13 所示。

　　(6) 单击【下一步】按钮，输入自己的 ADSL 账号和密码(一定要注意用户名和密码的格式和字母的大小写)，并根据想到的提示，对这个上网连接进行 Windows XP 的其他一些安全方面设置，如图 6-14 所示。

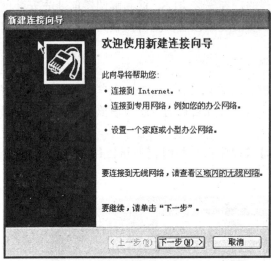

图 6-9　"欢迎使用新建连接向导"对话框

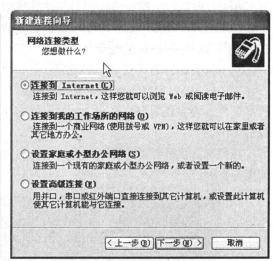

图 6-10　选择网络连接类型

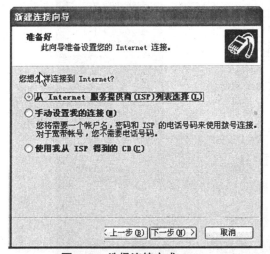

图 6-11　选择连接方式

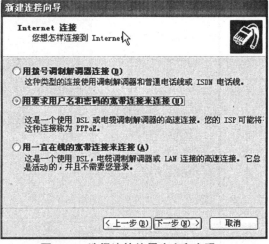

图 6-12　选择连接的用户名和密码

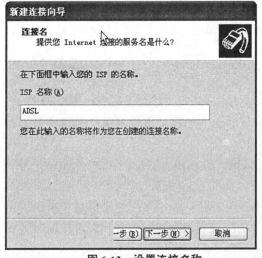

图 6-13　设置连接名称

图 6-14　设置连接权限

（7）单击【下一步】按钮，ADSL 虚拟拨号设置就完成了，如图 6-15 所示。

（8）单击【完成】后，会看到桌面上多了个名为 ADSL 的连接图标。

（9）双击连接图标，出现【连接 ADSL】对话框，如图 6-16 所示。输入正确的用户名和密码。直接单击"连接"按钮，如果确认用户名和密码正确以后，系统会自动拨号接入 Internet。成功连接后，会看到屏幕右下角有两部电脑连接的图标，表示本地连接和互联网连接成功，用户可以进行上网操作了。

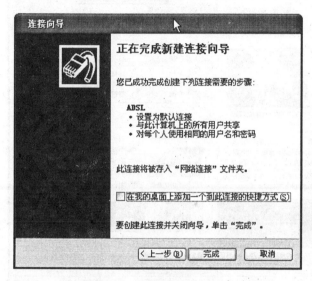

图 6-15 设置完成对话框

图 6-16 【连接 ADSL】对话框

6.4 Internet 应用

随着科技的发展，网络逐步成为人们生活中的重要组成部分。特别是网页浏览、电子邮件的发送以及文件传输和网络交流等功能成为必不可少的网络知识。

6.4.1 Internet Explorer 的使用

Microsoft 公司的 IE（Internet Explorer）是一个客户端的浏览器软件，它被"捆绑"在 Windows 操作系统上一起销售。用户通过 Internet 连接和使用 IE 浏览器，可以查找和浏览 Web 上的信息。

1. Internet Explorer 6.0（IE6.0）

Internet Explorer 是 Windows 操作系统使用最广泛的浏览器，目前最常用的版本为 6.0。下面以 IE6.0 为例介绍 Internet Explorer 的使用方法。

打开 IE6.0 常用的方法有以下几种。

（1）双击桌面上的浏览器图标 Internet Explorer。

（2）单击任务栏上快速启动工具栏中的浏览器图标。

（3）单击【开始】菜单，选择【程序】|【Internet Explorer】命令。

在 IE6.0 窗口地址栏中，输入"www.yahoo.com.cn"，按"Enter"键打开中国雅虎主页，如图 6-17 所示。在主页中单击超链接，就可以浏览相关信息。如果 IE6.0 图标随着网页的打开一起转动，表示正在打开网页。

图 6-17　中国雅虎首页

IE6.0 的窗口由标题栏、菜单栏、常用工具栏、地址栏、链接工具栏、浏览窗口、状态栏等组成。

（1）标题栏：显示当前网页的标题和名称。

（2）菜单栏：集中了 IE 6.0 的所有命令菜单，使用方法与 Windows 平台下其他程序相同。

（3）工具栏：为使用浏览器的用户提供了一系列常用的工具，IE6.0 新增了打印、邮件收发、多媒体播放等工具。

（4）地址栏：显示当前正在访问或将要访问的网页的 Web 地址，在其中输入网页地址，按"Enter"键，即可打开想要访问的网页。

2．Internet Explorer 6.0 常用工具栏按钮

（1）【后退】、【前进】按钮。单击工具栏上的【后退】按钮，返回到当前页面之前的网页；单击【前进】按钮，则转到后一页。如果在此之前没有使用【后退】按钮，则【前进】按钮将处于灰暗状态，不可使用。

（2）【停止】按钮。在打开某网页时，由于某种原因想中断正在打开的网页，可以使用【停止】按钮。

（3）【刷新】按钮。当某网页停留时间较长时，网页内容可能发生变化，要查看最新内容时可以使用该按钮。

（4）【主页】按钮。网站的起始页面称为【主页】，即打开浏览器时开始浏览的那一个网

页。

(5)【搜索】按钮。当需要访问某些不清楚网址的网站时，利用该工具可以打开搜索页面，进行搜索查找。

(6)【收藏夹】按钮。当需要保留某个网页的地址，供以后使用时，可以单击【收藏夹】按钮，在打开的侧边栏中选择【添加】命令，将该网址保存起来，以后访问时，只要单击【收藏夹】按钮，即可以看到该网址信息，单击可打开网页。

(7)【媒体】按钮。单击【媒体】按钮，可以打开媒体播放机，在播放类似音频和视频信息时，不需要另外安装支持音频和视频播放的软件。

(8)【历史】按钮。历史记录中保存了用户曾经访问过的所有站点和网页，单击该按钮，可以查看访问过的网页，包括几天前、几周前甚至更长时间访问过的网页。

(9)【邮件】按钮。单击【邮件】按钮，可以打开 Outlook Express，立即查看电子邮件，但使用前必须对 Outlook Express 进行设置。

3．Internet Explorer 6.0 使用技巧

(1)使用超链接。超链接是指能连接到一个目标对象的文字或图形。在浏览器中，超链接的文字与其他文字的颜色不同。通过单击超链接，可以立即连接到指定 Web 页面上。超链接可以是图片、三维图像或者彩色文字，超链接文字通常带下划线。将鼠标箭头移到某一项，可以查看它是否为超链接，若箭头改为手形，则表明这一项是超链接。同时，窗口状态栏显示当前超链接的网址。

(2)脱机浏览。通过脱机浏览，不必连接到 Internet 就可以查看网页。当连接到 Internet 并处于联机状态时，通过一定的操作，将最新内容下载到本机上，然后断开连接，以后无论在何时何地，都可以脱机查看网页，起到节省上网费用的作用。要脱机浏览网页，选择【文件】|【脱机工作】命令即可。

(3)保存网页信息。浏览网页时，会发现很多有用的信息，可以将有用的信息保存起来，以后不需要打开网页就可以阅览这些信息。保存的方法有两种，一种是全部保存网页内容，另一种是保存网页的部分内容，具体操作如下。

① 将当前网页保存在计算机上。选择【文件】|【另存为】命令，打开【保存网页】对话框，选择保存网页的文件夹，在【文件名】框中输入网页的名称，单击【保存】按钮即可。

② 将信息从网页复制到文档。选定要复制的信息，如果复制整页的内容，可以选择【编辑】|【全选】。然后选择【编辑】|【复制】命令；打开需要编辑信息的应用程序(例如 Word)，将光标移到需要复制信息的地方，选择【编辑】|【粘贴】命令。

(4)清除历史记录。单击地址栏的下拉菜单，已访问过的站点无一遗漏、尽在其中。如果不想让别人知道刚才访问了哪些站点，可以右击桌面上的 IE 图标，选择【属性】命令，打开【Internet 属性】对话框，在【常规】选项卡下单击【历史记录】选项组的【清除历史记录】按钮。这时系统会弹出警告"是否确实要让 Windows 删除已访问过网站的历史记录？"，选择"是"就可以了。

若只想清除部分记录，单击浏览器工具栏上的【历史】按钮，在左栏的地址历史记录中，用鼠标右键选中某一希望清除的地址或其下一网页，在快捷菜单中选择【删除】命令即可。

(5)欣赏音频和视频信息。IE 6.0 中集成了 Windows Media Player 的播放功能，它以媒体侧边栏形式出现。浏览网页时，可以在同一窗口中欣赏网上或是本地硬盘上的音频和视频资源，无需另外寻找其他的播放软件。播放时也非常简单，只要用鼠标双击需要播放的文

件，IE 6.0 就会自动启动 Windows Media Player 程序，来进行播放文件。

4．Internet Explorer 6.0 的设置

在启动 Internet Explorer 的同时，系统打开默认主页。在默认设置下，打开的主页是【微软(中国)首页】。为了使浏览时更加快捷、方便，可以将访问频繁的站点设置为主页。

单击【工具】|【Internet 选项】命令，打开图 6-18 所示的【Internet 选项】对话框，切换到【常规】选项卡。【常规】选项卡中有 3 个选项组："主页""Internet 临时文件""历史记录"。

主页就是打开浏览器时所看到的第一个页面。可以在图 6-19 所示的【主页】选项组中选择作为主页的网页。设置方法有以下几种。

(1) 单击【使用当前页】按钮，就可以将当前访问的主页设置为主页。如图 6-19 中已将"中国雅虎"设置为主页。

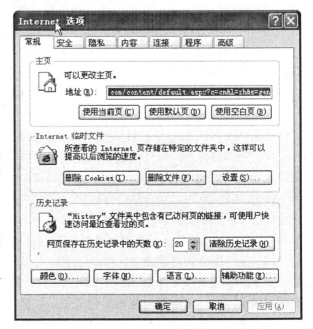

图 6-18　【Internet 选项】对话框【常规】选项卡

(2) 如果知道一个 Web 站点主页的详细地址，可以在【地址】文本框中直接输入要设置为主页的 URL 地址，例如"http://www.yahoo.com.cn"。

(3) 若要将主页还原为默认的"微软(中国)首页"，则可以单击【使用默认页】按钮。

(4) 如果系统每次启动 Internet Explorer 时，都不打开任何主页，则可以单击【使用空白页】按钮。

设置完毕后，单击【确定】按钮，完成主页设置。以后每次启动 Internet Explorer 后，单击【主页】按钮，都会打开设置的主页页面。

图 6-19　设置主页

在【常规】选项卡中，"主页"选项组的各按钮如图 6-19 所示。

6.4.2　电子邮件(E-mail)

电子邮件 E-mail 是利用计算机网络的通信功能实现信件传输的一种技术，是 Internet 上最广泛的应用之一。电子邮件具有许多独特的优点，实现了信件的收、发、读、写的全部电子化，不但可以收发文本，而且可以收发声音、影像，更有用的是可以通过电子邮件参与Internet 上的讨论。电子邮件传送快捷，发往世界各地的邮件可在几秒内收到，而且收费低廉。

在 Internet 上有许多处理电子邮件的计算机，称为邮件服务器。发送邮件的服务器遵循简单邮件传输协议(Simple Mail Transfer Protocol, SMTP)，称为 SMTP 服务器；而接收邮件的服务器遵循邮局协议(Post Office Protocol Version 3, POP3)，所以被称为 POP3 服务器，用户的邮件存放在网站的邮件服务器上。

　　用户必须拥有 ISP 提供的邮箱账户、口令，才能接收电子邮件。现在很多 ISP 提供免费电子邮箱服务，可以直接申请使用。

　　1. 电子邮件地址的格式

　　电子邮件的地址结构为：用户名@计算机名. 组织结构名. 网络名. 最高层域名。

　　用户名就是用户在站点主机上使用的登录名，其后是使用的计算机名和计算机所在域名。例如：lin@public.fz.fj.cn，表示用户名 lin 在中国(cn)福建(fj)福州(fz)CHINANET 服务器上的电子邮件地址。

　　2. 申请电子邮箱

　　要想通过 Internet 收发邮件，必须先向 ISP 机构申请一个属于自己的个人信箱。只有这样才能将电子邮件准确送达每个 Internet 用户，个人信箱的密码只有用户本人知道，所以别人是无法读取用户的私人信件的。

　　ISP 提供的信箱有两种：一种是免费邮箱，容量较低，服务功能也比较少；另一种是收费信箱，必须向 ISP 机构支付一定的费用，收费邮箱可以让用户得到更好的服务，无论在安全性、方便性还是邮箱的容量上，都有很好的保障。

　　目前，常见的 ISP 机构有雅虎、新浪、网易、搜狐等。

　　下面以中国雅虎免费电子邮箱的申请过程为例，介绍申请个人免费电子邮箱的方法，具体操作步骤如下。

　　(1) 启动 Internet Explorer，在地址栏内输入"http：//www.yahoo.com.cn"，然后按下"Enter"键，打开中国雅虎主页，如图 6-20 所示。

图 6-20　中国雅虎主页

（2）单击【邮箱】链接，打开注册雅虎免费邮箱网页，单击【注册雅虎免费邮箱】，如图 6-21 所示。

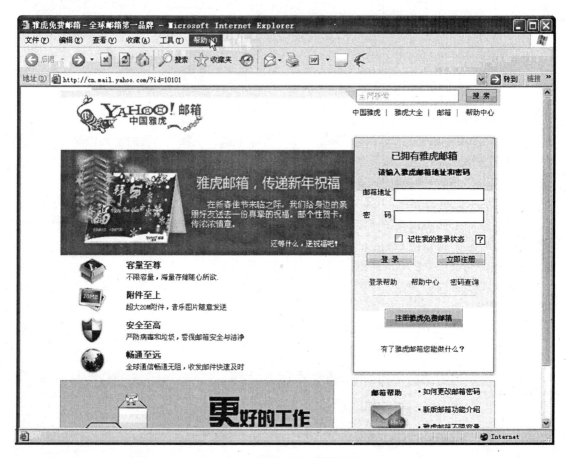

图 6-21　注册雅虎免费邮箱页面

（3）进入创建雅虎邮箱界面，填写个人信息后，单击【同意并提交】按钮，提示注册成功，即拥有了自己的电子邮箱。如图 6-22 所示。

3．通过 IE 收发电子邮件

下面以"dy00000@yahoo.com.cn"电子邮箱为例，介绍通过 IE 收发电子邮件的方法。具体操作步骤如下。

（1）在中国雅虎主页单击【邮箱】链接，进入中国雅虎邮箱界面，分别输入邮箱地址和密码，如图 6-23 所示，然后单击【登录】按钮。

（2）进入电子邮箱的页面，如图 6-24 所示。

（3）单击窗口左侧的【收件箱】链接，打开邮箱，可以看到每一封来信的状态标题、接受的日期和寄件人等信息，如图 6-25 所示。

（4）单击邮件的标题，可以查看其具体内容。如果邮件有附件，单击附件的名称，即可打开【文件下载】对话框，再单击【保存】按钮，然后按照提示操作，就可以把附件下载到计算机中。

（5）单击【写信】按钮，即可打开撰写邮件的页面，然后在相应的位置，填写收件人、邮件主题和信件内容，如图 6-26 所示。

（6）单击【添加附件】按钮，打开"附加文件"页面，如图 6-27 所示。

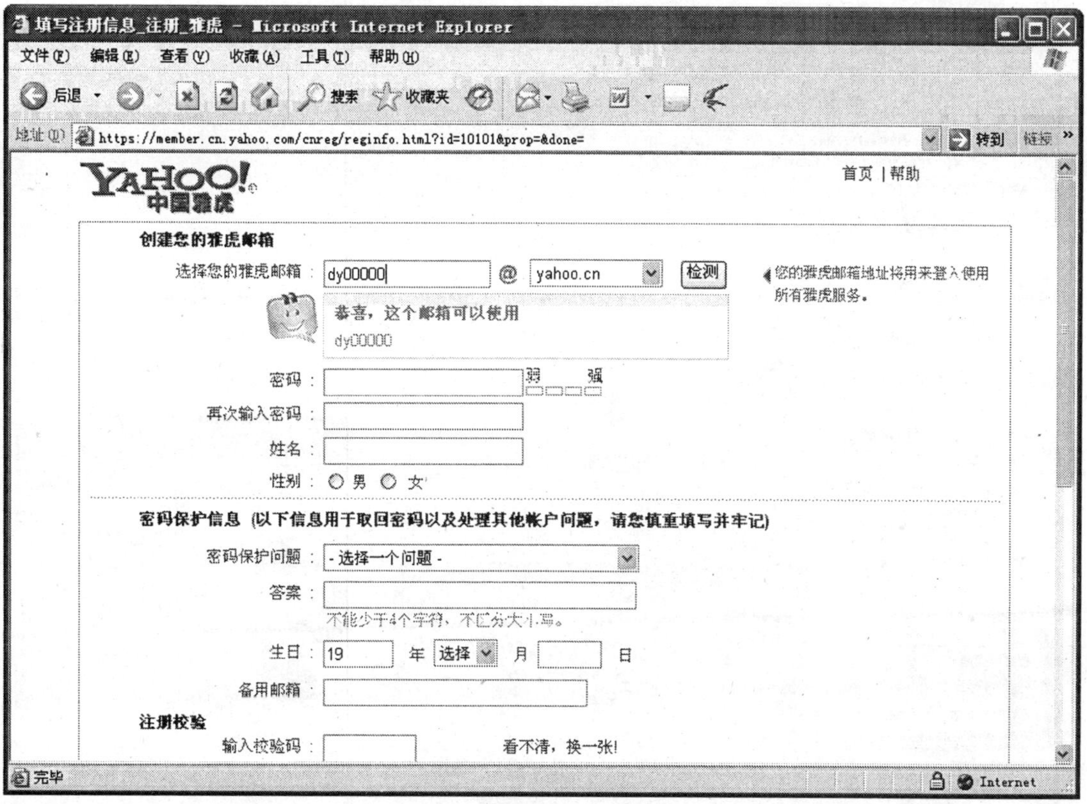

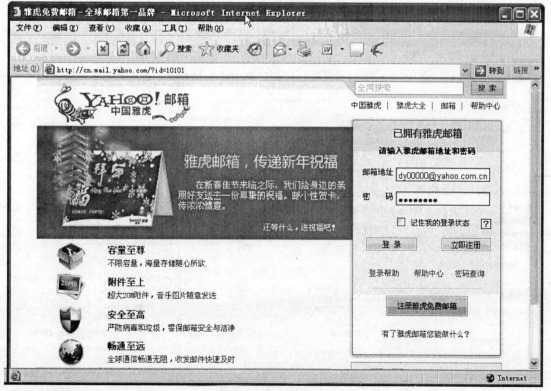

图 6-22　创建雅虎邮箱页面

图 6-23　登录雅虎免费邮箱

图 6-24　雅虎免费邮箱页面

图 6-25　收件箱页面

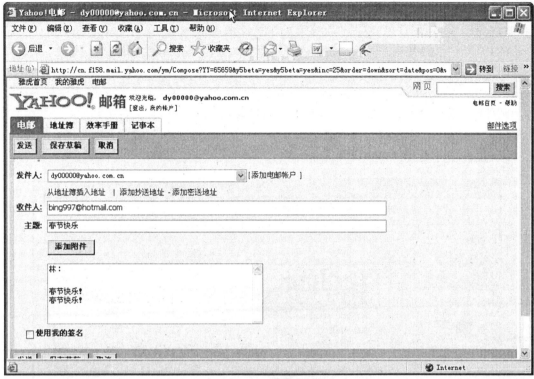

图 6-26　写信页面

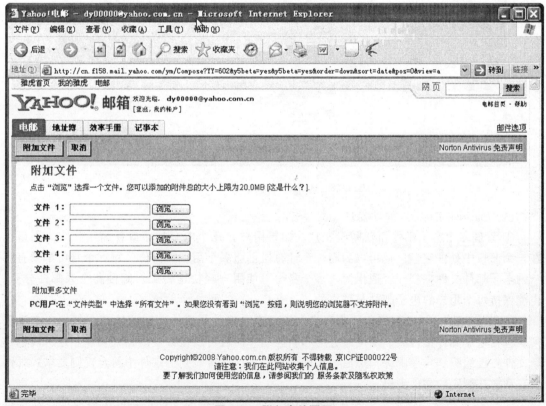

图 6-27　附加文件页面

（7）单击【浏览】按钮，在打开的选择文件对话框中选择作为附件发送的邮件，然后单击【粘贴】按钮，则在【附件内容】框中会显示附件的名称。

（8）单击【完成】按钮，返回"发邮件"页面。单击【发送】按钮，即可发送邮件。

4．Outlook Express

Microsoft 公司的 Outlook Express 是一个客户端的邮件管理程序，它能够实现与 Internet 中的邮件服务器的连接，只要进行正确的账号设置，就能够把用户在各个邮件服务器中的邮件取回，它也能够方便地完成邮件撰写、发送、管理等功能，从而实现全球范围内的联机通信。Outlook Express 的工作窗口如图 6-28 所示。

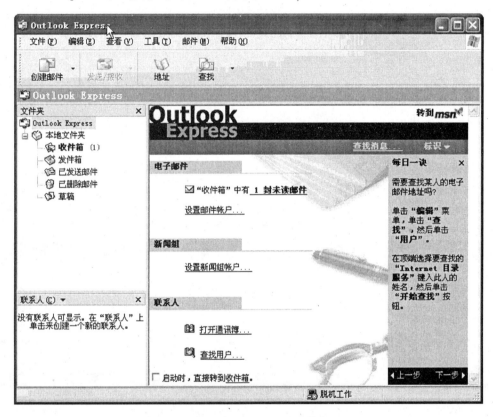

图 6-28　Outlook Express 的工作窗口

（1）Outlook Express 的功能。

① 管理多个电子邮件和新闻组账户。如果用户有几个电子邮箱或新闻组账户，则可以在一个窗口中处理它们，也可以为同一个计算机创建多个用户或身份，每一个身份都具有唯一的电子邮件文件夹和一个通讯簿。多个身份可使用户轻松地将工作邮件和个人邮件分开，也能保持每个用户的电子邮件是独立的。

② 浏览邮件。邮件列表和预览窗格允许在查看邮件列表的同时阅读单个邮件。文件夹列表包括电子邮件文件夹、新闻服务器和新闻组，而且可以很方便地相互切换。还可以创建新文件夹已组织和排序邮件，然后设置邮件规则，这样接收到的邮件中符合规则要求的邮件会自动放在制定的文件夹里。

③ 使用通讯簿存储和检索电子邮件地址。在答复邮件时，即可将姓名与地址自动保存在通讯簿中，也可以从其他程序中导入姓名和地址，或者在通讯簿中直接输入。通过接受到

的电子邮件添加或在搜索普通 Internet 目录服务器(空白页)的过程中添加它们。

④ 在邮件中添加个人签名或信纸。Outlook Express 可以将重要的信息当做个人签名的一部分插入到发送的邮件中，而且可以创建多个签名以用于不同的目的，也可以包括更多详细信息的名片。为了使邮件更精美，可以添加信纸图案和背景，还可以更改文字的颜色和样式。

⑤ 发送和接收安全邮件。可使用数字标识对邮件进行数字签名和加密。数字签名邮件可以保证收件人收到的邮件确实是用户发出的。加密能保证只有预期的收件人才能阅读该邮件。

(2) 设置账号。

① 单击菜单栏中【工具】|【账号】，在如图 6-29 所示的窗口中单击【添加】|【邮件】。

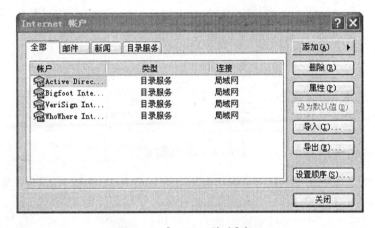

图 6-29　【Internet 账户】窗口

② 在出现的【Internet 连接向导】对话框中，输入显示的名称，单击【下一步】按钮。

③ 输入电子邮件地址，单击【下一步】按钮。

④ 在出现的对话框中输入提供电子邮件的服务器类型和名称，如邮件接收服务器选pop3.sina.com，发送邮件的服务器选择 smtp.sina.com，如图 6-30 所示，单击【下一步】按钮。

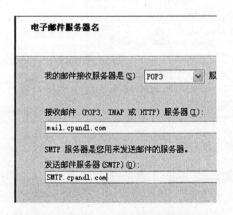

图 6-30　电子邮件服务器设置

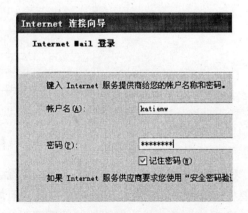

图 6-31　Internet Mail 登录页面

⑤ 在登录对话框中，输入账号和密码，如图 6-31 所示。单击【下一步】按钮。

⑥ 出现【祝贺您】的窗口中，您已成功地对电子邮件的账号进行了设置，单击【完成】按

钮。

（3）阅读邮件。用鼠标单击文件夹列表中的"收件箱"，打开"收件箱"邮件列表窗口，如图 6-32 所示。从该窗口中可以看到收件箱中所有邮件列表。

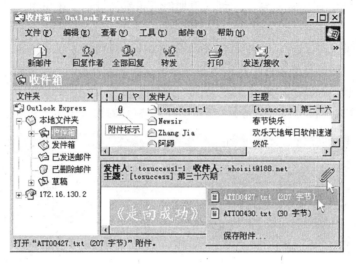

图 6-32 【收件箱】窗口

① 使用预览窗口查看邮件。单击要阅读的邮件，在图 6-32 所示的窗口的右下角的预览窗口中可以查看到该邮件的发件人和收件人的姓名，以及信件的主题和内容。

② 如果不习惯使用预览窗口来查看邮件，可以双击要阅读的邮件，打开邮件阅览窗口查看邮件内容。

③ 不同邮件图标代表不同的含义。邮件列表中出现了几种邮件图标，这些邮件图标含义同样也适用于其他电子邮件软件。

（4）建立新邮件。在 Outlook Express 窗口中的工具栏上单击"创建邮件"按钮，打开图 6-33 所示的【新邮件】窗口，在新邮件窗口中可以完成新邮件的撰写工作。

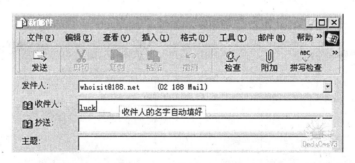

图 6-33 【新邮件】窗口

① 编写邮件。在"收件人"编辑栏中输入收件人的 E-mail 地址；在"抄送"栏中输入需要将这封信同时发送给其他人的 E-mail 地址；在"主题"栏中输入这封信的主题内容。

② 插入附件。由于在邮件的编辑窗口中只能进行有限的文字输入，当需要在邮件中插入大容量或其他类型文件时，常常需要插入一个附件。单击【插入】|【文件附件】命令，或单击工具栏中的图标，打开图 6-34 所示【插入附件】对话框，在对话框中选择作为附件插入的文件名，然后单击"附件"按钮即可。在【新邮件】窗口中可以看到增加了一个"附件"栏，

在该栏中显示出附件的文件名、大小和图标。

③ 暂存邮件。当编写完一封邮件后，若暂时不打算把这封信发送出去，可以使用以下两种方法来处理这封邮件。

方法一：在新邮件窗口中打开【文件】菜单，选择【保存】命令，这封信将存入【草稿】文件夹中。

方法二：在新邮件窗口中打开【文件】菜单，选择【以后发送】命令，这封信将存入【发件箱】文件夹中。

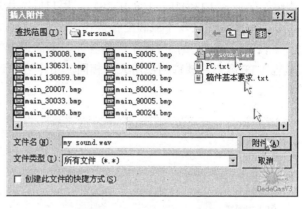

图 6-34　【插入附件】对话框

（5）保存邮件和附件。如果要将邮件保存到主机的文件夹中，单击【文件】菜单中的【另存为】命令，在【邮件另存为】对话框中选定目标文件夹，输入要保存的文件名，然后单击【保存】按钮。

（6）接收和发送邮件。单击 Outlook Express 窗口中的【发送和接收】按钮，此时 Outlook Express 会接收指定邮件服务器上的邮件，并将它们放入本机的"收件箱"中，然后从"发件箱"中发送需要发送的邮件。

（7）删除邮件。当查看完邮件后，可能有些邮件不再需要，此时，可以单击工具栏上的【删除】按钮来删除它们。一般来说，被删除的邮件被放入"已删除邮件"文件夹中，在默认情况下，在"已删除邮件"文件夹中的邮件将一直保存，直到对"已删除邮件"中的邮件执行了删除操作。

6.4.3　文件传输 FTP

1．FTP 的基本概念

在 Internet 上有许多有价值的信息资料，这些资料放在 Internet 各网站的文件服务器上。用户可用文件传输协议(File Transfer Protocol，FTP)程序将这些资料从远程文件服务器上下载到本地主机上，也可使用 FTP 程序将本地主机上的信息通过 Internet 上传到远程服务器上。FTP 也是一种客户机/服务器方式的应用。

Internet 上的文件服务器分为专用文件服务器和匿名文件服务器。专用文件服务器是各局域网专供某些合法用户使用的资源。用户要想成为它的合法用户，必须经过该服务器管理员的允许，并且获得一个账号，这个账号包括用户名和口令密码，否则无法访问该服务器。

许多网站在 Internet 上建立了匿名服务器，它是所有 Internet 用户都可以访问的站点。使用匿名 FTP 时，一般使用的账号名称是 anonymous，口令是用户的电子邮件地址。为了文件服务器的安全，这些文件服务器一般只提供下载，不能上传。

2．FTP 的上传和下载

（1）使用 IE 浏览器。如果使用 IE 直接登录 FTP，则直接在 IE 浏览器的地址栏中输入"ftp：//ftp 服务器的域名或 IP 地址"。例如，访问清华大学的 FTP 站点时，可以在 IE 的地址栏中输入"ftp：//ftp.tsinghua.edu.cn"，然后在弹出的对话框中输入 FTP 用户名和密码登录。用户也可以直接在地址栏中输入含有用户名和密码的 URL 格式，例如，访问 FTP 站点 192.168.0.201，如果用户名是 user，密码是 123，那么在地址栏中输入的 URL 地址是

"ftp：//user：123@192.168.0.201"。用户成功登录后，在浏览器的窗口中可以直接使用复制、粘贴命令来实现下载和上传操作。

（2）使用专门的 FTP 客户端软件。下面以 WS_FTP 软件为例介绍下载和上传的方法，其他 FTP 客户端软件的使用大致相同。用户可以到一些软件下载的站点下载 WS_FTP 软件并安装。

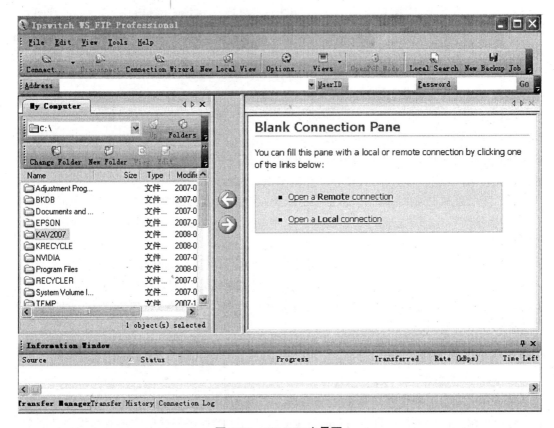

图 6-35　WS_FTP 主界面

在窗口的工具栏中有一个功能条，其中包括 Address，UserID，Password 和 Port 等项，要连接到某个 FTP 服务器，对应这 4 项应该分别填写服务器的 IP 地址、用户名、密码和连接的端口号。FTP 服务使用的默认端口号是 21。用户也可以不输入用户名和密码，而选择匿名登录。用户可以向服务器的管理员申请账户等信息。当用户输入正确的服务器的 IP 地址、用户名、密码和连接的端口号等信息后，单击【Go】按钮，就能成功地连接到服务器上了。工作区右侧的窗格里显示的就是 FTP 服务器中的文件及文件夹内容，用户可以在这两个工作区中对文件进行上传、下载、编辑、删除等操作。

6.4.4　搜索和下载网络资源

1．信息搜索

（1）信息搜索的基本概念。

随着 Internet 的迅速发展，网上信息以爆炸式的速度不断丰富和扩展，然而这些信息却散布在无数的服务器上，要从数以百万计的站点中找到符合需要的资源，犹如大海捞针一样困难，所以人们面临的一个突出问题是如何在 Internet 中快速、有效地找到想要得到的信息。

在 Internet 上利用浏览器查找信息有多种方法，具体如下。

① 通过浏览器搜索信息。一般浏览器软件都可以安装一些自动搜索工具插件，安装这种插件的浏览器可以提供多种搜索方法，并帮助用户查找各种信息，例如，在浏览器的 URL 地址栏中直接输入关键字，浏览器就会返回相关信息的查询结果。

② 专用搜索引擎。搜索引擎(Search Engine)服务也是为解决用户的查询问题而出现的。它是一类运行特殊程序的、专门帮助用户查询 Internet 上各种信息的 Web 站点，用户通过搜索引擎的查询结果可知道信息所处的站点，再通过链接，就可以从该网站获得详细资料了。

搜索引擎向用户提供的信息查询服务一般有两种方式：目录服务和关键字检索服务。

目录服务是将各种各样的信息按大类、子类等进行分类，即按树状结构组织供用户搜索的类目和子类目，类似于在图书馆里按分类目录查找需要的书籍。例如，用户可以选择【艺术和娱乐】类，进入【摄影】子类，再进入【人文景观】子类等。这种方式适用于按普通主题查找。

关键字检索服务是搜索引擎向用户提供一个可输入待查询的关键词、词组、句子的待查询框界面，用户按一定规则输入关键字后，向搜索引擎【提交】，搜索引擎即开始在其索引数据库中查找相关的信息，然后将结果返回给用户。

目前 Internet 上至少有数以百计的搜索引擎，多数搜索引擎都融合了这两种功能，它们基本上都是由信息提取系统、信息管理系统和信息检索系统三部分组成的。

搜索引擎一般是通过搜索关键词完成搜索过程的，这是使用搜索引擎最简单的查询方法，但返回的结果并不是每次都令人满意。如果要得到最佳的搜索效果，就要使用搜索的基本语法来组织要搜索的条件。搜索引擎中常使用一定的逻辑关系语法——与、或、非。多词汇查询方法一般使用一定的分隔符，各个搜索引擎本身有各自的特点，在使用搜索引擎时，充分利用它们的特点可以得到最佳且快捷的查询结果。

(2) 搜索引擎的使用。

互联网上有很多专门的搜索引擎网站(如百度、雅虎、Openfind 等)，还有许多门户网站配置了功能强大的内部搜索引擎。各种搜索引擎的服务提高了信息检索的效率，也为人们提供了很好的获取知识的手段。

下面以 Google 为例，介绍搜索引擎的使用。

Google 是目前最好用、功能最强大的搜索引擎之一。世界上有多个著名的门户网站(如网易)所使用的搜索功能，是由 Google 提供引擎和技术支持的，如图 6-36 所示。

Google 是由美国斯坦福大学的 Larry Page 博士和 Sergey Brin 博士设计的，于 1998 年 9 月发布测试版，一年后正式开始商业运营。Google 发布至今不过短短十年，就由于对搜索引擎技术的创新而获奖无数。它最擅长的是易用性和高相关性。

Google 提供一系列革命性的新技术，包括完善的文本对应技术和先进的 Page Rank 排序技术，还有非常独特的网页快照等功能。此外还有很多英文站点的独有功能，如电话搜索、地图搜索等。

Google 支持大多数的搜索基本语法规则，比如 "＋" "－" "OR" 等。Google 无需用明文的 "＋" 来表示逻辑 "与" 操作，只用空格即可。Google 用减号 "－" 表示逻辑 "非" 操作。Google 用大写的 "OR" 表示逻辑 "或" 操作。

图 6-36　Google 首页

Google 不支持通配符，如"＊""？"等，只能作精确查询。Google 对英文字符大小写不敏感，"GOD""god"搜索的结果是一样的。Google 的关键字可以是词组(中间没有空格)，也可以是句子(中间有空格)，但是，用句子做关键字必须加英文引号。

随着 Google 的不断发展，它也开始逐渐提供更多的垂直搜索的功能。比如目录服务、新闻组检索、PDF 文档搜索、地图搜索、电话搜索、图像搜索，还有工具条、搜索结果翻译、搜索结果过滤等更多的功能，在此不一一介绍。

2. 文件下载

(1) 下载方式。

所谓文件下载，就是把网络上的文件(包括程序文件和网站页面)保存到本地磁盘上。一般特指将独立的文件保存到本地磁盘上，而将网页的下载称为"浏览"或"脱机浏览"。

常见的下载方式主要有直接保存和通过软件下载两种方式。

所谓直接下载保存方式，是指对要下载的文件链接右击鼠标，在出现的快捷菜单中选择【目标另存为…】命令项。这时将会显示文件下载信息框，在随后出现的【另存为】对话框中，指定要将目标文件保存到的目录和文件名。在下载过程中，系统将动态地显示下载信息。

所谓软件下载方式，是指利用专用的下载软件来执行和管理下载活动。这类软件通常采用断点续传和多片段下载等技术，以保证执行下载活动的安全和高效。常见的专用下载软件有网际快车(FlashGet)、网络蚂蚁、迅雷、影音风暴、BT 等。

所谓断点续传，是指把文件的下载划分为几个下载阶段，完成一个阶段的下载后，软件会作相应的记录，下一次继续下载时，会在上一次已经完成处继续进行，而不必从头开始。

　　所谓多片段下载，是把文件分成几个部分(片断)，同时下载，全部下载完后，再把各个片断拼接成一个完整的文件。

　　(2) 常用下载网站。

　　互联网上有很多软件下载网站，其中有专门的软件下载网站(如电脑之家、中国下载和华军软件园等)，也有大型门户网站的下载专栏(如新浪网的下载中心)。在这些网站和专栏中，可以找到很多可以合法下载的软件。这些常用的软件下载网站的网址为：

　　电脑之家：http://www.pchome.net

　　华军软件园：http://www.onlinedown.net

　　驱动之家：http://www.mydrivers.com

　　天空软件站：http://www.skycn.com

　　新浪网下载中心：http://download.sina.com.cn

6.4.5　网络交流

1. 留言板

　　留言板(Guest Book，也称留言版、留言本、留言簿)是最早出现的网上交流工具，一般用于网民向网站管理者反映与网站相关的问题。后期的留言板加上了回复功能。图 6-37 是中国网网站的留言板。

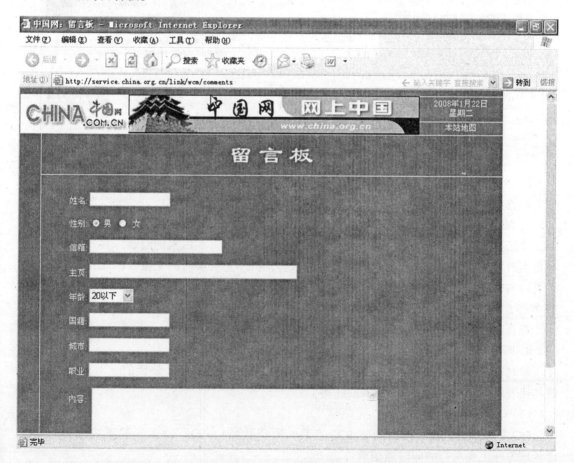

图 6-37　中国网留言板

特点：网民与网管一对一交流。

2．论坛

论坛系统是从早期的电子公告牌系统(Bulletin Board System，简称BBS)发展而来的，因此现在BBS也成为论坛系统的代名词。图6-38是网易的论坛。

图 6-38　网易论坛页面

特点：网民互相之间可以进行多对多交流。

3．聊天室

论坛虽然可以在多位网民间进行交流，但由于受到多方面因素的限制，并非所有的论坛都是实时发布论题的，而且各论题可能内容较多，并不适合实时的交流，因此，人们又开发了可以实时进行交流的聊天室(Chat)系统。聊天室分为普通聊天室和语音聊天室两种。图6-39和图6-40给出了两个聊天室的示例。

特点：网民之间相互多对多实时交流。

4．即时通信

即时通信(Instant Messaging，简称IM)是网上一种十分方便、快捷的点对点沟通软件。最具代表性的有QQ，MSN Messenger等。

(1) QQ软件。

QQ是深圳腾讯公司推出的仿ICQ产品，原产品名OICQ，2001年起正式改名为QQ，已经成为网上最流行的即时通信软件之一。

如图6-41所示为QQ的好友提示框，其中列出了个人所加入的好友图标。

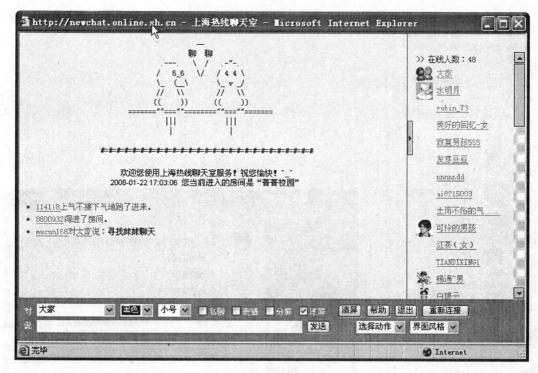

图 6-39　普通文字聊天室

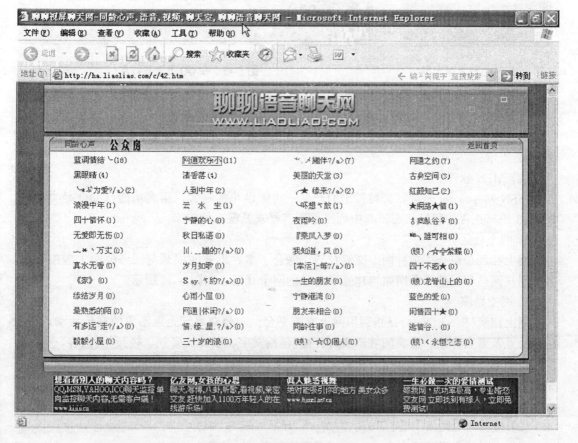

图 6-40　某语音聊天室首页

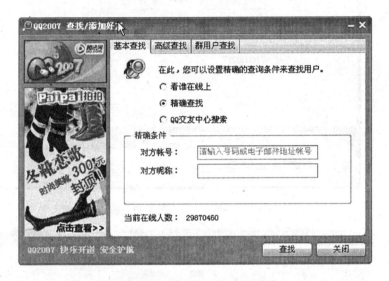

图 6-41　QQ 好友提示框　　　　　　　　　图 6-42　在 QQ 上查找好友

选择其中一位好友，即可显示通话对话框。在这里，可以写入想发给对方的信息。

单击图左下角的"菜单"，可以显示出 QQ 具有的其他功能。

单击图右下部的"查找"项目，可以通过一个或多个查询条件来查找其他 QQ 用户。如图 6-42 所示。

(2) MSN 软件。

MSN Messenger 是微软公司推出的产品，功能也非常强大，很多功能与 QQ 是类似的。图 6-43 是其正常的联机状态，其中列出了所有好友及没人的状态。

5. 网上社区

网上社区是综合了多种网上交流技巧，融合了多种形式的娱乐与服务的网上虚拟社区。各大门户网站和一些专业网站均建立了自己的网上社区。如图 6-44 所示。

6. 网上路演

网上路演(Road Show)是指利用网上交流平台，向公众展示企业形象的宣传活动。一般包括企业及嘉宾介绍、嘉宾问答、实时转播(包括文字、图片、音频、视频等)内容。

根据有关规定，国内上市公司在上市前必须在证监会指定的网站上进行网上路演。以下是部分常见的网上路演网站及其网址。

(1) 中国网上路演中心：http://www.rsc.com.cn

(2) 搜狐网上路演中心：http://luyan.sohu.com

(3) 中国基金网路演中心：http://roadshow.cnfund.cn

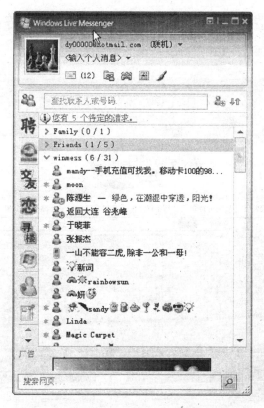

图 6-43　MSN 页面

图 6-44　某网上社区首页

图 6-45　中国网上路演中心

图 6-46　搜狐网上路演中心

图 6-47　中国基金网路演中心

6.5　计算机病毒

随着计算机网络的快速发展，计算机新病毒的出现也越来越快，危害越来越大。为减小或避免计算机病毒造成的损失，必须充分了解和掌握计算机病毒知识。

6.5.1　计算机病毒的分类与特点

计算机病毒(Computer Virus)是一种人为制造的、能够进行自我复制的、具有对计算机资源产生破坏作用的一组程序或指令的集合，这是计算机病毒的广义定义。

在 1994 年 2 月 18 日公布的《中华人民共和国计算机信息系统安全保护条例》中，计算机病毒被定义为："计算机病毒是指编制或在计算机程序中插入的破坏计算机功能或毁坏数据，影响计算机使用，并能自我复制的一组计算机指令或程序代码。"这一定义具有一定的法律性和权威性，通常被称为计算机病毒的狭义定义。

1. 计算机病毒的分类

目前计算机病毒的种类很多，其破坏性的表现方式也很多。一般有三种分类方法。

(1) 按照感染方式，可分为引导型病毒、一般应用程序型病毒。

引导型病毒：在系统启动、引导或运行的过程中，病毒利用系统扇区及相关功能的疏漏，直接或间接地修改扇区，实现直接或间接地传染、侵害或驻留等功能。

一般应用程序型病毒：这种病毒感染应用程序，使用户无法正常使用该程序或直接破坏系统和数据。

(2) 按照寄生方式，可分为操作系统型病毒、外壳型病毒、入侵型病毒、源码型病毒。

操作系统型病毒：这是最常见、危害最大的病毒。这类病毒把自身贴附到一个或多个操作系统模块或系统设备驱动程序或一些高级的编译程序中，保持主动监视系统的运行。用户一旦调用这些系统软件时，即实施感染和破坏。

外壳型病毒：此病毒把自己隐藏在主程序的周围，一般情况下不对原程序进行修改。计算机中许多病毒都采取这种外围方式进行传播。

入侵型病毒：将自身插入到感染的目标程序中，使病毒程序和目标程序成为一体。这类病毒的数量不多，但破坏力极大，而且很难检测，有时即使查出病毒并将其杀除，但被感染的程序已被破坏，无法使用。

源码型病毒：该病毒在源程序被编译之前，隐藏在用高级语言编写的源程序中，随源程序一起被编译成目标代码。

(3) 按照破坏情况，可分为良性病毒、恶性病毒。

良性病毒：该病毒的发作方式往往是显示信息、奏乐、发出声响。对计算机系统的影响不大，破坏较小，但它干扰计算机正常工作。

恶性病毒：此类病毒干扰计算机运行，使系统变慢、死机、无法打印等。极恶性病毒会导致系统崩溃、无法启动，其采用的手段通常是删除系统文件、破坏系统配置等。毁灭性病毒对用户来说是最可怕的，它通过破坏硬盘分区表、FAT 区、引导记录，删除数据文件等行为使用户的数据受损，如果没有作好备份，将会造成较大的损失。

2．计算机病毒的特点

①破坏性：计算机病毒的破坏性主要取决于计算机病毒的设计者，一般来说，凡是由软件手段触及到计算机资源的地方，都有可能受到计算机病毒的破坏。事实上，所有计算机病毒都存在着共同的危害，即占用 CPU 的时间和内存的空间，从而降低计算机系统的工作效率。严重时，病毒能够破坏数据或文件，使系统丧失正常运行功能。

②潜伏性：计算机病毒的潜伏性是指其依附于其他媒体而寄生的能力。病毒程序大多混杂在正常程序中，有些病毒可以潜伏几周或几个月甚至更长时间而不被察觉和发现。计算机病毒的潜伏性越好，在系统中可能存在的时间就越长。

③传染性：对于绝大多数计算机病毒来讲，传染是它的一个重要特征。在系统运行时，病毒通过病毒载体进入系统内存，在内存中监视系统的运行并寻找可攻击目标，一旦发现攻击目标并满足条件时，便通过修改或对自身进行复制链接到被攻击目标的程序中，达到传染的目的。计算机病毒的传染是以带毒程序运行及读写磁盘为基础的，计算机病毒通常可通过U 盘、硬盘、网络等渠道进行传播。

④可触发性：计算机病毒程序一般包括两个部分，传染部和行动部。传染部的基本功能是传染，行动部则是计算机病毒的危害主体。计算机病毒侵入后，一般不立即活动，需要等待一段时间，在触发条件成熟时才作用。在满足一定的传染条件时，病毒的传染机制使之进行传染，或在一定条件下激活计算机病毒的行动部使之干扰计算机的正常运行。计算机病毒的触发条件是多样化的，可以是内部时钟、系统日期、用户标识符等。

6.5.2 计算机病毒的预防

对于计算机病毒，主要采取以"防"为主，以"治"为辅的方法。阻止病毒的侵入比病毒侵入后再去发现和排除它重要得多。预防堵塞病毒传播途径主要有以下措施。

① 应该谨慎使用公共和共享的软件，因为这种软件使用的人多而杂，所以它们携带病毒的可能性大。

② 应谨慎使用办公室外来的软盘、U 盘和移动存储设备，特别是在公用计算机上使用过的外存储介质。

③ 密切关注有关媒体发布的反病毒信息，特别是某些定期发作的病毒，在这个时间可以不启动计算机。

④ 写保护所有系统盘和文件。硬盘中的重要文件要备份，操作系统要用克隆软件制作映像文件，一旦操作系统有问题，便于进行恢复。

⑤ 提高病毒防范意识，使用软件时，应使用正版软件，不使用盗版软件和来历不明的软件。

⑥ 除非是原始盘，绝不用软盘去引导硬盘。

⑦ 不要随意复制、使用不明来源的软盘、U 盘和光盘。对外来盘要查、杀毒，确认无毒后再使用。自己的 U 盘、移动硬盘不要拿到别的计算机上使用。

⑧ 对重要的数据、资料、CMOS 以及分区表要进行备份，创建一张无毒的启动软盘，用于重新启动或安装系统。

⑨ 在计算机系统中安装正版杀毒软件，定期用正版杀毒软件对引导系统进行查毒、杀毒，建议配套杀毒软件，因为每种杀毒软件都有自己的特点和查、杀病毒的盲区，用杀毒软件进行交叉杀毒，则可以确保杀毒的效果。对杀毒软件要及时进行升级。

⑩ 使用病毒防火墙。病毒防火墙具有实时监控的功能，能抵抗大部分的病毒入侵。很多杀毒软件都带有防火墙功能。但是对于计算机的各种异常现象，即使安装了"防火墙"系统，也不要掉以轻心，因为杀毒软件对于病毒库中未知的病毒也是无可奈何的。

⑪ 对新搬到本办公室的计算机"消毒"后再使用。绝不把用户数据或程序写到系统盘上。绝不执行不知来源的程序。

⑫ 如果不能防止病毒侵入，那么至少应该尽早发现它的侵入。显然，发现病毒越早越好，若能够在病毒产生危害之前发现和排除它，则可以使系统免受危害；若能在病毒广泛传播之前发现它，则可以使系统中修复的任务较轻和较容易。总之，病毒在系统内存在的时间越长，产生的危害也就相对越大。

⑬ 对执行重要工作的计算机要专机专用、专盘专用。

6.5.3　常见杀毒软件

1. 瑞星 2008

瑞星 2008 版如图 6-48 所示，它有病毒检测、病毒清除、实时监控、主动防御、保护在线身份信息安全、阻止黑客进攻、检查网站真实性防止欺诈七大功能。而只占不到 12M 内存。瑞星 2008 版首选着眼于对个人财物和隐私信息的保护，瑞星个人防火墙内嵌了独家的"木马墙"功能，它使用反挂钩、反消息、反进程进入等方式，直接阻断木马、恶意程序对用户信息的窃取，从根本上解决即时通讯工具、网络游戏、网上银行等账号、密码失窃的问题。

瑞星杀毒软件 2008 版推出的功能强大的整体防御体系，使用户能够从容地面对各种网络威胁。该版本率先使用主动防御技术，有效应对未知病毒的肆虐；首先使用即时升级策

图 6-48　瑞星 2008 版首页界面

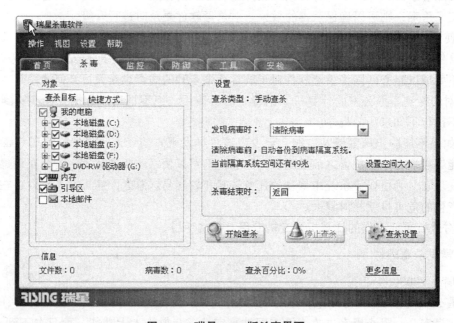

图 6-49　瑞星 2008 版杀毒界面

略，使病毒库保持最新；全新"木马强杀"技术，彻底查杀70万种木马病毒；集成强悍"账号保险柜"功能，保护百余种网游、网银、聊天、股票等软件。

瑞星 2008 版具有以下功能特点。

① 系统保护：电脑安全检测，系统加固，漏洞扫描/修补。

② 查杀病毒：已知/未知病毒查杀，病毒强杀，抢先杀毒，嵌入式杀毒。

③ 主动防御：恶意行为监测，隐藏进程检测，IE功能调用拦截，应用程序访问监控。

④ 账号保险柜：应用程序保护，未知木马识别。

⑤ 即时升级：推送式即时升级，手动升级。

⑥ 瑞星个人防火墙，瑞星卡卡上网安全助手等。

2．江民杀毒软件KV2008

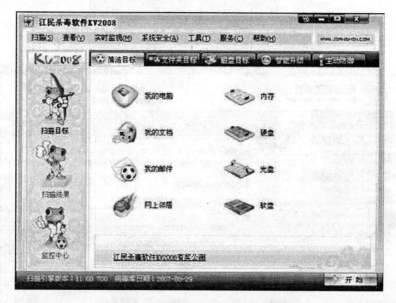

图6-50　江民杀毒软件KV2008界面

江民杀毒软件KV2008是江民反病毒专家团队针对网络安全面临的新课题，全新研发推出的计算机反病毒与网络安全防护软件，是全球首家具有灾难恢复功能的智能主动防御杀毒软件。江民杀毒软件KV2008采用了新一代智能分级高速杀毒引擎，占用系统资源少，扫描速度得到了大幅提升，突破了"灾难恢复"和"病毒免杀"两大世界性难题。新品KV2008在KV2007的基础上，新增三大技术和五项新功能，更在人机对话友好性和易用性上下足功夫，可有效防杀超过40万种的计算机病毒、木马、网页恶意脚本、后门黑客程序等恶意代码以及绝大部分未知病毒。

江民杀毒软件KV2008具有以下技术特色。

① 自我保护反病毒对抗技术。

② 系统灾难一键恢复技术。

③ 双核引擎优化技术。

④ 设置简洁操作台(如图6-51所示)。

⑤ 网页防火墙。

⑥ 系统漏洞自动更新。

⑦ 可疑文件自动识别。

⑧ 新安全助手。

3．金山毒霸2008

金山毒霸2008采用了全新的"病毒库＋主动防御＋互联网可信认证"为一体的三维互联网防御体系，是对传统反病毒思路的一次具有里程碑意义的重大颠覆，同时开辟了一条崭

图 6-51　江民杀毒软件简洁操作台界面

图 6-52　金山毒霸 2008 界面

新的互联网时代的反病毒新思路。如图 6-52 和图 6-53 所示。

① 三维互联网防御体系，响应更快，查杀更彻底。

② 一对一全面安全诊断，为电脑定期作"体检"。

③ 抢杀技术，彻底查杀顽固病毒。

④ 网页防挂马技术。

⑤ 全面兼容 Windows Vista，并通过 VB100 认证。

⑥ 主动实时升级。

⑦ 主动漏洞修补。

⑧ 黑客防火墙。

4．卡巴斯基 7.0

卡巴斯基反病毒 7.0 单机版基于最新的技术为用户的计算机提供了传统的反病毒保护，用户可以放心无忧的使用计算机来工作、交流、上网冲浪和在线游戏。

其产品特点如下。

① 采用了三种保护技术防御新的和未知的威胁(每小时自动更新数据库，预先行为分析，正在进行的行为分析)。

② 防御病毒、木马和蠕虫。

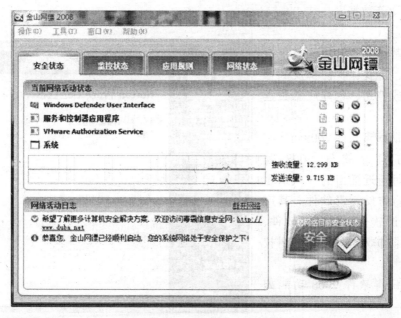

图 6-53　金山网镖 2008 界面

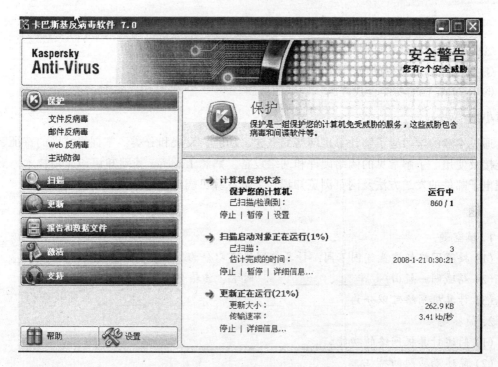

图 6-54　卡巴斯基反病毒软件 7.0

③ 防御间谍软件和广告程序。

④ 实时扫描邮件，网络通信和文件中的病毒。

⑤ 使用 ICQ 和其他 IM 客户端时防御病毒。

⑥ 防御所有类型的键盘记录器。

⑦ 检测所有类型的 Rootkits。

⑧ 自动更新数据库。

附加功能：

卡巴斯基还具备计算机被更改后可以恢复、自我保护防御反病毒程序被禁用或停用、创建应急磁盘工具等功能。

5. 诺顿防病毒软件 2008

诺顿防病毒软件 2008 是 symantec 公司新近推出的一款适用于 PC 用户的防反病毒软件。其产品具有反间谍软件、防病毒软件、互联网蠕虫防护和 Rootkit 检测技术。

诺顿防病毒软件 2008 功能如下。

① 检测并杀除间谍软件和病毒。

图 6-55　诺顿防病毒软件 2008

② 自动阻止间谍软件和蠕虫。

③ 防止电子邮件和即时消息遭受病毒攻击。

④ 防止受病毒感染的电子邮件扩散。

⑤ Rootkit 检测功能查找并删除隐藏的威胁。

本章小结

通过本章的学习应了解计算机网络的概念、功能、发展和分类，掌握局域网的特征、网络连接及使用。了解常见的网络硬件和网络设备，熟悉 Internet 基础知识和应用技术，熟练掌握电子邮件的发送方法及网页浏览知识，了解计算机病毒知识及其防护常识。

习　题

1. 填空题

(1) 按照网络的覆盖范围不同，计算机网络可以分为_____、_____和_____。

(2) 局域网一般由_____、_____、网卡、传输介质 4 部分组成。

(3) 计算机网络可以分为_____、_____、_____、_____和网状结构。

2. 简答题

(1) 简述计算机网络的功能。

(2) 简述局域网的特征。

(3) 简述 Internet 主要功能。

(4) 简述 IP 地址的分类。

(5) 简述 Internet 接入方式有哪些？

(6) 简述 Internet Explorer 的使用方法。

(7) 如何发送电子邮件？

(8) 简述杀毒软件的使用方法。

附录一　　　　　标准 ASCII 字符集

标准 ASCII 字符集共有 128 个字符，其编码从 0 到 127。下面列出了常用字符及其 ASCII 编码值，其中编码值有三种表示形式：十进制(DEC)、十六进制(HEX)和八进制(OCT)。

DEC	HEX	OCT	KEY	DEC	HEX	OCT	KEY	DEC	HEX	OCT	KEY
0	00	000	NUL	43	2B	053	+	86	56	126	V
1	01	001	SOH	44	2C	054	,	87	57	127	W
2	02	002	STX	45	2D	055	-	88	58	130	X
3	03	003	ETX	46	2E	056	.	89	59	131	Y
4	04	004	EOT	47	2F	057	/	90	5A	132	Z
5	05	005	ENQ	48	30	060	0	91	5B	133	[
6	06	006	ACK	49	31	061	1	92	5C	134	\
7	07	007	BEL	50	32	062	2	93	5D	135	]
8	08	010	BS	51	33	063	3	94	5E	136	ˆ
9	09	011	HT	52	34	064	4	95	5F	137	_
10	0A	012	LF	53	35	065	5	96	60	140	`
11	0B	013	VT	54	36	066	6	97	61	141	a
12	0C	014	FF	55	37	067	7	98	62	142	b
13	0D	015	CR	56	38	070	8	99	63	143	c
14	0E	016	SO	57	39	071	9	100	64	144	d
15	0F	017	SI	58	3A	072	:	101	65	145	e
16	10	020	DLE	59	3B	073	;	102	66	146	f
17	11	021	DC1	60	3C	074	<	103	67	147	g
18	12	022	DC2	61	3D	075	=	104	68	150	h
19	13	023	DC3	62	3E	076	>	105	69	151	i
20	14	024	DC4	63	3F	077	?	106	6A	152	j
21	15	025	NAK	64	40	100	@	107	6B	153	k
22	16	026	SYN	65	41	101	A	108	6C	154	l
23	17	027	ETB	66	42	102	B	109	6D	155	m
24	18	030	CAN	67	43	103	C	110	6E	156	n
25	19	031	EM	68	44	104	D	111	6F	157	o
26	1A	032	SUB	69	45	105	E	112	70	160	p
27	1B	033	ESC	70	46	106	F	113	71	161	q
28	1C	034	FS	71	47	107	G	114	72	162	r
29	1D	035	GS	72	48	110	H	115	73	163	s
30	1E	036	RS	73	49	111	I	116	74	164	t
31	1F	037	US	74	4A	112	J	117	75	165	u
32	20	040	SP	75	4B	113	K	118	76	166	v
33	21	041	!	76	4C	114	L	119	77	167	w
34	22	042	"	77	4D	115	M	120	78	170	x
35	23	043	#	78	4E	116	N	121	79	171	y
36	24	044	$	79	4F	117	O	122	7A	172	z
37	25	045	%	80	50	120	P	123	7B	173	{
38	26	046	'	81	51	121	Q	124	7C	174		
39	27	047	%	82	52	122	R	125	7D	175	}
40	28	050	(	83	53	123	S	126	7E	176	~
41	29	051	)	84	54	124	T	127	7F	177	Del
42	2A	052	*	85	55	125	U				

附录二　　　计算机常用英语术语词汇表

access	访问	edit	编辑
active	激活	E-mail	电子邮件
ANSI	美国国家标准协会	exception	异常
ATM(Asynchronous Transfer Mode)		execute	执行
	异步传输模式	exit	退出
attribute	属性	file	文件
back	后退一步	find	查找
BIOS(Basic-Input-Output System)		finish	结束
	基本输入输出系统	Firewall	防火墙
browser	浏览器	Floppy Disk	软盘
CD-ROM	光盘驱动器(光驱)	folder	文件夹
CD-R	光盘刻录机	font	字体
chip	芯片	FTP	文件传输协议
clear	清除	full screen	全屏
click	点击	function	函数
Client/Server	客户机/服务器	Gateway	网关
code	密码	graphics	图形
close	关闭	GUI(Graphical User Interfaces)	
column	行		图形用户界面
command	命令	Hard Disk	硬盘
computer language	计算机语言	homepage	主页
configuration	配置	HTML	超文本标识语言
copy	复制	HTTP	超文本传输协议
CPU(Center Processor Unit)	中央处理单元	HUB	集线器
cruise	漫游	hyperlink	超级链接
cursor	光标	hypertext	超文本
cut	剪切	icon	图标
data	数据	ICQ	网上寻呼
database	数据库	IE(Internet Explorer)	探索者(网络浏览器)
DBMS(Data Base Manage System)		image	图像
	数据库管理系统	insert	插入
debug	调试	interface	界面
default	默认	Internet	互联网
delete	删除	IP(Address)	互联网协议(地址)
demo	演示	ISO	国际标准化组织
Destination Folder	目的文件夹	Keyboard	键盘
Document	文档	LAN	局域网
double click	双击	license	许可(证)

Mac OS	苹果公司的操作系统	row	列
Main board	主板	ruler	标尺
manual	指南	save	保存
menu	菜单	scale	比例
Modem(MOdulator-DEModulator)		Search Engine	搜索引擎
	调制解调器	select all	全选
monitor	监视器	select	选择
mouse	鼠标	settings	设置
multimedia	多媒体	setup	安装
Navigator	引航者	short cut	快捷方式
	(网景公司的浏览器)	size	大小
new	新建	status bar	状态条
next	下一步	style	风格
OA(Office Automation)	办公自动化	symbol	符号
object	对象	table	表
online	在线	TCP/IP	用于网络的通讯协议
OO(Object-Oriented)	面向对象	Telnet	远程登录
open	打开	template	模版
option pack	功能补丁	text	文本
OS(Operation System)	操作系统	tool bar	工具条
page setup	页面设置	undo	撤消
pan	漫游	uninstall	卸载
paragraph	段落	Unix	用于服务器的操作系统
password	口令	update	更新
paste	粘贴	UPS(Uninterruptable Power Supply)	
POST(Power-On-Self-Test)	电源自检程序		不间断电源
P-P(Plug and Play)	即插即用	URL(Uniform Resource Location)	
previous	前一个		统一资源定位器
print preview	打印预览	user	用户
program	程序	view	视图
protocol	协议	virus	病毒
RAM(Random Access Memory)		WAN	广域网
	随机存储器(内存)	Webpage	网页
redo	重做	website	网站
release	发布	wizard	向导
replace	替换	WWW(World Wide Web)	万维网
restart	重新启动	zoom in	放大
right click	右击	zoom out	缩小
ROM(Read Only Memory)	只读存储器		

参考文献

[1]　姜丹，等．计算机应用基础案例教程 [M]．北京：北京大学出版社，2007．

[2]　邵良杉，等．计算机应用基础教程与实验指导 [M]．北京：清华大学出版社，2007．

[3]　张殿龙，等．大学计算机基础 [M]．北京：高等教育出版社，2006．

[4]　贾昌传，等．计算机应用基础 [M]．北京：清华大学出版社，2006．

[5]　柏松．Excel 2003 全能培训教程 [M]．上海：上海科学普及出版社，2004．

[6]　郑美霞，苏福忠．Windows 2000 + Office 2003 办公自动化教程与上机指导 [M]．北京：清华大学出版社，2005．

[7]　杨阳．Office 2003 三合一实用教程 [M]．北京：科学出版社，2004．

[8]　罗盛．新编 Excel 2003 实用教程 [M]．北京：北京希望电子出版社，2004．